国家重大科技专项（2016ZX05068-002-003）资助

岩层移动理论研究与工程实践应用

胡炳南　编著

应急管理出版社

·北　京·

内 容 提 要

本书系统叙述了煤矿采动地表移动变形规律、岩层内部移动破坏规律、煤矿采动时间规律、两次条带全采采动影响理论等岩层移动理论，全面介绍了基于岩层控制时空理论的两次条带全采技术、煤矿充填减沉开采技术、采煤沉陷区建设用地治理技术、煤层气抽采技术、矿区环境治理和资源利用技术及其工程实践应用。

本书既有理论技术研究，又有工程实践应用，具有较强的参考价值，可供煤矿开采、岩层控制等相关专业人员以及高等院校师生参考。

前　言

　　煤炭是我国的主体能源和重要原料，对国民经济的发展起着不可替代的基础作用。围绕煤炭开采引发的岩层响应，我国煤炭行业科技工作者通过几十年的研究，总结了煤矿采动地表移动变形分布、采动覆岩内部岩层破坏分布和采动影响时间演化等规律，形成了岩层移动理论。同时，把这些理论广泛应用到工程实践，促进其不断创新发展。

　　在条带开采方面，基于岩层移动理论中不充分开采特点和受护体抗采动变形特性，发展了"三下"压煤小变形宽条带开采设计和两次条带全采岩层变形控制技术方法，其工程实践应用效果良好。

　　在充填开采方面，研发试验了固体、膏体、（超）高水三种不同类型充填材料与巷式掘采（连采）和长壁面综采的充填工艺以及相应装备，从过去高含水水砂充填、粉煤灰水力充填类型转化为低含水的膏体充填，提高了充填能力，促进了充填开采技术发展。

　　在采空区建设用地治理利用方面，形成了包括采空区勘查、地基稳定性评价、采空区治理设计和抗采动变形设计等四维一体成套技术，从采煤沉陷区低层建筑建设发展为超高层建筑建设，实现采煤沉陷区的充分利用。

　　在煤层气抽采方面，基于岩层移动理论中采动影响裂隙场规律和煤层气增透效应，提出煤与煤层气一体化开发中地面钻井、井下高抽巷道（钻孔）以及井下保护层开采等抽采方法的适用条件、设计原则、技术要点，形成了不同开采条件下的煤与煤层气协调开发模式。

　　在矿区环境治理和资源利用方面，研究了我国采煤沉陷区存量和增量区域特点和采动损害特征，提出基于全周期采动沉陷防治的采前优化设计、采中损害控制和采后科学治理的三对策，加强采煤沉陷区源头控制，变过去采煤沉陷区被动事后治理为现在岩层控制关口前移的主动事前防控，实现生态优先和绿色开采。对于日益增加的废弃矿井，其潜在的地质灾害隐患与废弃矿井资源浪费问题越来越突出，提出了不同地质灾害的防控技术、废弃矿井地下煤炭残煤和瓦斯气体等资源的功能化利用途径。

为了总结并交流经验，促进科学技术发展，编著了《岩层移动理论研究与工程实践应用》，以满足煤矿生产、建设和有关方面的需要。

本书共分8章，由胡炳南编著。第1章由张华兴，第2、3章由樊振丽，第4章由胡炳南，第5章由刘鹏亮，第6章由韩科明、郭文砚，第7章由张鹏，第8章由郭文砚、白国良分别审稿。

在本书科研过程中，得到了许多煤炭企业单位的大力支持；在编写过程中，参考了相关作者的文献资料；在出版过程中，得到了国家科技重大专项（项目编号 2016ZX05068-002-003）的资金资助。在此，一并表示衷心的感谢。

由于作者水平有限，书中难免有不足之处，望读者批评指正。

2022年6月30日

目 录

1 煤矿采动地表移动变形规律 ... 1

    1.1 地表移动发展、盆地特征和参数指标 ... 1
    1.2 一般地表移动变形计算及其参数求取 ... 11
    1.3 条带开采地表移动变形计算及其参数求取 ... 17
    1.4 充填开采地表移动变形计算及其参数求取 ... 19

2 煤矿采动岩层内部移动破坏规律 ... 22

    2.1 覆岩移动破坏分布 ... 22
    2.2 中厚煤层及分层开采覆岩垮落带和导水裂缝带高度计算 ... 23
    2.3 厚煤层一次采全高覆岩破坏高度计算 ... 26
    2.4 煤层底板移动破坏范围 ... 27

3 煤矿采动时间规律 ... 29

    3.1 地表移动时间过程 ... 29
    3.2 地表动态和残余移动变形计算 ... 33
    3.3 覆岩内部移动破坏时间演化 ... 36
    3.4 地表和覆岩采后下沉速度变化 ... 37

4 两次条带全采采动影响理论在"三下"采煤中工程应用 ... 47

    4.1 工程背景 ... 47
    4.2 地质采矿条件、建筑物条件和岩溶条件分析 ... 47
    4.3 坪湖矿岩溶塌陷破坏机理和采动影响指标研究 ... 57
    4.4 两次条带开采基础理论研究 ... 68
    4.5 一次条带开采岩层移动规律与控制研究 ... 72
    4.6 两次条带全采岩层移动规律与控制研究 ... 82
    4.7 两次条带全采技术在坪湖矿"三下"采煤中工程应用 ... 85

5 煤矿充填减沉开采技术及其工程实践 ... 99

    5.1 充填开采背景 ... 99
    5.2 20世纪国内外充填采矿技术 ... 99
    5.3 21世纪我国充填开采技术发展 ... 104

  5.4　充填开采岩层控制研究 …………………………………………… 114
  5.5　充填开采设计指南 ………………………………………………… 124
  5.6　充填开采工程实践应用及减沉效果 ……………………………… 128

6　采煤沉陷区建设用地综合治理技术及其工程实践 ………………… 131
  6.1　概况 ………………………………………………………………… 131
  6.2　采空区勘查 ………………………………………………………… 135
  6.3　地基稳定性评价 …………………………………………………… 144
  6.4　采空区治理注浆设计与施工 ……………………………………… 153
  6.5　注浆后采空区治理效果检测 ……………………………………… 155
  6.6　治理后采空区稳定性评价 ………………………………………… 160
  6.7　工程治理质量和运行情况 ………………………………………… 164

7　采动影响理论在煤层气抽采工程中应用 …………………………… 167
  7.1　煤层气抽采的背景 ………………………………………………… 167
  7.2　煤层气抽采技术 …………………………………………………… 169
  7.3　煤层气抽采与煤层开采协调作用规律 …………………………… 171
  7.4　基于采动影响理论煤层气抽采技术指南 ………………………… 171
  7.5　煤层气抽采工程应用 ……………………………………………… 176

8　矿区环境治理和资源利用技术及其工程实践 ……………………… 181
  8.1　采煤沉陷区综合治理利用 ………………………………………… 181
  8.2　废弃矿井灾害治理与资源利用 …………………………………… 190
  8.3　采煤沉陷区和废弃矿井生态治理工程 …………………………… 197
  8.4　采煤沉陷区和废弃矿井治理利用建议 …………………………… 198

参考文献 …………………………………………………………………… 200

1 煤矿采动地表移动变形规律

1.1 地表移动发展、盆地特征和参数指标

1.1.1 地表移动发展过程

1. 地表移动发生

地下煤炭开采活动形成的采空区是引起上覆岩层移动变形及地表沉陷的根本原因。以近水平煤层为例,未经采动的煤岩体,在地壳内受到各个方向力的约束,处于自然应力平衡状态;当煤炭被采出后,在岩体内部形成一个空的区域(采空区),其周围原有的应力平衡状态遭到破坏,引起应力的重新分布,岩层经一系列的移动、变形与破坏,直至达到新的平衡,这一过程称为岩层移动。在岩层移动过程中,采空区顶板岩层在自重力及其上覆岩层的作用下产生向下的移动和弯曲。当岩层内部拉应力超过其抗拉强度极限时,顶板岩层产生断裂和破碎,但由于断裂岩体相互之间的结构作用,并不一定会立即垮落;随着采空区域的扩大,断裂和破碎的岩石失去支撑作用垮落下来,而其上覆岩层则以梁或悬臂梁弯曲的形式向下移动、弯曲,进而产生断裂、离层。

根据实际观测结果,煤炭采出后,上覆岩层的移动和变形,在垮落法管理顶板时,会呈现出较为明显的3个分带,即垮落带、裂缝带和弯曲带。

随着采空区的继续扩大,受采动影响的岩层范围也不断扩大。当开采范围足够大时,岩层移动发展到地表,使地表产生移动和变形。图 1-1 显示随着井下采空区从1点到5点不断扩大,地表下沉量从 W_1 不断增加,达到最大值 W_4,采动影响范围不断延伸,从而在地表形成一个比井下采空区大得多的采煤沉陷区,也称地表移动盆地,如图 1-1 的线5所示。这一过程与现象称为地表移动。一般以 10 mm 的下沉等值线作为地表移动盆地的边界。

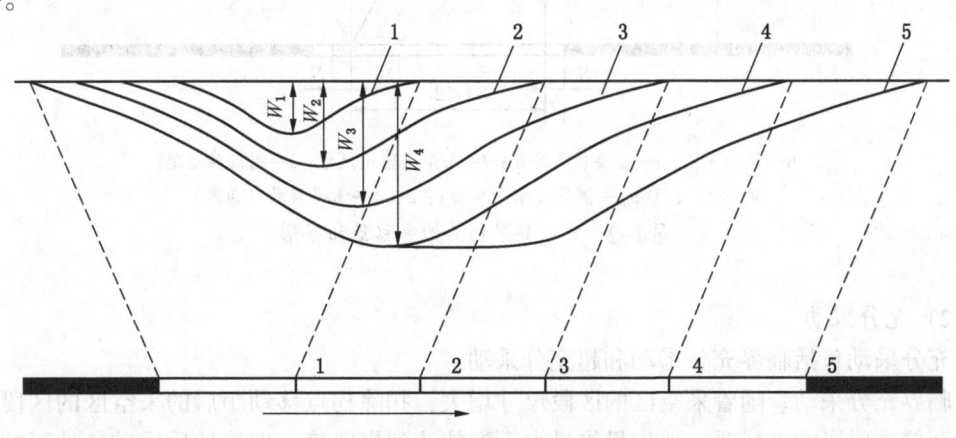

图 1-1 地表移动过程

2. 地表移动盆地扩展

如图 1-1 所示，岩层移动发展到地表后，随工作面的推进，移动盆地的范围和最大下沉值随采空区面积的增大而增大，此时盆地呈尖底"碗形"（如图中地表下沉曲线 1~3 所示）；随工作面的进一步推进，地表下沉达到该条件下最大下沉值，该值不再随工作面的增加而增大（图中地表下沉曲线 4 的最大值）；之后，尽管随开采面积扩大而移动盆地范围继续增大，但最大下沉值将不再增加（图中地表下沉曲线 5 所示），移动盆地呈平底"盆形"。

3. 地表采动影响程度

地表采动影响程度主要受两大因素制约：一是开采深度和上覆岩层岩性，二是地下开采的采空区的尺寸。采动影响程度通常用地表最大下沉点处的下沉值指标来度量。根据采空区大小及其上方地表最大下沉值是否达到该地质采矿条件下的最大下沉值来衡量地表采动影响程度，分为非充分采动和充分采动。

1）非充分采动

在既定的开采深度条件下，采空区的区段尺寸（长和宽）较小，扣除拐点移动距后的采空区的区段尺寸小于两倍主要影响半径时，地表最终移动盆地剖面形状呈碗形。最大下沉值，随工作面的尺寸的增大而增大，即未达到该地质采矿条件下的最大下沉值。这种开采规模叫非充分采动（图 1-2）。非充分采动又分极不充分采动和不充分采动。

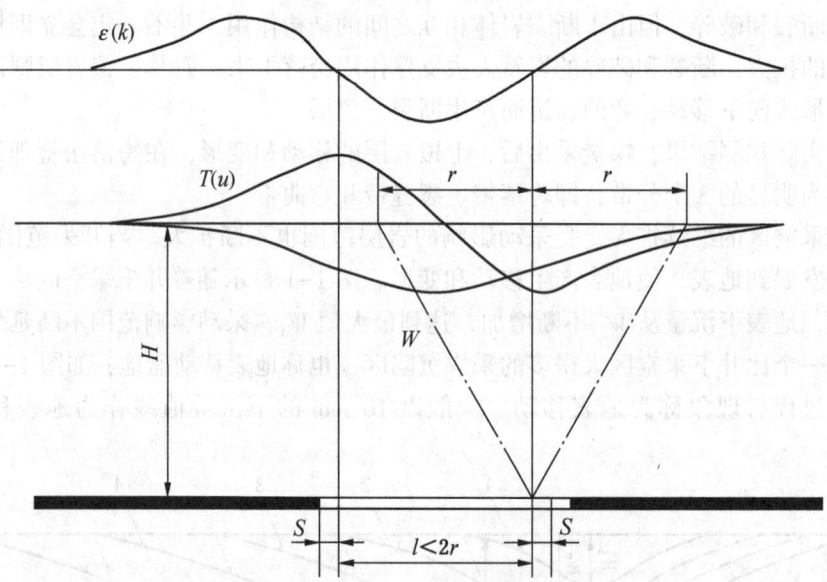

H—开采深度；r—主要影响半径；l—采空区区段尺寸；s—拐点移动距；
W—下沉；$T(u)$—倾斜（水平移动）；$\varepsilon(k)$—水平移动（曲率）

图 1-2 非充分采动的地表移动和变形

2）充分采动

充分采动包括临界充分采动和超充分采动。

临界充分采动。随着采空区的区段尺寸增大，扣除拐点移动距后的采空区的区段尺寸等于两倍主要影响半径时，地表最终最大下沉值达到极限值，即该地质采矿条件下的最大下沉值，这种开采规模叫临界充分采动，如图1-3所示。

超充分采动。地下煤炭开采达到充分采动后，采空区的区段尺寸继续增加，扣除拐点移动距后采空区的区段尺寸远超过两倍主要影响半径，最大下沉值和其他最大移动变形值不再增大，这种开采规模称为超充分采动（也叫超充分开采），如图1-4所示。

超充分采动时，移动盆地中央平底部分，除下沉值达到该地质采矿条件下的最大值外，其他的移动和变形值均变为零；盆地边缘区域的移动和变形值与临界充分采动时相同。

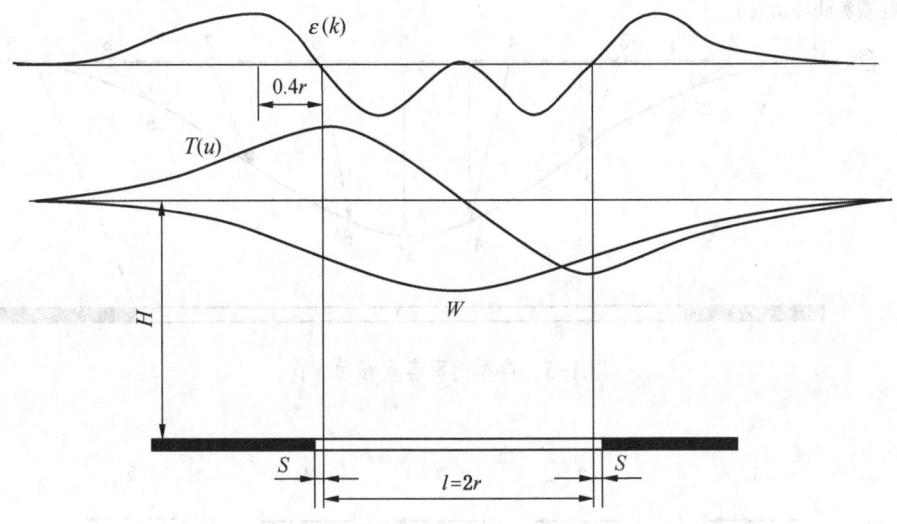

H—开采深度；r—主要影响半径；l—采空区区段尺寸；S—拐点移动距；
W—下沉；$T(u)$—倾斜（水平移动）；$\varepsilon(k)$—水平移动（曲率）

图1-3　临界充分采动的地表移动和变形

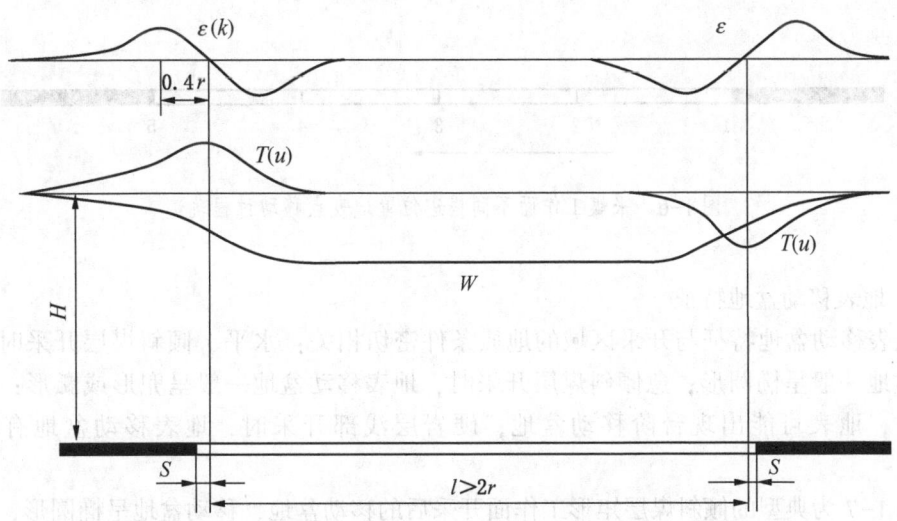

H—开采深度；r—主要影响半径；l—采空区区段尺寸；S—拐点移动距；
W—下沉；$T(u)$—倾斜（水平移动）；$\varepsilon(k)$—水平移动（曲率）

图1-4　超充分采动的地表移动和变形

1.1.2 地表移动点及移动盆地特征

1. 地表移动点特征

在地表移动盆地内,每点的移动均指向采空区中心,且可分解为下沉和水平移动两个分量。各点的移动过程与移动量的大小与其在开采区域的相对位置有关。图1-5为充分采动主剖面上的采煤工作面采后各地表点移动方向;图1-6为采煤工作面从位置1不断向位置5推进过程中,各相应推进位置时的地表点移动过程轨迹。

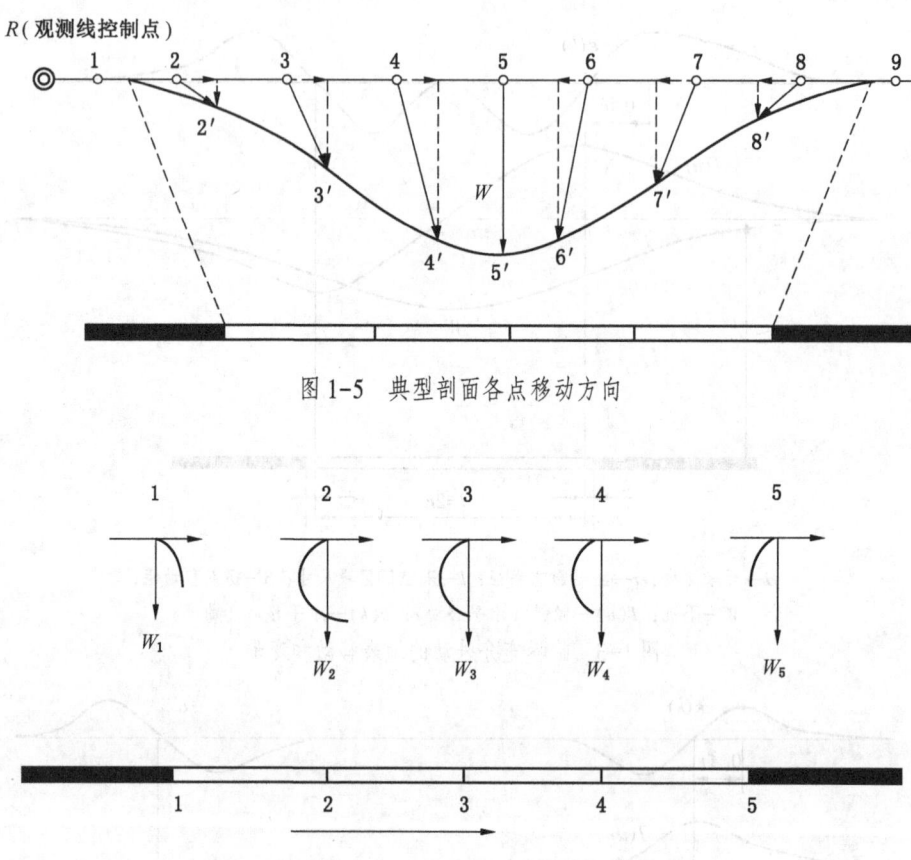

图1-5 典型剖面各点移动方向

图1-6 采煤工作面不同推进位置地表点移动过程轨迹

2. 地表移动盆地特征

地表移动盆地特征与开采区域的地质条件密切相关:水平、倾斜煤层开采时,地表移动盆地一般呈椭圆形;急倾斜煤层开采时,地表移动盆地一般呈兜形或瓢形;浅埋深开采时,地表可能出现台阶移动盆地;硬岩层浅部开采时,地表移动盆地有时为切冒形。

图1-7为典型的倾斜煤层矩形工作面开采后的移动盆地,移动盆地呈椭圆形,在煤层走向方向与开采中心对称,在煤层倾斜方向下山一侧盆地范围较上山一侧偏大。实测表明,地表移动盆地的范围远大于对应的采煤工作面采空区范围。地表移动盆地的形状和位置取决于采空区的形状和煤层倾角。

1 煤矿采动地表移动变形规律

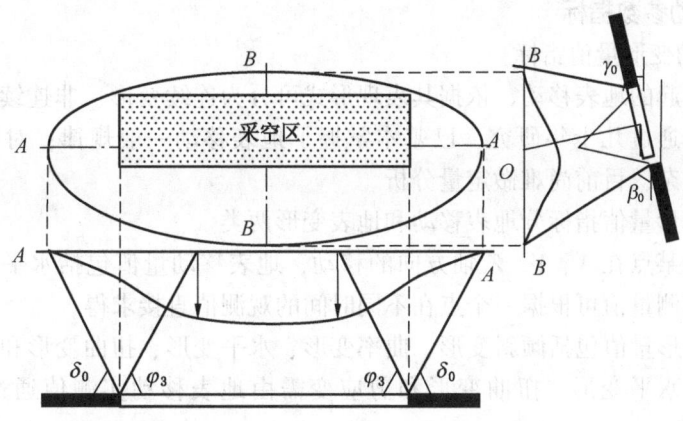

δ_0—走向边界角；φ_3—走向充分采动角；β_0—下山边界角；γ_0—上山边界角

图1-7 典型的倾斜煤层地表移动盆地

在地表移动盆地内，不同位置移动变形性质及大小也不尽相同。一般地质采矿条件充分采动时，最终静态地表移动盆地内，分为边缘区（1区）和中心区（2区）。在边缘区又可划分为拉伸区（3区）和压缩区（4区）（图1-8）。地表移动盆地三区具有下列特点。

中心区：位于移动盆地的中央部位，一般位于采空区的正上方。在此范围内，地表下沉均匀。地表下沉值达到该地质采矿条件下应有的最大值，其他移动和变形值近似于零，一般不出现明显裂缝。

拉伸区：位于采空区边界到盆地边界间，是盆地的外边缘区。区域内地表下沉不均匀，地表点向盆地中心方向倾斜，呈凸形，产生拉伸变形。当拉伸变形超过一定数值后，地面将产生拉伸裂缝。

压缩区：位于采空区边界附近到最大下沉点间，是盆地内边缘区。区域内地表下沉不等，地表点向盆地中心方向倾斜，呈凹形，产生压缩变形。一般不出现地表裂缝。

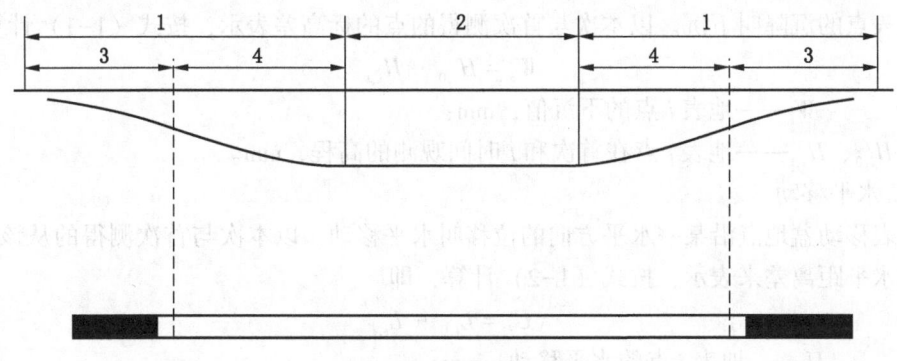

1—边缘区；2—中心区；3—拉伸区；4—压缩区

图1-8 地表移动盆地变形分布

1.1.3 地表移动参数指标

1. 地表移动变形量值指标

煤矿开采引起的地表移动,依据其表现形式可分为连续变形、非连续变形两种。对于地表连续变形,通过几十年研究,已基本掌握了地表移动一般规律;对于地表非连续变形,形成条件复杂,目前尚难做定量分析。

地表移动变形量值指标分地表移动和地表变形两类。

地表移动指某点在 X、Y、Z 轴方向的移动,地表移动量值包括水平移动和下沉。下沉和水平移动实测量值可根据一个点在不同时间的观测值直接求得。

地表移动变形量值包括倾斜变形、曲率变形、水平变形、扭曲变形和剪应变。倾斜变形、曲率变形、水平变形、扭曲变形和剪应变需由地表移动实测值通过计算求得(图1-9)。

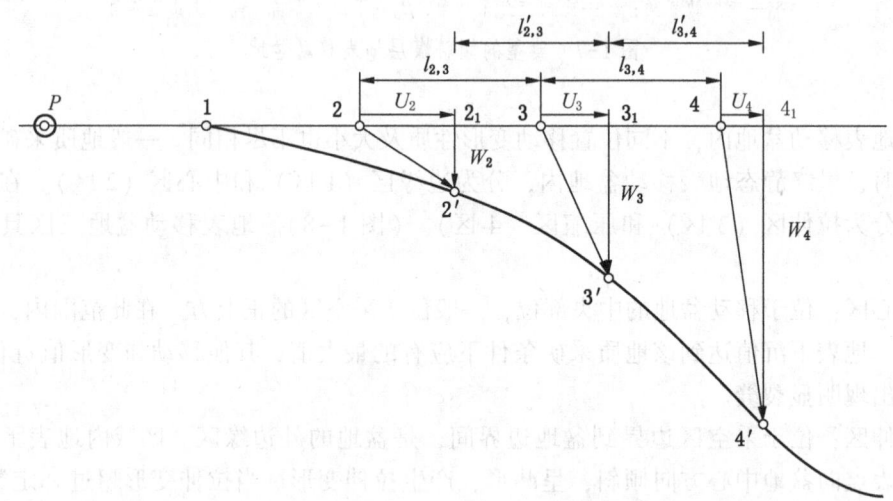

图 1-9 地表水平移动、倾斜变形、曲率变形和水平变形计算

1) 下沉

地表点的沉降叫下沉。以本次与首次测得的点的标高差表示,按式(1-1)计算,即

$$W_i = H_{i,0} - H_{i,t} \tag{1-1}$$

式中 W_i——地表 i 点的下沉值,mm;

$H_{i,0}$、$H_{i,t}$——地表 i 点在首次和 t 时间观测的高程,mm。

2) 水平移动

地表移动盆地点沿某一水平方向的位移叫水平移动。以本次与首次测得的从该点至控制点的水平距离差来表示,按式(1-2)计算,即

$$U_i = L_{i,0} - L_{i,t} \tag{1-2}$$

式中 U_i——地表 i 点的水平移动,mm;

$L_{i,0}$、$L_{i,t}$——地表 i 点在首次和 t 时间观测到控制点 P 点的水平距离,m。

水平移动有正负之分:在倾向断面上,指向煤层上山方向为正,指向下山方向为负;

在走向断面上，向右侧移动为正，向左侧移动为负。

3）倾斜变形

地表移动盆地沿某一方向的坡度叫倾斜。以两点间的平均斜率表示，按式（1-3）计算，即

$$T_{i,\ i+1} = \frac{W_{i+1} - W_i}{l_{i,\ i+1}} \tag{1-3}$$

式中　$T_{i,i+1}$——地表在 i 点到 $i+1$ 点间的平均斜率，mm/m；

　　　$l_{i,i+1}$——地表 i 点到 $i+1$ 点间的水平距离，m。

倾斜按其方向不同有正负之分，在倾斜断面上，指向上山方向为正，指向下山方向为负；在走向断面上，向右侧的倾斜为正，向左侧的倾斜为负。

4）曲率变形

移动盆地剖面线的弯曲度叫曲率。以相邻两线段倾斜差除以两线段中点的水平距离表示，按式（1-4）计算，即

$$K_{i-1,\ i,\ i+1} = \frac{T_{i,\ i+1} - T_{i-1,\ i}}{\frac{1}{2}(l_{i-1,\ i} + l_{i,\ i+1})} \tag{1-4}$$

式中　$K_{i-1,i,i+1}$——地表在 $i-1$ 点到 $i+1$ 点间的平均曲率，mm/m²（或 10^{-3}/m）；

　　　$T_{i-1,i}$，$T_{i,i+1}$——地表在两点间的平均斜率，mm/m；

　　　$l_{i-1,i}$，$l_{i,i+1}$——地表两点间的水平距离，m。

曲率也有正负之分，地表下沉曲线上凸为正，下凹为负。

为了使用上的方便，也可以以曲率半径 R（m）来表示曲率，按式（1-5）计算，即

$$R = 1/K \tag{1-5}$$

5）水平变形

移动盆地内两点间单位水平长度上的水平移动差值叫水平变形。以两点间的水平移动差值除以两点间水平距离表示，按式（1-6）计算，即

$$\varepsilon_{i,\ i+1} = \frac{U_{i+1} - U_i}{l_{i,\ i+1}} \tag{1-6}$$

水平变形有正负之分，正值表示拉伸变形，负值表示压缩变形。

6）扭曲变形

地表移动盆地内两平行线段倾斜差与其间距之比叫地表的扭曲，如图 1-10 所示。其平均值按式（1-7）计算，即

$$S = \frac{T_{AB} - T_{CD}}{l_{AB,CD}} = \left(\frac{\Delta W_{AB}}{l_{AB}} - \frac{\Delta W_{CD}}{l_{CD}}\right)\frac{1}{l_{AB,\ CD}} \tag{1-7}$$

7）剪应变

地表单元正方形直角的变化叫地表的剪切变形，又称剪应变，如图 1-11 所示。其平均值以两个对边长度变化值的差 $(U_{Ax} - U_{Bx})$、$(U_{Ay} - U_{By})$ 分别除以其间距 l_y、l_x 的商之和来表示，按式（1-8）计算，即

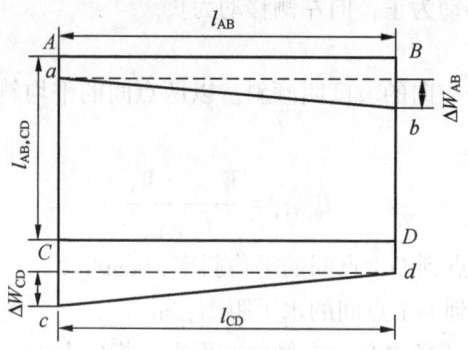

图 1-10 地表扭曲变形计算

$$\gamma = \frac{U_{Ax} - U_{Bx}}{l_y} + \frac{U_{Ay} - U_{By}}{l_x} \tag{1-8}$$

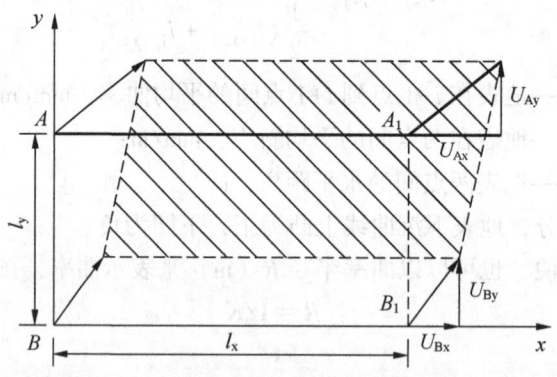

图 1-11 地表剪应变计算

2. 地表移动角量指标

地表移动角量指标包括边界角、移动角、裂缝角、充分采动角、最大下沉角、超前影响角、最大下沉速度滞后角等。它们由采煤工作面地下空间位置与地表移动盆地特征值位置的对应关系确定。

1) 边界角

在充分采动或接近充分采动条件下，移动盆地主断面上实测下沉为 10 mm 的点（边界点）和采空区边界的连线与水平线在煤柱一侧的夹角称为边界角。当有松散层时，应先以松散层移动角 φ 将边界点投到基岩面，再从基岩面向采空区边界连线，确定基岩边界角；也可将松散层移动角 φ 与基岩边界角进行综合确定为综合边界角。目前，一般采用综合边界角，分为走向边界角 δ_0、下山边界角 β_0、上山边界角 γ_0 及急倾斜煤层的底板边界角 λ_0。边界角、移动角和裂缝角示意图如图 1-12 所示。

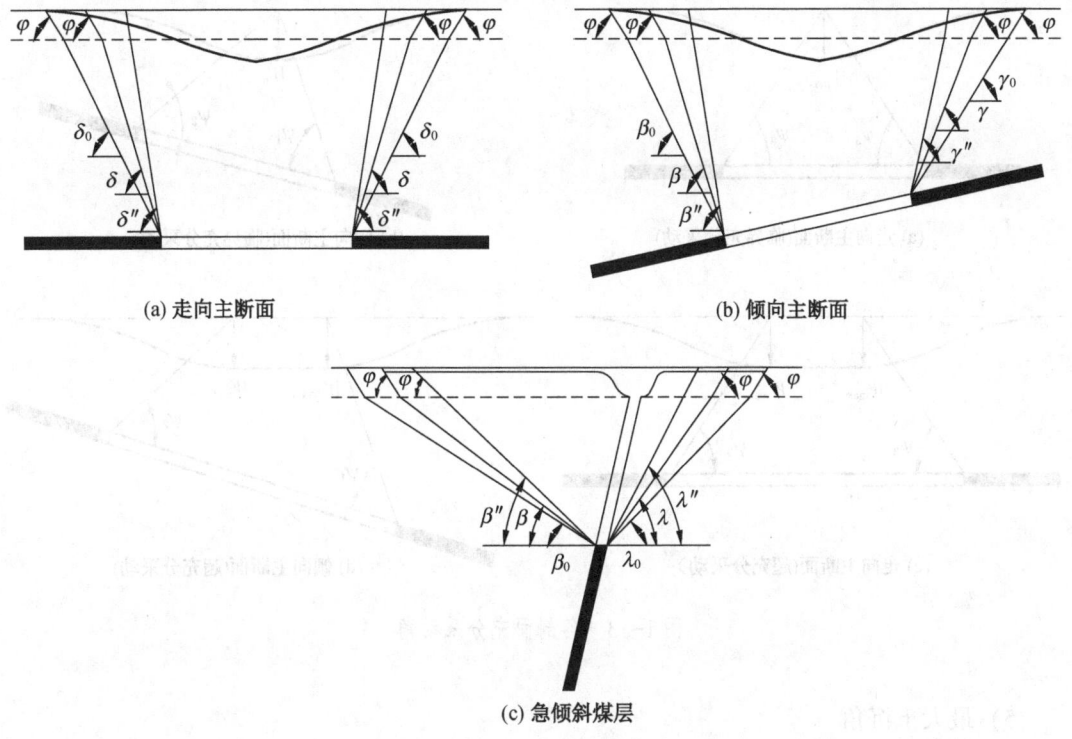

图 1-12 边界角、移动角和裂缝角示意图

2) 移动角

在充分采动或接近充分采动条件下,地表移动盆地主断面(指地表移动盆地内通过最大下沉点的沿煤层走向或倾向的垂直断面)上实测达到 I 级变形(倾斜 $i=3.0$ mm/m、水平变形 $\varepsilon=2.0$ mm/m、曲率 $k=0.2\times10^{-3}$ m^{-1})最外边的点与采空区边界的连线与水平线在煤柱一侧的夹角称为移动角。

当有松散层时,应先以松散层移动角 φ 将最外边点投到基岩面,也可综合确定为综合移动角。移动角分为走向移动角 δ、下山移动角 β、上山移动角 γ 及急倾斜煤层的底板移动角 λ。

3) 裂缝角

在充分采动或接近充分采动条件下,移动盆地主断面上实测裂缝最外面点和采空区边界的连线与水平线在煤柱一侧的夹角称为裂缝角。裂缝角分为走向裂缝角 δ''、下山裂缝角 β''、上山裂缝角 γ'' 及急倾斜煤层的底板裂缝角 λ''。

4) 充分采动角

在充分采动条件下,移动盆地主断面上达到最大下沉的点(或最外面的最大下沉点)和采空区边界的连线与煤层在采空区一侧的夹角称为充分采动角 ψ。当有松散层时,应先将最大下沉点投到基岩面。充分采动角分为下山充分采动角 ψ_1、上山充分采动角 ψ_2 和走向充分采动角 ψ_3,如图 1-13 所示。

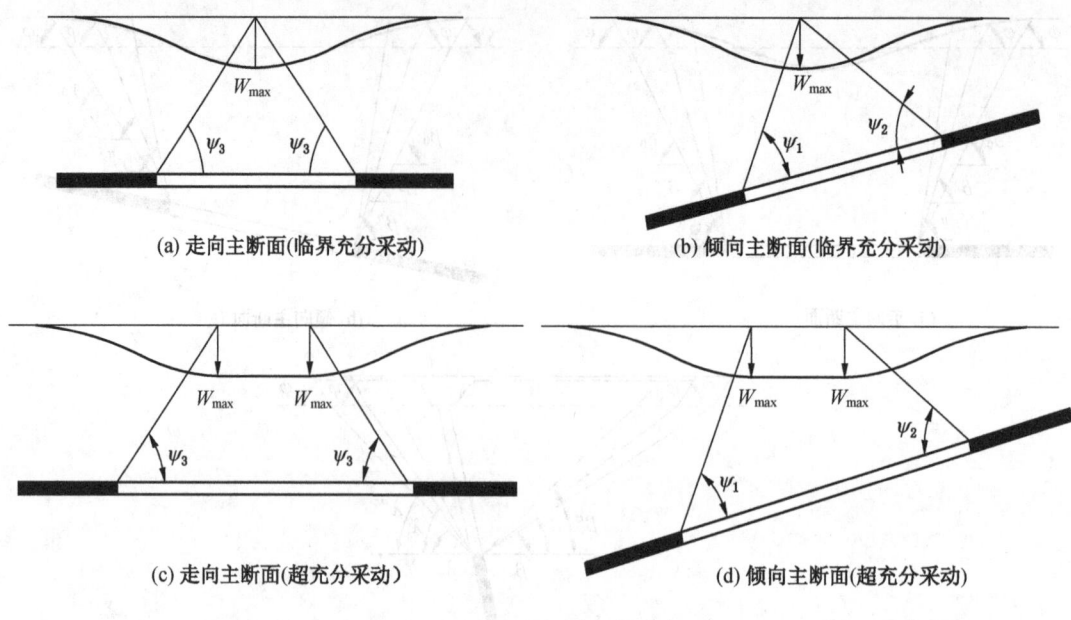

图 1-13 各剖面充分采动角

5）最大下沉角

在移动盆地倾斜主断面上实测最大下沉点和采空区中心的连线与水平线在煤层倾向一侧的夹角称为最大下沉角 θ。当松散层厚度 $h > 0.1H$ 时，应先将最大下沉点垂直投到基岩面上。超充分采动时，可根据充分采动角 ψ_1 和 ψ_2 作直线，其交点在基岩面的投影至采空区中心连线与水平线在煤层倾向一侧夹角为最大下沉角 θ，如图 1-14 所示。

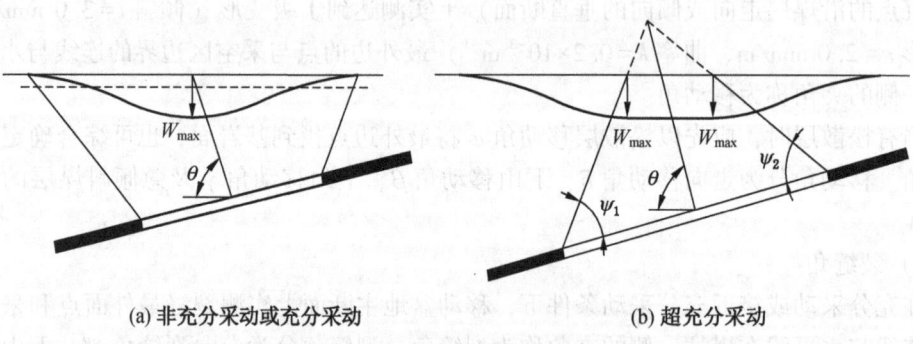

图 1-14 最大下沉角示意图

6）超前影响角

在开采工作面达到充分采动或接近充分采动条件下，移动盆地工作面推进方向主断面上工作面前方实测下沉为 10 mm 的点（沉降起始点）和工作面开采边界的连线与水平线在煤柱一侧的夹角称为超前影响角 ω，如图 1-15 所示。

1 煤矿采动地表移动变形规律

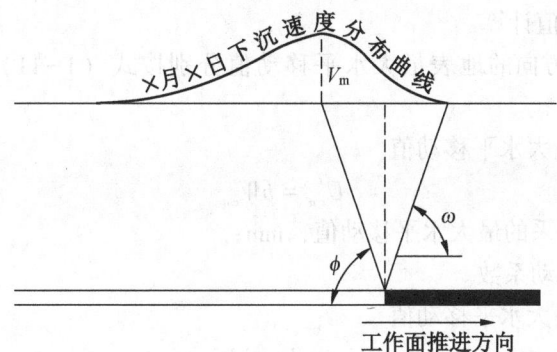

ω—超前影响角；ϕ—最大下沉速度角

图 1-15 超前影响角与最大下沉速度角示意图

7) 最大下沉速度角

在开采工作面达到充分采动或接近充分采动条件下，移动盆地工作面推进方向主断面上实测最大下沉速度点和工作面开采边界的连线与水平线在采空区一侧的夹角称为最大下沉速度角 ϕ。

地表移动的量值与角量之间存在对应关系。主要有边界角与下沉的关系、移动角与变形（倾斜、水平变形和曲率）的关系、超前影响距与超前影响角的关系。

1.2 一般地表移动变形计算及其参数求取

1.2.1 地表移动变形最大值计算

1. 最大下沉值计算

充分采动和非充分采动条件下地表最大下沉值分别按式（1-9）和式（1-10）计算：

1) 充分采动条件下地表最大下沉值

$$W_{cm} = qM\cos\alpha \tag{1-9}$$

式中 W_{cm}——充分采动条件下地表最大下沉值，mm；

q——下沉系数；

M——煤层法向开采厚度，mm；

α——煤层倾角，(°)。

2) 非充分采动条件下地表最大下沉值

$$W_{fm} = qMn\cos\alpha \tag{1-10}$$

式中 W_{fm}——非充分采动条件下地表最大下沉值，mm；

n——地表采动程度系数。

式（1-10）中 n 数值按以下方法确定：

$n = \sqrt{n_1 \cdot n_3}$，$n_1 = k_1 \dfrac{D_1}{H_0}$，$n_3 = k_3 \dfrac{D_3}{H_0}$，$n_1$ 和 n_3 大于 1 时取 1；k_1、k_3 是与覆岩岩性有关的系数，坚硬岩层：k_1、$k_3 = 0.7$；中硬岩层：k_1、$k_3 = 0.8$；软弱岩层：k_1、$k_3 = 0.9$；D_1、D_3 为工作面倾向及趋向长度；H_0 为工作面平均开采深度。

2. 最大水平移动值计算

走向方向和倾斜方向的地表最大水平移动值分别按式（1-11）和式（1-12）或式（1-13）计算：

1) 水平煤层的最大水平移动值

$$U_{cm} = bW_{cm} \qquad (1-11)$$

式中　U_{cm}——充分开采的最大水平移动值，mm；
　　　b——水平移动系数。

2) 倾斜煤层的最大水平移动值

$$U_{cm} = b(\alpha)W_{cm} \qquad (1-12)$$

式中　$b(\alpha)$——随煤层倾角 α 变化的水平移动系数。

或者

$$U_{cm} = (b + 0.7P_{冲})W_{cm} \qquad (1-13)$$

式中　b——水平移动系数；
　　　$P_{冲}$——冲积层系数，由以下方法计算确定：

$P_{冲} = \tan\alpha - \dfrac{h}{(H_0 - h)}$（$P_{冲} < 0$ 时取 0），其中，α 为煤层倾角，h 为冲积层厚度，H_0 为工作面平均开采深度。

3. 最大倾斜变形值计算

最大倾斜变形值按式（1-14）计算：

$$i_{cm} = \dfrac{W_{cm}}{r} \qquad (1-14)$$

式中　i_{cm}——充分开采条件下的最大倾斜变形，mm/m；
　　　r——主要影响半径，m，由以下方法计算确定：

$r = \dfrac{H}{\tan\beta}$，其中，H 为开采深度，$\tan\beta$ 为主要影响角正切。

4. 最大曲率变形值计算

最大曲率变形值按式（1-15）计算：

$$k_{cm} = 1.52 \times \dfrac{W_{cm}}{r^2} \qquad (1-15)$$

式中　k_{cm}——充分开采条件下的最大曲率变形值，10^{-3}/m。

5. 最大水平变形值计算

最大水平变形值按式（1-16）计算：

$$\varepsilon_{cm} = 1.52 \times b \times \dfrac{W_{cm}}{r} \qquad (1-16)$$

式中　ε_{cm}——充分开采条件下的最大水平变形值，mm/m。

1.2.2　水平或缓倾斜煤层任意形状工作面面积分任意点地表移动变形计算

1. 下沉值计算

下沉值按式（1-17）计算：

$$W(x, y) = W_{cm} \iint_D \frac{1}{r^2} e^{-\pi \frac{(\eta-x)^2+(\xi-y)^2}{r^2}} d\eta d\xi \tag{1-17}$$

2. 水平移动值计算

x 和 y 方向的水平移动值分别按式（1-18）和式（1-19）计算：

$$U_x(x, y) = U_{cm} \iint_D \frac{2\pi(\eta-x)}{r^3} \cdot e^{-\pi \frac{(\eta-x)^2+(\xi-y)^2}{r^2}} d\eta d\xi \tag{1-18}$$

$$U_y = (x, y) = U_{cm} \iint_D \frac{2\pi(\xi-x)}{r^3} \cdot e^{-\pi \frac{(\eta-x)^2+(\xi-y)^2}{r^2}} d\eta d\xi + W(x, y) \cdot \cot\theta_0 \tag{1-19}$$

3. 倾斜变形值计算

x 和 y 方向的倾斜变形值分别按式（1-20）和式（1-21）计算：

$$i_x(x, y) = W_{cm} \iint_D \frac{2\pi(\eta-x)}{r^4} \cdot e^{-\pi \frac{(\eta-x)^2+(\xi-y)^2}{r^2}} d\eta d\xi \tag{1-20}$$

$$i_y(x, y) = W_{cm} \iint_D \frac{2\pi(\xi-y)}{r^4} \cdot e^{-\pi \frac{(\eta-x)^2+(\xi-y)^2}{r^2}} d\eta d\xi \tag{1-21}$$

4. 曲率变形值计算

x 和 y 方向的曲率变形值分别按式（1-22）和式（1-23）计算：

$$K_x(x, y) = W_{cm} \iint_D \frac{2\pi}{r^4} \left[\frac{2\pi(\eta-x)^2}{r^2} - 1 \right] \cdot e^{-\pi \frac{(\eta-x)^2+(\xi-y)^2}{r^2}} d\eta d\xi \tag{1-22}$$

$$K_y(x, y) = W_{cm} \iint_D \frac{2\pi}{r^4} \left[\frac{2\pi(\xi-x)^2}{r^2} - 1 \right] \cdot e^{-\pi \frac{(\eta-x)^2+(\xi-y)^2}{r^2}} d\eta d\xi \tag{1-23}$$

5. 水平变形值计算

x 和 y 方向的水平变形值分别按式（1-24）和式（1-25）计算：

$$\varepsilon_x(x, y) = U_{cm} \iint_D \frac{2\pi}{r^3} \left[\frac{2\pi(\eta-x)^2}{r^2} - 1 \right] \cdot e^{-\pi \frac{(\eta-x)^2+(\xi-y)^2}{r^2}} d\eta d\xi \tag{1-24}$$

$$\varepsilon_y(x, y) = U_{cm} \iint_D \frac{2\pi}{r^3} \left[\frac{2\pi(\xi-y)^2}{r^2} - 1 \right] \cdot e^{-\pi \frac{(\eta-x)^2+(\xi-y)^2}{r^2}} d\eta d\xi + i_y(x, y) \cdot \cot\theta_0 \tag{1-25}$$

式中　D——煤层开采区域；

　　　θ_0——开采影响传播角，（°）。

1.2.3　倾斜煤层任意形状工作面线积分任意点地表移动变形计算

1. 下沉值计算

下沉值按式（1-26）计算：

$$W(x, y) = W_{cm} \sum_{i=1}^{n} \int_{L_i} \frac{1}{2r} \mathrm{erf}\left[\frac{\sqrt{\pi}(\eta-x)}{r} \right] \cdot e^{-\pi \frac{(\xi-y)^2}{r^2}} d\xi \tag{1-26}$$

2. 水平移动值计算

x 和 y 方向的水平移动值分别按式（1-27）和式（1-28）计算：

$$U_x(x, y) = U_{cm} \sum_{i=1}^{n} \int_{L_i} \frac{1}{r^2} e^{-\pi \frac{(\eta-x)^2+(\xi-y)^2}{r^2}} d\xi \tag{1-27}$$

$$U_y(x, y) = U_{cm} \sum_{i=1}^{n} \int_{L_i} \frac{-\pi(\xi-y)}{r^2} \cdot \text{erf}\left[\frac{\sqrt{\pi}(\eta-x)}{r}\right] \cdot e^{-\pi\frac{(\xi-y)^2}{r^2}} d\xi + W(x, y) \cdot \cot\theta_0$$

(1-28)

3. 倾斜变形值计算

x 和 y 方向的倾斜变形值分别按式（1-29）和式（1-30）计算：

$$i_x(x, y) = W_{cm} \sum_{i=1}^{n} \int_{L_i} \frac{1}{r^2} e^{-\pi\frac{(\eta-x)^2+(\xi-y)^2}{r^2}} d\xi$$

(1-29)

$$i_y(x, y) = W_{cm} \sum_{i=1}^{n} \int_{L_i} \frac{-\pi(\xi-y)}{r^2} \cdot \text{erf}\left[\frac{\sqrt{\pi}(\eta-x)}{r}\right] \cdot e^{-\pi\frac{(\xi-y)^2}{r^2}} d\xi$$

(1-30)

4. 曲率变形值计算

x 和 y 方向的曲率变形值分别按式（1-31）和式（1-32）计算：

$$K_x(x, y) = W_{cm} \sum_{i=1}^{n} \int_{L_i} \frac{-2\pi}{r^2} \cdot \frac{\eta-x}{r} \cdot e^{-\pi\frac{(\eta-x)^2+(\xi-y)^2}{r^2}} d\xi$$

(1-31)

$$K_y(x, y) = W_{cm} \sum_{i=1}^{n} \int_{L_i} \frac{\pi}{r^3}\left[\frac{2\pi(\xi-y)^2}{r^2} - 1\right] \cdot \text{erf}\left[\frac{\sqrt{\pi}(\eta-x)}{r}\right] \cdot e^{-\pi\frac{(\xi-y)^2}{r^2}} d\xi$$

(1-32)

5. 水平变形值计算

x 和 y 方向的水平变形值分别按式（1-33）和式（1-34）计算：

$$\varepsilon_x(x, y) = U_{cm} \sum_{i=1}^{n} \int_{L_i} \frac{-2\pi}{r^2} \cdot \frac{\eta-x}{r} \cdot e^{-\pi\frac{(\eta-x)^2+(\xi-y)^2}{r^2}} d\xi$$

(1-33)

$$\varepsilon_y(x, y) = U_{cm} \sum_{i=1}^{n} \int_{L_i} -\frac{\pi}{r^2} \cdot \frac{\xi-y}{r} \cdot \text{erf}\left[\frac{\sqrt{\pi}(\eta-x)}{r}\right] \cdot e^{-\pi\frac{(\xi-y)^2}{r^2}} d\xi + i_y(x, y) \cdot \cot\theta_0$$

(1-34)

式中　r——等价计算工作面的主要影响半径，m；

　　　L_i——等价计算工作面各边界的直线段，m。

1.2.4　地表移动变形参数求取

1. 依据实测数据求取预测参数

（1）下沉系数求取方法。下沉系数按式（1-35）求取：

$$q = \frac{W_{cm}}{M\cos\alpha}$$

(1-35)

（2）水平移动系数求取方法。水平移动系数按式（1-36）求取：

$$b = \frac{U_{cm}}{W_{cm}}$$

(1-36)

（3）主要影响角正切求取方法。主要影响角正切按式（1-37）求取：

$$\tan\beta = \frac{H_z}{r_z}$$

(1-37)

式中　H_z——走向主断面上走向边界开采深度，m；

　　　r_z——走向主断面上主要影响半径，m。

r_z 求取方法 1：充分采动时，走向主断面上下沉值分别为 $0.16W_{cm}$ 和 $0.84W_{cm}$ 值的点间距为 $0.8r_z$，即 $l=0.8r_z$，由此得 $r_z=l/0.8$。其中，l 为走向计算长度，m。

r_z 求取方法 2：充分采动时，$r_z = \dfrac{W_0}{i_0}$。其中，W_0 为实测最大下沉，i_0 为实测最大倾斜，mm/m。

（4）开采影响传播角求取方法。开采影响传播角按式（1-38）求取：

$$\theta_0 = \arctan\left(\dfrac{W_{cm}}{U_{wcm}}\right) \tag{1-38}$$

式中 U_{wcm}——倾向剖面上最大下沉值点处的水平移动值，mm。

（5）拐点偏移距求取方法。充分采动时，移动盆地主断面上下沉值为 $0.5W_{cm}$、最大倾斜和曲率为零的 3 个点的点位 x（或 y）的平均值 x_0（或 y_0）为拐点坐标。将 x_0（或 y_0）向煤层投影（走向断面按 90°、倾向断面按开采影响传播角投影），其投影点至采空区边界的距离为拐点偏距。拐点偏距分下山边界拐点偏距 S_1，上山边界拐点偏距 S_2，走向左边界拐点偏距 S_3 和走向右边界拐点偏距 S_4。

（6）预测参数拟合求取方法。预测参数宜采用最小二乘原则，通过对观测数据的拟合求取，一般采用程序拟合。

（7）预测参数趋近求取方法。采用趋近法则，利用计算程序，以最接近实际观测数据的参数作为预测参数。

2. 依据覆岩岩性选取预测参数

对于无实测资料的矿区，可依据覆岩岩性条件按表 1-1 选取预测参数。

表 1-1 岩性与预测参数相关关系表

覆岩类型	覆岩性质		下沉系数	水平移动系数	主要影响角正切	拐点偏移距/m	开采影响传播角/(°)
	主要岩性	单向抗压强度/MPa					
坚硬	大部分以中生代地层硬砂岩、硬石灰岩为主，其他为砂质页岩、页岩、辉绿岩	>60	0.27~0.54	0.2~0.4	1.20~1.91	$(0.31~0.43)H$	$90-(0.7~0.8)\alpha$
中硬	大部分以中生代地层中硬砂岩、石灰岩、砂质页岩为主，其他为软砾岩、致密泥灰岩、铁矿石	30~60	0.55~0.84	0.2~0.4	1.92~2.40	$(0.08~0.30)H$	$90-(0.6~0.7)\alpha$
软弱	大部分为新生代地层砂质页岩、页岩、泥灰岩及黏土、砂质黏土等松散层	<30	0.85~1.00	0.2~0.4	2.41~3.54	$(0~0.07)H$	$90-(0.5~0.6)\alpha$

注：H——开采深度，m；α——煤层倾角，(°)。

3. 依据覆岩岩性评价系数选取预测参数

（1）覆岩岩性综合评价系数计算。覆岩岩性综合评价系数按式（1-39）计算：

$$P = \frac{\sum_1^n m_i \cdot Q_i}{\sum_1^n m_i} \quad (1-39)$$

式中　m_i——覆岩分层法线厚度，m；
　　　Q_i——覆岩第 i 分层的岩性评价系数，由表 1-2 查得。

表 1-2　覆岩分层岩性评价系数表

岩性	单向抗压强度/MPa	岩性名称	初次采动 Q^0	重复采动 Q^1	重复采动 Q^2
坚硬	≥90	极硬砂岩、石灰岩、石英矿脉、致密花岗岩、角闪岩	0	0	0.1
坚硬	80	硬石灰岩、硬砂岩、硬大理石	0	0.1	0.4
坚硬	70	较硬石灰岩、砂岩和大理石	0.05	0.2	0.5
中硬	60	普通砂岩、铁矿石	0.1	0.3	0.6
中硬	50	砂质页岩、片状砂岩	0.2	0.45	0.7
中硬	40	硬黏土质页岩、不硬砂岩和石灰岩、软砾岩	0.4	0.7	0.95
软弱	30	各种页岩（不坚硬的）、致密泥灰岩	0.6	0.8	1.0
软弱	20	软页岩、很软石灰岩、无烟煤、普通泥灰岩	0.8	0.9	1.0
软弱	>10	破碎页岩、烟煤、硬表土-粒质土壤、致密黏土	0.9	1.0	1.1
软弱	≤10	软砂质土、黄土、腐殖土、松散砂层	1.0	1.1	1.1

（2）下沉系数计算。采用覆岩岩性综合评价系数确定下沉系数时，其下沉系数按式（1-40）计算：

$$q = 0.5 \times (0.9 + P) \quad (1-40)$$

（3）主要影响角正切计算。采用岩性综合评价系数确定主要影响角正切时，其主要影响角正切按式（1-41）计算：

$$\tan\beta = (D_{岩} - 0.0032H)(1 - 0.0038\alpha) \quad (1-41)$$

式中　$D_{岩}$——岩性影响系数，其数值与综合评价系数 P 的关系见表 1-3。

表 1-3　岩性综合评价系数 P 与岩性影响系数 $D_{岩}$ 的对应关系表

坚硬	P	0	0.03	0.07	0.11	0.15	0.19	0.23	0.27	0.3
	$D_{岩}$	0.76	0.82	0.88	0.95	1.01	1.08	1.14	1.20	1.25
中硬	P	0.3	0.35	0.40	0.45	0.50	0.55	0.60	0.65	0.70
	$D_{岩}$	1.26	1.35	1.45	1.54	1.64	1.73	1.82	1.91	2.00

表1-3(续)

软弱	P	0.70	0.75	0.80	0.85	0.90	0.95	1.00	1.05	1.10
	$D_{岩}$	2.00	2.10	2.20	2.30	2.40	2.50	2.60	2.70	2.80

(4) 水平移动系数计算。依据开采煤层倾角确定水平移动系数时，其水平移动系数按式（1-42）计算：

$$b_c = b \cdot (1 + 0.0086\alpha) \tag{1-42}$$

(5) 开采影响传播角计算。依据开采煤层倾角确定开采影响传播角时，其开采影响传播角按式（1-43）计算：

$$\theta_0 = 90° - 28.5°(\sin 2\alpha)^2 \quad 0° \leq \alpha \leq 90° \tag{1-43}$$

(6) 拐点偏移距计算。拐点偏移距，可依据岩性条件选取。坚硬、中硬和软弱覆岩的拐点偏移距分别为 $(0.31\sim0.43)H$、$(0.08\sim0.30)H$ 和 $(0\sim0.07)H$，单位与开采深度 H 相同，均为 m。

1.3 条带开采地表移动变形计算及其参数求取

1.3.1 条带开采地表移动变形计算

条带开采地表移动变形计算可采用概率积分法计算，具体计算分条带开采区计算和条带开采面计算两种模式。条带开采区计算的优点是可简单明了地获得条带开采区的最终采动影响，但难以得出较好精度的第一条带和前几个条带开采的采动影响。条带开采面计算的优点是可较好计算出每一条带工作面开采后的采动影响，用以确定不同时期和不同区域受护体移动变形情况，但存在实测总结计算参数较少的不足。

条带开采区计算模式，按条带开采区域整体计算。条带开采区包括采出条带开采工作面范围与条带煤柱留设范围。它将整个条带开采区作为整体计算区域，采用概率积分法统一进行地表移动变形计算。

条带开采面计算模式，按条带开采工作面分个计算。条带开采面仅包括所研究的条带开采工作面范围，不含条带煤柱留设面积。它将整个条带开采区分为各个计算区域，采用概率积分法分面进行地表移动变形计算后再叠加。

1.3.2 条带开采地表移动变形计算参数求取

1. 按条带开采区计算模式参数求取方法

条带开采地表移动变形计算参数与面积采出率、条带开采宽度和条带煤柱留设宽度等相关。一般可采用类似条件矿区实测条带开采参数类比确定；条带开采时地表下沉系数也可按经验式（1-44）、式（1-45）计算，并依据垮落法开采概率积分法计算参数进行修正确定。

条带开采区下沉系数，可按式（1-44）或式（1-45）计算：

$$\frac{q_{条}}{q} = 4.52 M^{-0.78} \cdot \rho^{2.13} \cdot \left(\frac{b}{H}\right)^{0.603} \tag{1-44}$$

$$\frac{q_{条}}{q} = 0.2663 e^{-0.5753M} \cdot \rho^{2.6887} \cdot \ln\left(\frac{bH}{a}\right) + 0.0336 \tag{1-45}$$

式中　$q_{条}$——条带开采区下沉系数；

　　　ρ——条带开采区面积采出率，$\rho = \dfrac{b}{a+b}$；

　　　b——条带开采宽度，m；

　　　a——条带煤柱留设宽度，m；

　　　H——条带开采深度，m。

2. 按条带开采面计算模式参数求取方法

采用条带开采面计算模式参数求取方法时，各条带工作面计算参数应根据其工作面尺寸及充分采动程度进行调整。

鉴于条带开采工作面宽度尺寸较小，通常属于非充分采动条件。条带开采工作面宽度按开采影响传播角向水平面的投影长度 L_0 计算，平均开采深度为 H_0，非充分采动条带开采地表下沉系数为 q，充分采动条件下沉系数为 $q_{充}$。非充分采动地表下沉系数等参数应分别采用坚硬、中硬和软弱覆岩的非充分采动参数与对应的充分采动条件参数的比值（$q/q_{充}$）与 L_0/H_0 比值的关系进行修正。$q/q_{充}$ 与 L_0/H_0 比值的关系如图 1-16 所示。水平移动系数和开采影响传播角等其他计算参数，也受条带工作面宽度尺寸影响，但相关关系不太明显。下面给出济北矿区岱庄矿长壁工作面开采和 4 个条带工作面区域开采地质采矿条件和实测参数（表 1-4）。

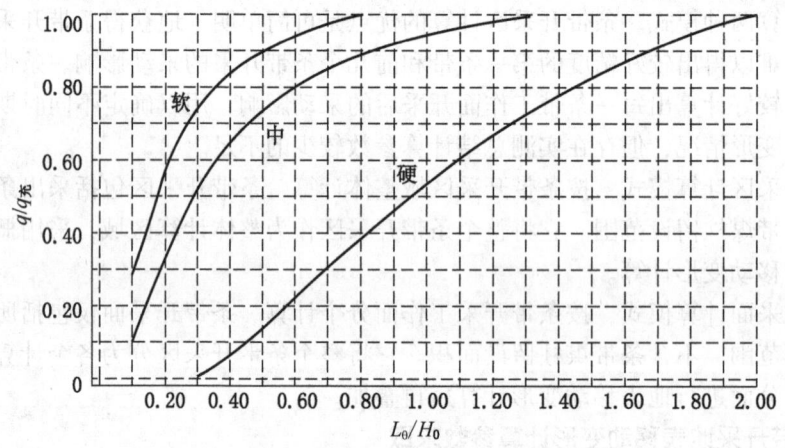

图 1-16　$q/q_{充}$ 与 L_0/H_0 的关系图

济北矿区岱庄矿煤系地层属于二叠系下统山西组组，主采 $3_上$ 煤，倾角 6°。第四系厚 185~315 m，基岩厚在 150 m 左右，主要由粉砂岩、细砂岩、中砂岩、砂岩及泥岩组成。厚冲积层和薄基岩是该矿赋存的特点。

长壁工作面观测站监测 1303 长壁工作面，面宽 160 m，推进长度约 1300 m。2000 年 8 月开始回采至 2001 年 7 月开采结束，历时 11 个月，日推进度 3.3 m/d。

条带工作面观测站监测 4 个条带开采工作面，分别为 1304、1306、1308、1310 工作面，开采顺序为 1310→1308→1304→1306。4 个工作面的平均采宽 50 m，平均留宽 50 m，开采厚度2.5 m。全部垮落法管理顶板。1310面自2000年6月开始回采至2000年8月回采结束,历时3个月;1308面自2000年8月开始回采至2000年11月开采结束,历时4个月;1304面自2000年11月开始回采至2001年1月开采结束,历时3个月;1306面自2001年1月开始回采至2001年3月开采结束,历时3个月。

表1-4 条带开采区不同计算模式实测参数

测站名称	条带开采面	长壁工作面
测线测点	2条94个	2条62个
测线长度/m	2600	1500
平均采厚/m	2.5	2.9
日推进度/m	6.45~10.21	1.38~6.54
开采时间	2000-06—2001-03(9月)	2000-08—2001-07(11月)
观测时间	2000-06—2001-06(12月)	2000-08—2001-07(11月)
观测次数/(次)	下沉1+16,平面1+2	下沉1+16,平面1+2
采宽/m	50	160
留宽/m	50	区段煤柱
最大下沉/mm	543(30号点)	1677(46号点)
最大水平移动/mm	668(23号点)	716(20号点)
日最大下沉速度/(mm·d^{-1})	6.4	48.3
点活跃期/d	40	120
点移动期/d	小于400	350
边界角/(°)	$\beta_0=53.8$,$\delta_0=58.4$	$\beta_0=44.3$
移动角/(°)	未达到临界值	$\beta=72.9$,$\gamma=72.8$,$\delta_0=72.3$
最大下沉角/(°)	$\theta=83.0$	$\theta=84.3$
超前影响角/(°)	—	—
最大下沉速度角/(°)	$\phi=74.2$	$\phi=85.4$
下沉系数	0.24(按区计算) 0.47(按区计算)	0.92
主要影响角正切	1.58,1.49	1.68
影响传播角/(°)	85.6	89
水平移动系数	0.24	0.24
拐点移动距/m	0	0

1.4 充填开采地表移动变形计算及其参数求取

1.4.1 充填开采地表移动变形计算

无论是固体充填,还是膏体充填或高水充填,充填开采地表开采沉陷主要是由以下3个量组成:采后充前顶板下沉量、充填体未接顶量和充填体沉缩量等,如图1-17所示。

这3个量决定了充填开采控制开采沉陷的效果。

在充填开采中，若采高为 M，采后充前顶板下沉量为 W_1、充填未接顶量为 W_2 和充填体沉缩量为 W_3，可充高度为 M_1、实际充填高度为 M_2 和压实后充填体高度为 M_3，顶板下沉率为 K_1，充填率为 K_2 和沉缩率为 K_3，那么，充填开采引起的地表沉陷最大值 $W_{\max}$ 可用式（1-46）计算。

$$W_{\max} = W_1 + W_2 + W_3 = K_1 M + (M_1 - M_2) + K_3 M_2 = K_1 M + (1 - K_2) M_1 + K_3 M_2$$
（1-46）

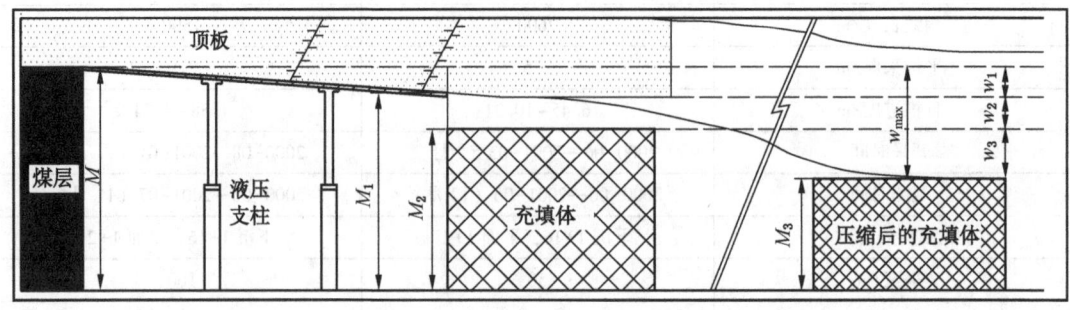

图 1-17 充填采煤开采沉陷组成关系图

充填开采地表移动变形计算可采用概率积分法计算，具体计算模式有按实际采高计算与按等效采高计算两种。

1.4.2 充填开采地表移动变形计算参数求取

1. 按实际采高计算

计算采高采用工作面实际采高。此时，概率积分法计算参数需考虑采后充前顶板下沉量、充填体未接顶量和充填体沉缩量等主要因素，可以采用充填开采地表移动观测站实测资料反演获得，或依据地质采矿条件和充填工艺及充填效果类比获得。

2. 按等效采高计算

所谓等效采高是指实际采高与充分压实后的充填体厚度之差。如图 1-18 所示，图中 M_e 为充填开采等效采高。

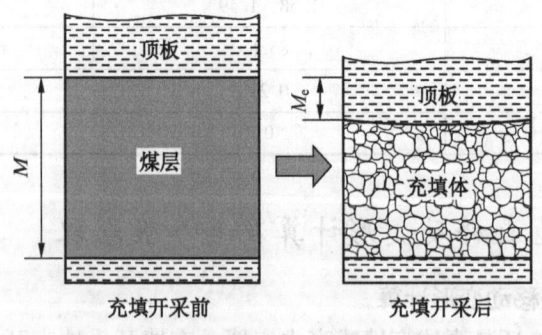

图 1-18 充填开采等效采厚示意图

可应用等效采厚代替实际采厚进行地表移动变形计算。此时，概率积分法计算参数可以采用本矿区薄煤层垮落法开采条件下的实测参数，其中下沉系数应增大 5%~10%。等效采厚可采用按实际充填效果计算和按设计充填充实率计算。

方法 1，按实际充填效果计算等效采厚时，根据式（1-47）计算：

$$M_e = (M - \delta - \Delta)\eta + \delta + \Delta \tag{1-47}$$

式中 δ——充填前顶底板移近量，mm；

Δ——充填体未接顶距离，mm；

η——充填体的压缩率，%；

M——煤层开采厚度，mm；

M_e——等效采厚，mm。

方法 2，按设计充填充实率计算等效采厚时，根据式（1-48）计算：

$$M_e = M(1 - \rho_c) \tag{1-48}$$

式中 ρ_c——工作面设计充填充实率，指充分压实后的充填体厚度与实际采厚的比值，%。

2 煤矿采动岩层内部移动破坏规律

2.1 覆岩移动破坏分布

2.1.1 不同采动程度的覆岩移动破坏过程

长壁垮落法从开切眼开始推进后，直接顶板由于覆岩重力超过其抵抗变形的能力，从而发生垮落堆积并充填采空区形成垮落带，这时的导水裂缝带高度仅为垮落带的高度，称为极不充分开采。随着工作面继续推进，覆岩发生断裂、开裂形成裂缝带，裂缝带内的岩体按开裂程度大小分为严重开裂、一般开裂和微小开裂。在微小开裂范围内的岩层一般不断开，连通性较差，微小开裂的岩层即为导水裂缝带的顶点，此时称为不充分开采；当工作面推进尺寸达到一定值后，导水裂缝带发展到最大高度，此时为临界开采；当推进长度继续增大时导水裂缝带的高度不再向上发育，此时达到了充分开采。

从极不充分开采到临界开采过程中，裂缝带高度不断增加并达到最大值。在开采工作面达到充分并收作后，采空区上方仍然存在垮落带、裂缝带和整体移动带。

2.1.2 覆岩移动破坏程度分区

覆岩内部的采动影响程度主要指覆岩导水裂缝带的发育程度。刘天泉院士等对我国煤矿覆岩破坏特征作了大量实测和理论研究，提出了"上三带"理论，如图2-1中的垮落带、裂缝带和整体移动带。

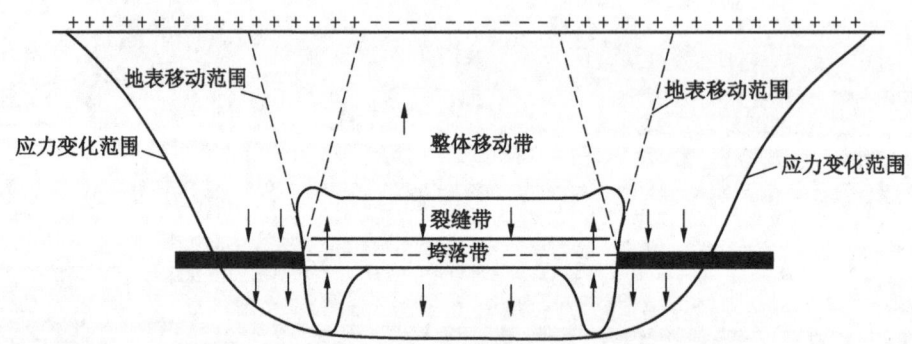

图2-1 长壁工作面采动影响覆岩内部移动变形破坏特征分区

垮落带内岩块的破坏严重，它将损坏上方井巷，也不能阻隔含水层；裂缝带内靠近垮落带的岩层断裂严重；远离垮落带的岩层，断裂较轻微。整体移动带指的是自裂缝带顶界到地表的整个岩系弯曲下沉带。在整体移动带的岩层基本上是处于水平方向双向受压缩状态，因而其密实性及塑性变形的能力得到提高。

覆岩破坏高度与覆岩岩性和力学结构密切相关。坚硬脆性岩层覆岩破坏高度较大，一般为开采厚度的18~28倍；软弱塑性岩层覆岩破坏高度较小，一般为开采厚度的9~12倍；中硬覆岩的破坏高度一般介于坚硬和软弱覆岩之间。覆岩破坏高度一般与开采厚度呈正比关系，随开采厚度的增大而增加。

2.1.3 不同煤层倾角覆岩移动破坏形态特征

根据现场实测资料，缓倾斜（0°~35°）煤层覆岩破坏（导水裂缝带发育高度）范围的最终形态类似于马鞍形，采空区四周边界上方破坏范围高于采空区中央，其最高点边界位于采空区边界以内或以外的数米范围内；中倾斜（36°~54°）煤层覆岩走向剖面上导水裂缝带范围仍为马鞍形，采空区倾斜剖面上覆岩破坏范围的最终形态呈上大下小的抛物线拱形形态；急倾斜（55°~90°）煤层，由于垮落岩块在采空区底部堆积，或受覆岩整体滑动、煤层抽冒的影响，覆岩破坏范围呈现出各种不同的类似于拱形的形态。

2.2 中厚煤层及分层开采覆岩垮落带和导水裂缝带高度计算

2.2.1 缓倾斜（0°~35°）、中倾斜（36°~54°）煤层

根据我国缓倾斜、中倾斜煤层垮落带、导水裂缝带高度的实测资料，归纳出以下计算公式。

1. 垮落带高度

当煤层顶板覆岩内有极坚硬岩层，采后能形成悬顶时，其下方的垮落带最大高度可采用式（2-1）计算：

$$H_k = \frac{M}{(K-1)\cos\alpha} \tag{2-1}$$

式中　M——煤层开采厚度，m；
　　　K——垮落岩石碎胀系数；
　　　α——煤层倾角，(°)。

当煤层顶板覆岩内为坚硬、中硬、软弱、极软弱岩层或其互层时，开采单一煤层的垮落带最大高度可采用式（2-2）计算：

$$H_k = \frac{M-W}{(K-1)\cos\alpha} \tag{2-2}$$

式中　W——垮落过程中顶板的下沉值，m。

当煤层顶板覆岩内为坚硬、中硬、软弱、极软弱岩层或其互层时，单一中厚煤层和厚煤层分层开采的垮落带最大高度可选用表2-1中的公式计算。

表2-1　单一中厚煤层和厚煤层分层开采的垮落带高度（m）计算公式

覆岩岩性（单向抗压强度及主要岩石名称）	计算公式
坚硬（40~80，石英砂岩、石灰岩、砾岩）	$H_k = \dfrac{100\sum M}{2.1\sum M + 16} \pm 2.5$

表2-1(续)

覆岩岩性（单向抗压强度及主要岩石名称）	计算公式
中硬（20~40，砂岩、泥质灰岩、砂质页岩、页岩）	$H_k = \dfrac{100\sum M}{4.7\sum M + 19} \pm 2.2$
软弱（10~20，泥岩、泥质砂岩）	$H_k = \dfrac{100\sum M}{6.2\sum M + 32} \pm 1.5$
极软弱（<10，铝土岩、风化泥岩、黏土、砂质黏土）	$H_k = \dfrac{100\sum M}{7.0\sum M + 63} \pm 1.2$

注：$\sum M$—累计采厚；公式应用范围：单层采厚1~3 m，累计采厚不超过15 m；计算公式中±项为中误差。

2. 导水裂缝带高度

当煤层覆岩内为坚硬、中硬、软弱、极软弱岩层或其互层时，单一中厚煤层和厚煤层分层开采的导水裂缝带最大高度可选表2-2中的公式计算。

表2-2 单一中厚煤层和厚煤层分层开采的导水裂缝带高度 (m) 计算公式

覆岩岩性	计算公式一	计算公式二
坚硬	$H_{li} = \dfrac{100\sum M}{1.2\sum M + 2.0} \pm 8.9$	$H_{li} = 30\sqrt{\sum M} + 10$
中硬	$H_{li} = \dfrac{100\sum M}{1.6\sum M + 3.6} \pm 5.6$	$H_{li} = 20\sqrt{\sum M} + 10$
软弱	$H_{li} = \dfrac{100\sum M}{3.1\sum M + 5.0} \pm 4.0$	$H_{li} = 10\sqrt{\sum M} + 5$
极软弱	$H_{li} = \dfrac{100\sum M}{5.0\sum M + 8.0} \pm 3.0$	

注：$\sum M$——累计采厚；公式应用范围：单层采厚1~3 m，累计采厚不超过15 m；计算公式中±项为中误差。

2.2.2 急倾斜煤层（55°~90°）

煤层顶、底板为坚硬与中硬、软弱岩层，用垮落法开采时的垮落带和导水裂缝带高度可用表2-3中的公式计算。

表 2-3　急倾斜煤层垮落带、导水裂缝带高度 (m) 计算公式

覆岩岩性	导水裂缝带高度	垮落带高度
坚硬	$H_{li} = \dfrac{100Mh}{4.1h + 133} \pm 8.4$	$H_K = (0.4 \sim 0.5)H_{li}$
中硬、软弱	$H_{li} = \dfrac{100Mh}{7.5h + 293} \pm 7.3$	$H_K = (0.4 \sim 0.5)H_{li}$

2.2.3　近距离煤层垮落带和导水裂缝带高度的计算

1. 上、下两层煤最小垂距大于下层煤垮落带高度的情况

上、下两层煤的最小垂距 h 大于开采下层煤的垮落带高度 H_k 时，上、下层煤的导水裂缝带最大高度可按上、下层煤的厚度分别选用相应公式计算，取其中标高最高者作为两层煤的导水裂缝带最大高度，如图 2-2a 所示，其中 H_{k2} 为下层煤垮落带高度。

2. 下层煤垮落带接触到或完全进入上层煤范围的情况

下层煤的垮落带接触到或完全进入上层煤范围内时，上层煤的导水裂缝带最大高度采用本层煤的开采厚度计算，下层煤的导水裂缝带最大高度，则应采用上、下层煤的综合开采厚度计算，当下层煤的开采厚度大于上层煤时还应当同时按照下层煤的开采厚度计算，最后取其中标高最高者为两层煤的导水裂缝带最大高度（图 2-2b）。

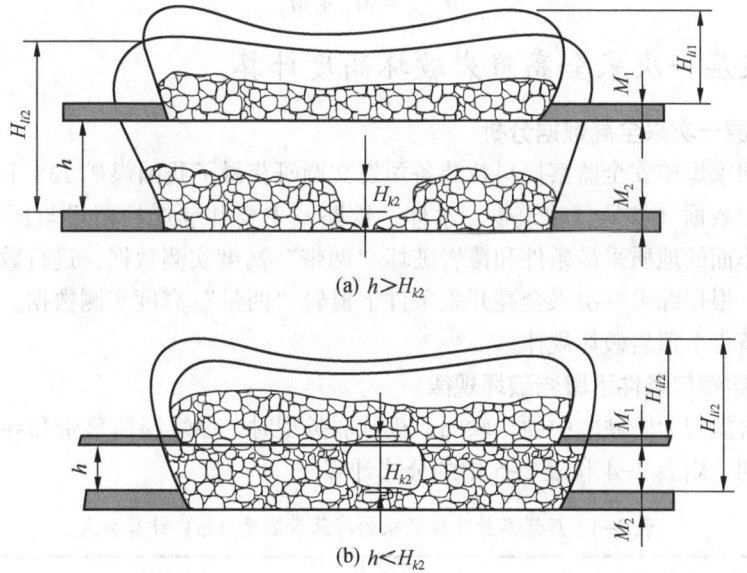

图 2-2　近距离煤层导水裂缝带高度计算

上、下层煤的综合开采厚度（图 2-3）可按式（2-3）计算。

$$M_z = M_2 + \left(M_1 - \dfrac{h}{y_2}\right) \quad (2\text{-}3)$$

式中 M_1——上层煤开采厚度，m；

M_2——下层煤开采厚度，m；

h——上、下层煤之间的法线距离，m；

y_2——下层煤的垮落带高度与开采厚度之比。

按照综合开采厚度计算时，导水裂缝带的底界以上层煤顶板标高为计算起点。

图 2-3　缓倾斜近距离煤层的综合开采厚度

3. 上、下层煤间距离很小的情况

如果上、下层煤之间的距离很小时，则综合开采厚度按照式（2-4）累计厚度计算：

$$M_{z1-2} = M_1 + M_2 \tag{2-4}$$

2.3　厚煤层一次采全高覆岩破坏高度计算

2.3.1　厚煤层一次采全高数据分析

通过原国家煤矿安全监察局科技装备司发文调研获得了我国煤矿 138 个工作面开采后覆岩破坏实测数据（参见《建筑物、水体、铁路及主要井巷煤柱留设与压煤开采指南》）。根据这些工作面的地质采矿条件和覆岩破坏"两带"高度实测数据，进行数据分析得出覆岩破坏规律。根据综采一次采全高开采条件下覆岩"两带"高度实测数据，分别研究中硬和软弱覆岩条件下覆岩破坏规律。

2.3.2　厚煤层综放条件下覆岩破坏规律

煤层覆岩类型为坚硬、中硬、软弱、极软弱类型时，厚煤层垮落带和导水裂缝带的发育高度可分别选用表 2-4 和表 2-5 中的公式计算。

表 2-4　厚煤层放顶煤开采的垮落带高度（m）计算公式

岩性	计算公式
坚硬	$H_k = 7M + 5$
中硬	$H_k = 6M + 5$
软弱	$H_k = 5M + 5$

注：M—采厚；计算公式应用范围：采厚 3.5~10 m。

表2-5 厚煤层放顶煤开采的导水裂缝带高度（m）计算公式

岩性	计算公式之一	计算公式之二
坚硬	$H_{li} = \dfrac{100M}{0.15M + 3.12} \pm 11.18$	$H_{li} = 30M + 10$
中硬	$H_{li} = \dfrac{100M}{0.23M + 6.10} \pm 10.42$	$H_{li} = 20M + 10$
软弱	$H_{li} = \dfrac{100M}{0.31M + 8.81} \pm 8.21$	$H_{li} = 10M + 10$

注：M—采厚；公式应用范围：采厚3.5~10 m；计算公式中±项为中误差。

2.4 煤层底板移动破坏范围

2.4.1 煤层底板"下三带"

煤层开采后底板岩体发生破坏和移动也呈现分带性（图2-4），一般称为"下三带"，即底板导水破坏带、完整岩层带、承压水导升带。

第1带——底板导水破坏带（h_1）：指由于采动矿压的作用，底板岩层连续性遭到破坏，导水性发生明显增大的岩层带。

第2带——完整岩层带（h_2）：位于1带之下和承压含水层水导升带之上。其特点是保持采前岩层的连续性及其阻抗水性能，故称为完整岩层带。它是阻抗底板突水最关键的岩层带，又称为有效阻水带。

第3带——承压水导升带或隐伏水头带（h_3）：指含水层中的承压水，沿隔水底板中的裂隙或断裂破碎带上升的高度（即由含水层顶面至承压水导升上限），有时也称为原始导高。

煤层开采第1带总是存在，而当底板隔水层太薄、含水层顶部有充填带或其上岩层软弱时，则"下三带"也可能不完整。

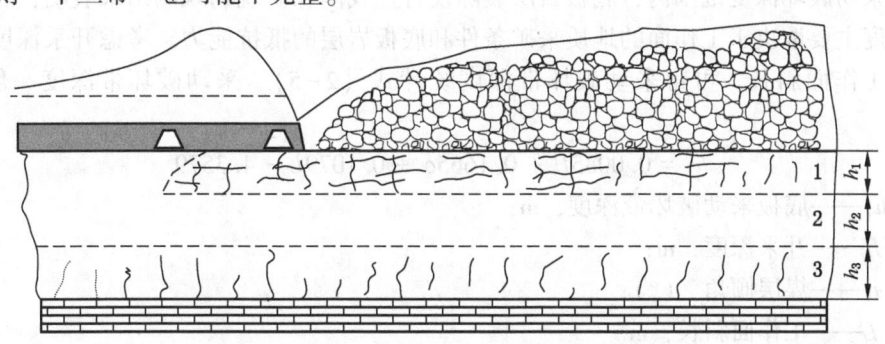

1—底板导水破坏带；2—完整岩层带；3—承压水导升带；
h_1—底板导水破坏带厚度；h_2—完整岩层带厚度；h_3—承压水导升带厚度

图2-4 底板"下三带"示意图

2.4.2 煤层底板移动破坏分区

煤层开采后形成底板导水破坏带。在煤壁产生支撑压力，在煤层和底板造成压性破坏，形成压塑性区（Ⅰ区），该区岩体的导水性不增大；在煤层与采空区一定范围形成剪切破坏区（Ⅱ区），该区岩体的导水性明显增大，并且发育深度最大；在采空区内部形成拉伸破坏区（Ⅲ区），该区岩体的导水性明显增大，但发育深度不是最大（图2-5）。因此工作面底板导水破坏带也是一个在煤壁附近发育最深的"倒马鞍形"。

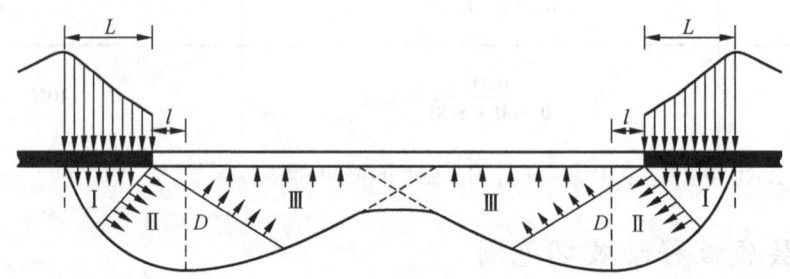

D—底板的最大破坏深度；L—煤层塑性区的宽度；l—底板最大破坏深度与煤壁距离

图2-5 支撑压力形成的底板破坏

在底板的水平方向，工作面煤层开采后从煤柱至采空区中心的底板的支承压力变化分为应力增加压缩区、应力降低卸压膨胀区和应力恢复压实区。应力和位移变化剧烈区一般在工作面前后几十米范围内，前支承压力最大峰值一般深入煤体2~10 m，影响范围可达工作面前方90~100 m。

2.4.3 煤层底板移动破坏带计算

在底板的垂直方向，煤层底板岩层位移、应力变化频度和幅度随埋深的增加而减小，即越接近煤层底板受采动影响越剧烈。压缩区和膨胀区易发生剪胀破坏，形成自煤层底板至采动破坏带最深处底板采动破坏带深度（法线距离）。

1. 底板破坏深度

在采动破坏深度范围内，底板岩层裂隙发育。我国煤矿现场观测结果表明，底板采动破坏程度主要取决于工作面的地质采矿条件和底板岩层的抵抗能力。考虑开采深度、煤层倾角和工作面斜长，可得采动破坏带深度统计式（2-5）。采动破坏带深度一般为6~35 m。

$$h_1 = 0.0085H + 0.1665\alpha + 0.1079L - 4.3579 \tag{2-5}$$

式中 h_1——底板采动破坏带深度，m；

H——开采深度，m；

α——煤层倾角，（°）；

L——工作面斜长，m。

2. 采动卸压范围

在采动破坏卸压角范围内，围岩应力得到释放。围岩渗透系数增加，利于煤层气抽采。根据淮南和淮北矿区实测，卸压角一般65°~75°。

3 煤矿采动时间规律

3.1 地表移动时间过程

3.1.1 地表移动延续时间

1. 地表移动过程

地下开采引起的地表移动具有明显的时间性。地表移动观测表明，当采煤工作面推进一定距离之后，岩层移动首先从其顶板开始，由下往上发展。当开采宽度达到一定宽度时，岩层移动开始波及地表，并且渐渐扩展。待开采结束一段时间后采动影响趋于稳定。

2. 地表移动期划分

对于地表移动期（也称地表移动延续时间），我国《煤矿测量规程》规定，地表的移动过程可分为初始期、活跃期和衰退期 3 个时期。从地表最大下沉点累计下沉 $W=10$ mm 时算起到地表下沉速度每月达 50 mm（$V=1.7$ mm/d）止，这段时间称初始期；把下沉速度超过每月 50 mm（$V=1.7$ mm/d）的时间称为活跃期；从活跃期后到连续 6 个月观测下沉小于 30 mm 的这段时间称为衰退期。地表移动延续时间划分如图 3-1 所示。

在国外，也都有类似规定。例如，顿巴斯煤田，在 1981 年出版的《煤矿测量规程》中的 2.16 条规定：地表移动初始期以累计地表下沉 15 mm 时起算；在开采深度为 100~300 m，工作面推进度每月为 50 m 的条件下，井下开采对建筑物有危害影响的活跃期为 5 个月；地表移动稳定时刻为连续 6 个月下沉量不超过最大下沉值的 10%，且其量值小于 30 mm 的起始时刻。

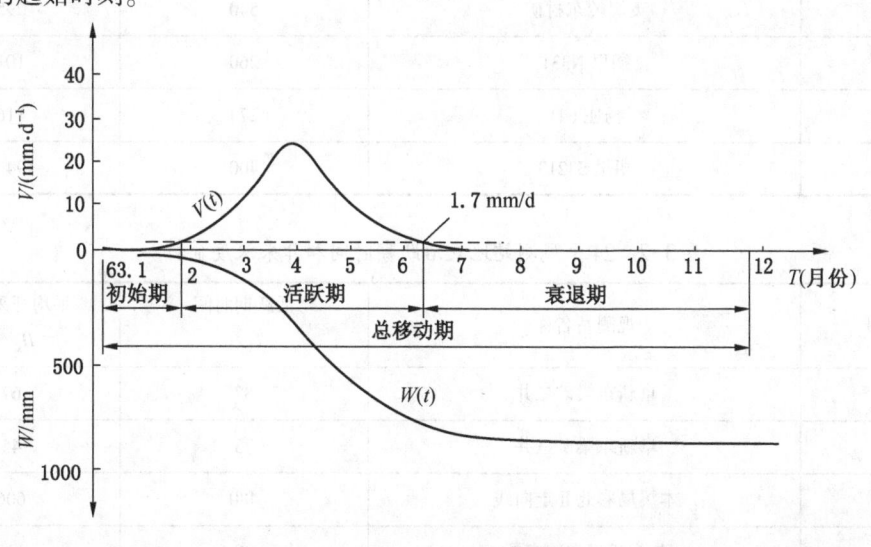

图 3-1 地表移动延续时间划分

3.1.2 地表移动延续时间变化规律

1. 地表移动延续时间实测资料

通过实测资料分析，发现地表移动延续时间与开采深度、工作面推进速度及上覆岩层的性质等有关。开采深度越大、工作面推进速度越慢、上覆岩层越坚硬，地表移动延续时间越长。在地表移动不同时间段内，所产生的地表移动量不同。在地表移动初始期内的地表移动量占地表最大下沉量的 5% 左右，在活跃期内的地表点的下沉量为最大下沉量的 90% 左右，衰退期下沉量为地表最大下沉量的 5% 左右。因此，地表移动主要发生在活跃期内。从移动时间的长短来看，衰退期内地表移动时间最长，比初始期和活跃期的总和还长。

表 3-1 列出了 10 个观测站的地表移动延续时间 T_z 和平均开采深度 H_0 的数据资料。表 3-2 列出了作者收集的 24 个观测站的地表活跃期时间 T_h 和平均开采深度 H_0 的数据资料。

表 3-1　10 个观测站地表移动延续时间和平均开采深度资料

序号	观测站名称	地表移动延续时间 T_z/d	平均开采深度 H_0/m
1	阜新东梁矿二井	248	67
2	新汶潘西矿一采区	300	91
3	淄博岱庄 1303	350	200
4	焦作演马庄矿 102	364	105
5	鹤壁二矿	393	247
6	刘桥 421	400	201
7	英岗岭东村矿	540	295
8	朔里 N331	260	101
9	杨庄 641	274	116
10	朔里 S3213	400	194.5

表 3-2　24 个观测站地表活跃期时间和开采深度资料

序号	观测站名称	活跃期时间 T_h/d	平均开采深度 H_0/m
1	阜新东梁矿二井	87	67
2	阜新东梁矿三井	73	45
3	本溪局彩北Ⅱ走向线	480	606
4	包头长汉沟矿东翼	90	110

3 煤矿采动时间规律

表3-2(续)

序号	观测站名称	活跃期时间 T_h/d	平均开采深度 H_0/m
5	峰峰0252	180	133
6	新汶潘西矿一采区	90	91
7	淄博局岱庄1303	120	200
8	焦作演马庄矿102	138	105
9	鹤壁二矿	177	247
10	英岗岭东村矿	210	295
11	萍乡王家源龙家冲	102	93
12	萍乡王家源变电所	240	327
13	刘桥421	176	201
14	刘桥422	210	298.5
15	朔里334	78	84
16	朔里N331	67	101
17	袁庄3111	320	326.5
18	张庄3133	85	125.5
19	张庄2521	120	197.5
20	杨庄641	142	116
21	石台332	95.5	71
22	张庄3131	106	96
23	朔里S3231	137	194.5
24	朔里N317	135	110

2. 地表移动延续时间与开采深度间的关系

从样品的分布看,地表移动延续时间 T_z 主要与平均开采深度 H_0 相关,可采用 $T_z = A + B \cdot H_0$ 数学模型回归。依据该模型对表3-1数据进行回归分析,得出:截距 $A = 185.41$,斜率 $B = 1.04$,相关系数 $R = 0.96065$,显著性水平 $P < 0.0001$,回归效果良好,回归关系如图3-2所示。

经计算,该组10个数据样本中误差 $m = \pm \sqrt{\dfrac{[vv]}{n-1}} = 8.09$。因此,可得出地表移动延续时间和平均开采深度之间的关系:

$$T_z = 1.04 H_0 + 185.41 \pm 88.09 \qquad (3-1)$$

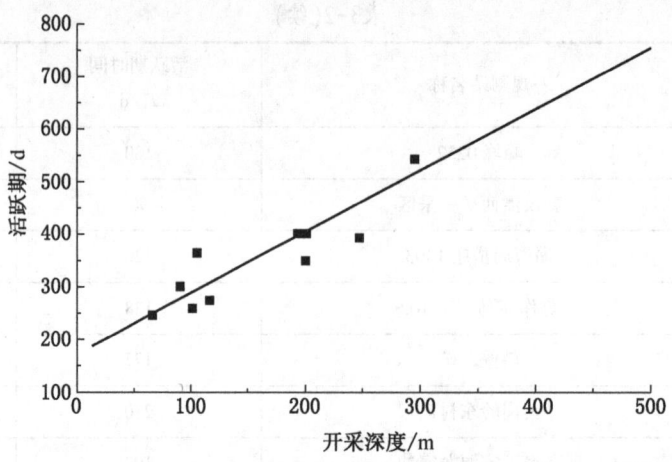

图 3-2 地表移动延续时间与开采深度关系图

3. 地表移动活跃期与开采深度间的关系

地表移动活跃期时间也主要是与开采深度相关。采用相同的数学回归模型 $T_h = A + B \cdot H_0$，依据该模型对表 3-2 数据进行回归分析后，得出：截距 $A = 29.3369$，斜率 $B = 0.69671$，相关系数 $R = 0.94268$，显著性水平 $P < 0.0001$，回归效果良好，回归关系如图 3-3 所示。回归方程为

$$T_h = 0.697H_0 + 29.337$$

经计算，该组 24 个数据样本的中误差为 ±92.8464。

经过回归后得出，地表移动活跃期与开采深度的相关关系：

$$T_h = 0.697H_0 + 29.337 \pm 92.846 \tag{3-2}$$

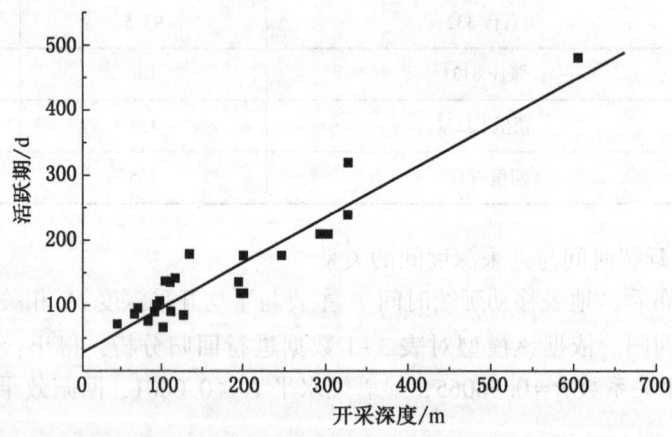

图 3-3 地表移动活跃期与开采深度关系图

根据《建筑物、水体、铁路及主要井巷煤柱留设与压煤开采指南》，地表移动延续时间可根据本矿区实测资料确定。无实测资料时，地表移动的延续时间可根据式（3-3）和

式（3-4）计算：

$$T = 2.5H_0 \quad 当 H_0 \leq 400 \text{ m 时} \tag{3-3}$$

$$T = 1000 \exp\left(1 - \frac{400}{H_0}\right) \quad 当 H_0 > 400 \text{ m 时} \tag{3-4}$$

式中 T——地表移动延续时间，d。

3.2 地表动态和残余移动变形计算

地表动态移动变形的计算包含最大下沉速度的计算，地表移动期的计算和动态移动与变形量值计算。

3.2.1 地表最大下沉速度计算

地表最大下沉速度按式（3-5）计算：

$$V_{fm} = K \frac{CW_{fm}}{H_0} \tag{3-5}$$

式中 C——工作面推进速度，m/d；

H_0——平均开采深度，m；

W_{fm}——本工作面的地表最大下沉值，mm；

K——下沉速度系数。

3.2.2 地表动态移动变形计算

1. 理论计算方法

地表动态下沉可采用下沉速度时间函数积分，按公式（3-6）计算：

$$W(x,y)_t = \frac{W(x,y)}{W_{\max}} \cdot \int_0^t V(t) \cdot \mathrm{d}t \tag{3-6}$$

地表动态变形可按地表变形与地表下沉的对应函数关系计算。

2. 经验公式计算方法

为了简化计算，令 $A = \dfrac{0.95 W_{fm}}{2\arctan\dfrac{l_1+l_2}{a}}$，从而在走向主断面充分采动区的地表动态移动

变形值分别按式（3-7）~式（3-11）计算：

下沉值 $$W(x) = A\left[\arctan\frac{l_1+l_2}{a} - \arctan\frac{x+l_2}{a}\right] \tag{3-7}$$

水平移动值 $$U(x) = Bi(x) \tag{3-8}$$

倾斜变形值 $$i(x) = -\frac{A}{a} \cdot \frac{1}{1+\left(\dfrac{x+l_2}{a}\right)^2} \tag{3-9}$$

曲率变形值 $$K(x) = \frac{2A}{a^3} \cdot \frac{x+l_2}{\left[1+\left(\dfrac{x+l_2}{a}\right)^2\right]^2} \tag{3-10}$$

水平变形值 $$\varepsilon(x) = BK(x) \tag{3-11}$$

式中　x——地表点的横坐标，其坐标原点在工作面推进位置的正上方，x轴指向工作面推进方向（图3-4），m；

　　　l_1——超前影响距，m；

　　　l_2——地表最大下沉速度滞后距，m；

　　　a——下沉速度分布曲线形态参数；

　　　B——地表水平移动与地表倾斜的比例系数。

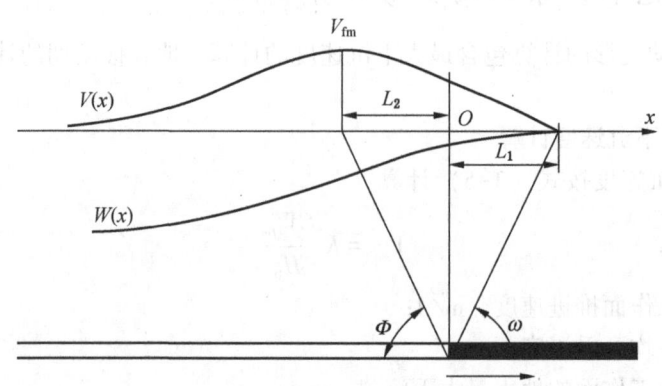

图3-4　采动过程中地表移动与推进工作面相对位置关系示意图

3.2.3　地表移动变形静态、动态分布

1. 地表移动变形静态分布

工作面开采结束并采动影响达到稳定后的最终地表移动变形值叫静态地表移动变形值。矩形工作面的地表移动盆地全面积的静态地表移动变形分布有以下特征：下沉等值线呈近似椭圆形分布；计算方向和垂直计算方向的倾斜和水平移动等值线分布为两组椭圆；计算方向和垂直计算方向的曲率和水平变形等值线分布为三~四组椭圆形。以充分采动时水平变形等值线为例说明，地表移动盆地拐点外边缘为拉伸变形区，地表移动盆地拐点内边缘为压缩变形区，盆地中部为无变形区，如图3-5所示。

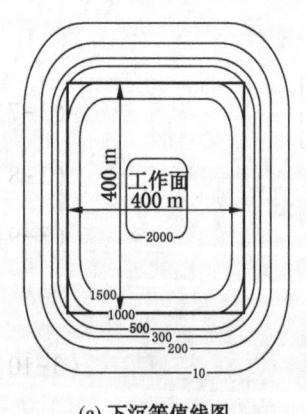
(a) 下沉等值线图

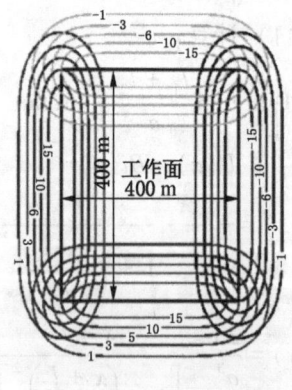
(b) 倾斜和水平移动等值线图

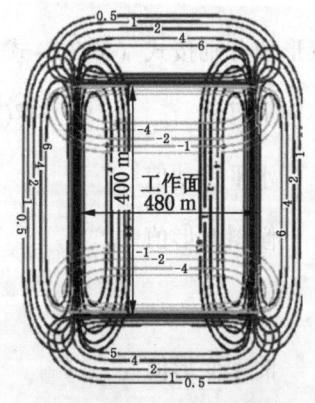
(c) 曲率和水平变形等值线图

图3-5　地表移动盆地静态地表移动变形分布特征

2. 地表移动变形动态分布

把发生在采煤工作面推进过程中的地表移动变形称为动态地表移动变形。动态地表移动变形最大值发生工作面临时性开采边界上方的地表移动盆地边缘区。地表动态移动变形位置随着采煤工作面推进位置不同而不断变化，因此，整个移动盆地内的每一点都会经受动态移动变形的影响，即使是在充分采动时地表移动盆地中部平底的零静态变形区，也需经受动态变形影响。

根据我国多个矿区的实际观测，在开采区段尺寸相同条件下，最大动态移动变形值总是小于最大静态移动变形值。动态水平变形与静态水平变形值的比值与开采推进速度成反比，平均比值约为50%。焦作、峰峰、鹤壁和柴里等矿区的10个观测站的实测最大动、静态移动变形值见表3-3。

充分度不大的条带开采时，虽然存在动态变形但其变形量值较小，受护体能抵抗；而充分度大的长壁开采时，动态变形也大。

表3-3 最大动静态地表移动变形实测值

观测站名称	移动变形性质	倾斜/ (mm·m^{-1})	曲率/ (10^{-3}/m)	水平移动/ mm	水平变形/ (mm·m^{-1})
峰峰通二矿 7210工作面	动态	46.0	2.9	450	21.6
	静态	94.3	11.4	729	57.8
	动静态比/%	48.8	25.4	61.7	37.4
峰峰通二矿 0250工作面	动态	25.0	0.7	240	6.6
	静态	37.6	1.2	328	12.5
	动静态比/%	66.5	58	73	52.8
峰峰五矿 5272工作面	动态	5.8	0.19	—	—
	静态	7.4	0.32	—	—
	动静态比/%	78.4	59.4	—	—
焦作冯营矿 1221工作面	动态	—	—	—	9.6
	静态	—	—	—	13.7
	动静态比/%	—	—	—	70
鹤壁二矿 129工作面	动态	1.5	0.016	—	—
	静态	3.5	0.144	—	—
	动静态比/%	42.8	11.1	—	—
枣庄柴里矿 301工作面一分层	动态	11.0	+0.3 −0.5	—	+3.3 −5.0
	静态	21.7	+0.5 −0.7	—	+7.6 −13.0
	动静态比/%	50.7	60 71.4	—	43.4 36.5
枣庄柴里矿 301工作面二分层	动态	58.0	+0.5 −0.7	—	+7.8 −10.0
	静态	37.9	+1.48 −1.13	—	+20.4 −23.0
	动静态比/%	73.8	33.8 61.9	—	38.2 43.5

表3-3(续)

观测站名称	移动变形性质	倾斜/ (mm·m^{-1})	曲率/ (10^{-3}/m)	水平移动/ mm	水平变形/ (mm·m^{-1})
枣庄柴里矿 301工作面三分层	动态	28.0	+0.6 −0.80	—	9.6
	静态	31.4	+1.26 −1.07	—	22.0
	动静态比/%	89.1	48 74.7	—	43.6
鹤壁八矿	动态	3.5	—	—	7.7
	静态	17.0	—	—	8.8
	动静态比/%	20.6	—	—	87.5

3.2.4 地表残余移动变形计算

1. 开采沉陷时间效应

对地表进入稳定期后残余移动时间效应，国内外研究均不多。Schultz通过对沙尔伯留坎煤田的观测，得到全陷法管理顶板时，地表移动过程主要延续5年，有时可达10~12年。伊米茨分析了50年来鲁尔煤田的资料后发现，主要下沉发生在最初的1~3年，移动过程在5~6年完全终止。国外报道，房柱式开采的老采空区下沉可能在开采完以后许多年才发生，一半以上的下沉是在采后50年或更长的时间内发生。比如，苏格兰一个报废矿118年后发生了地表下沉破坏。根据英国煤田长壁采矿监测资料，残余沉降有以下特征：①残余沉降大小一般为最大沉降的5%~10%，并且常常小于这个范围值；②长壁工作面停止开采后，残余沉降处于最大值，然后以指数形式衰减；③在长壁开采边缘处观测到的最大残余沉降随着接近沉降边界线而逐渐减小至零。

2. 地表残余移动变形计算及其参数

地表残余移动变形可通过选取残余变形下沉系数采用概率积分法等计算，也可通过采空区探测确定的残余空间选取等价采厚，再采用概率积分法计算。

选取残余变形下沉系数进行地表残余移动变形计算时，计算开采厚度按煤层开采厚度考虑，地表残余变形下沉系数按式（3-12）计算：

$$q_{残} = (1-q) \cdot k \cdot \left[1 - e^{-\left(\frac{50-t}{50}\right)}\right] \quad (3-12)$$

式中　$q_{残}$——地表残余变形下沉系数；

k——调整系数；一般取为0.5~1.0；

t——距开采结束时间，a。

通过采空区探测确定的残余空间选取等价采厚计算时，残余移动变形计算的下沉系数按本区地表下沉系数选取。

残余移动变形计算应充分考虑煤层的开采方法，一般适用于长壁全陷开采，对于柱式开采应进行煤柱长期稳定性评价。

3.3 覆岩内部移动破坏时间演化

3.3.1 覆岩移动破坏与推进长度关系

地下开采引起的覆岩移动破坏与采煤工作面推进长度（时间）具有明显相关性。当采煤工作面推进一定距离之后,岩层移动首先从其顶板开始,由下往上发展。当采煤工作面再推进一定距离时,井下岩层移动范围扩大和升高,波及地表且渐渐扩展。待开采结束一段时间井下开采空间达到稳定后,覆岩和地表采动影响趋于稳定。

3.3.2 覆岩移动破坏与采后时间关系

煤层开采覆岩破坏高度随采后时间的推移而变化。图3-6监测揭示了某矿工作面实测的裂缝带的发育过程。它经历了裂缝带产生 OA—上向发育 AB—达到最大值 C—压缩降低 CD—最终稳定 D 的时间规律性发育过程。

普遍规律是在采动裂缝带达到最大值之前,裂缝带高度随时间而增长;在达到最大值之后,裂缝带高度随时间而减少。从覆岩岩性来说,对于中硬覆岩,一般是工作面开采后 1~2 个月的时间内,导水裂缝带达到最大值;对于坚硬覆岩,导水裂缝带达到最大值的时间长一些;对于软弱覆岩,导水裂缝带高度达到最大值的时间短一些。从开采煤层厚度来说,对于薄煤层,导水裂缝带发育至稳定的时间短一些;对于中厚-厚煤层,导水裂缝带发育至稳定时间相对长一些。

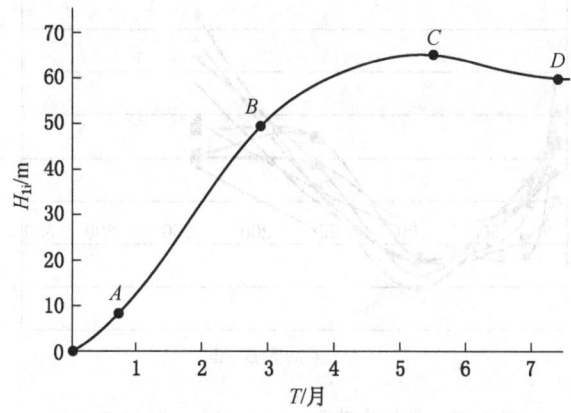

图 3-6 某矿采动裂缝带高度随时间发育规律

兖矿集团鲍店矿 1303 工作面综放开采 3 号煤,顶板为中硬覆岩类型,煤层平均厚度 8.7 m,平均开采厚度 6.9 m,煤层平均倾角 8°左右。对其覆岩破坏高度的连续观测表明:其导水裂缝带在采后的 1~5 个月的时间内逐渐向上发育;在采后 5 个半月时,覆岩破坏高度发育至最大值 64.5 m;采后 7 个月时,导水裂缝带高度回缩 2.5 m;而最终稳定在 62 m 左右。该工作面漏水量随时间的变化情况也直接印证了覆岩破坏高度随时间的变化规律,并且说明综放(厚煤层开采)条件下覆岩破坏的稳定时间较长,明显大于薄煤层和中厚煤层的稳定时间(裂高最大值出现在采后 1~2 个月,裂高发育稳定时间 2~5 个月)。结合其他矿井厚煤层开采覆岩破坏高度随时间的变化情况,监测也验证了导水裂缝带的发育经历了发生—上向发育—最大值—压缩降低—最终稳定的过程。

3.4 地表和覆岩采后下沉速度变化

3.4.1 皖北矿务局任楼矿 7222 工作面地表下沉速度分析

1. 工作面情况

皖北矿务局任楼矿 7222 工作面水平标高-520 m，南北走向长约 800 m，倾向宽 120~160 m，平均 140 m，煤层平均厚度为 2.3 m。工作面上方地势平坦，高程+25 m。7222 工作面自 1995 年 7 月 1 日开始开采，至 1996 年 2 月 7 日因故停采，工作面实际开采走向长 224 m。

2. 地表下沉速度变化监测

该工作面设一条走向观测线和两条倾向观测线，观测时间为 1995 年 9 月 23 日—1997 年 2 月 7 日，对应停采时间，把自 1996 年 2 月 12 日第九次观测开始作为工作面停采之后的地表移动变形观测。

本次数据处理使用一条走向观测线和一条右倾向观测线。走向观测线工作测点为 13~21 和 23~37；倾向观测线工作测点为 50~63 和 64~73。由于倾向观测线距离停采线外 75 m，将这一条观测线上测点的下沉值归化至主断面上。部分测点下沉速度变化规律如图 3-7~图 3-10 所示。

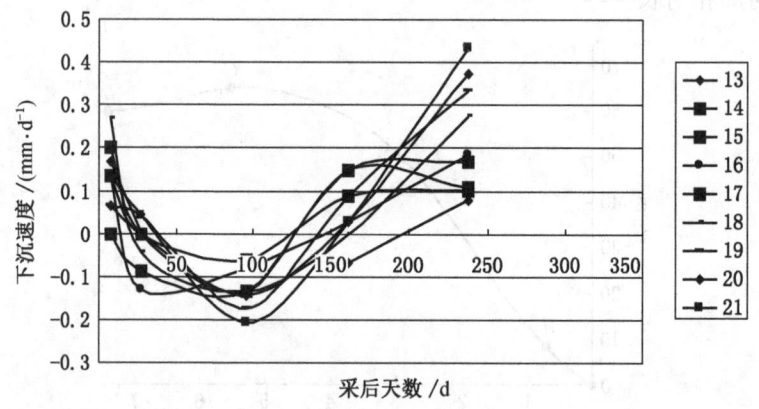

图 3-7　走向观测线 13~21 测点下沉速度曲线

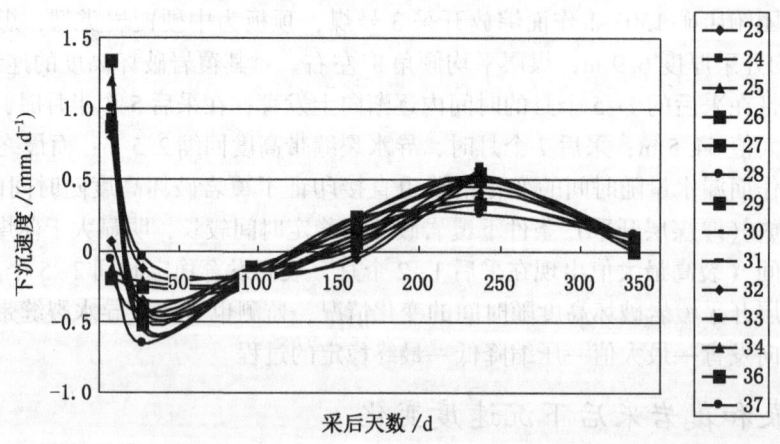

图 3-8　走向观测线 23~37 测点下沉速度曲线（35 测点损坏）

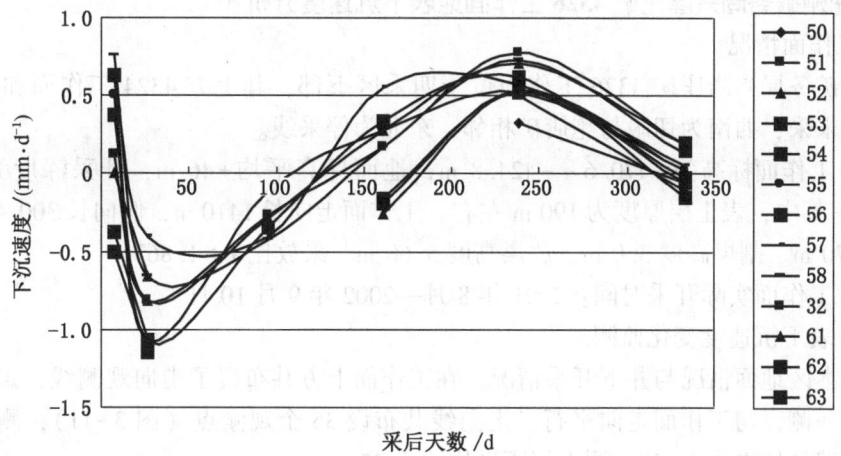

图 3-9 倾向观测线测点 50~63 下沉速度曲线（32 测点为走向倾向线的交叉点，61 测点损坏）

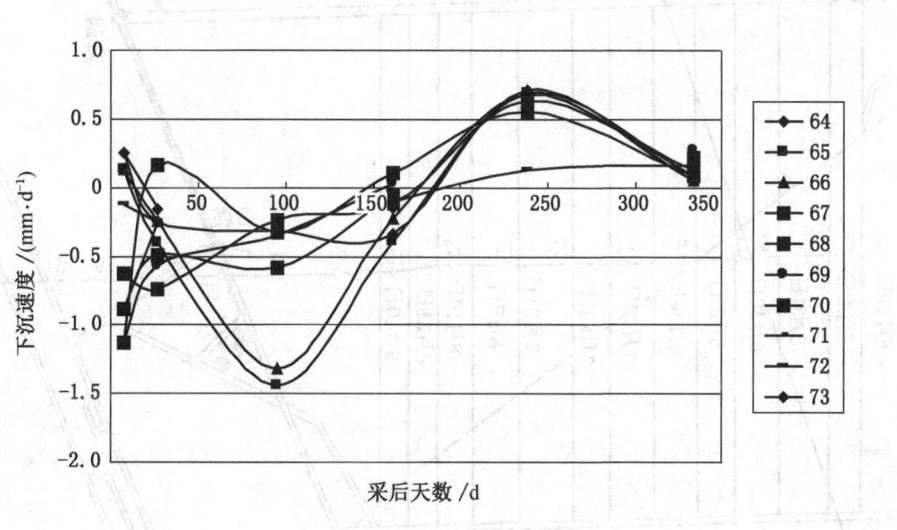

图 3-10 倾向观测线 62~73 测点下沉速度曲线

3. 地表下沉速度变化规律

通过上述观测资料，可以得出如下规律：

（1）工作面停采后，地表点下沉速度急剧减小，部分出现回弹现象，然后下沉速度再增大，后又减小，下沉速度呈现周期性变化。

（2）该开采技术条件下，停采后地表最大下沉速度在 0.5 mm/d 左右，下沉速度较小；

（3）停采后，工作面上方地表点下沉速度大于煤柱上方地表点下沉速度。

（4）地表的下沉速度从开始上升到开始下降一共用了 200 d 左右，可以认为地下岩体从被压实开始到开始反弹所用的时间是 200 d，即下沉速度反复循环的周期是 200 d。

3.4.2　兖州矿务局兴隆庄矿 4326 工作面地表下沉速度分析

1. 工作面情况

兖州矿务局兴隆庄矿 4326 工作面位于四采区下部，其上方 4324 工作面和下方 4328 工作面均未采，西南为切眼与鲍店矿相邻，东北为停采线。

4326 工作面标高为 -470.6 ~ -424.8 m，地面标高平均 +46 m，开采深度为 469.7 ~ 517.3 m，其中，表土层厚度为 190 m 左右。工作面走向长 1410 m，倾向长 300.4 m。月推进速度 170 m。割煤高度 3.0 m，放煤高度 5.60 m，采放比 1：1.867。

4326 工作面实际开采时间：2001 年 8 月—2002 年 9 月 10 日。

2. 地表下沉速度变化监测

根据本区地面情况与井下开采情况，在工作面上方共布置了走向观测线，走向线布设在停采线一侧，与工作面走向平行，走向线共布设 35 个观测点（图 3-11），测点由采空区向煤柱编号依次为 1~35，测点间距平均约为 25 m。

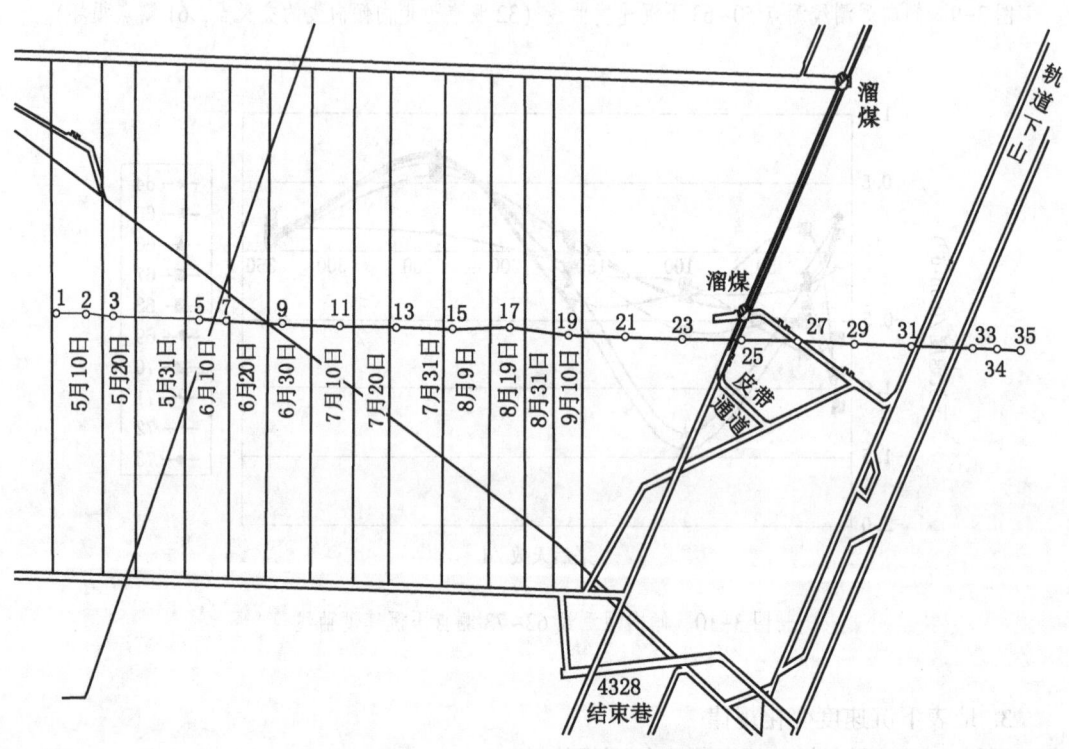

图 3-11　兴隆庄矿 4326 工作面地表观测站

通过数据处理，得到工作面停采之后地表每个工作测点下沉速度曲线，如图 3-12~图 3-14 所示。根据下沉速度的变化规律，可以将这些测点分为工作面采空区正上方、工作面中心至停采线和停采线外侧煤柱上方地表等 3 部分：测点 1~7；测点 8~22；测点 23~29。

3. 地表下沉速度变化规律

从各点下沉速度曲线中可见以下 4 个变化规律。

3 煤矿采动时间规律

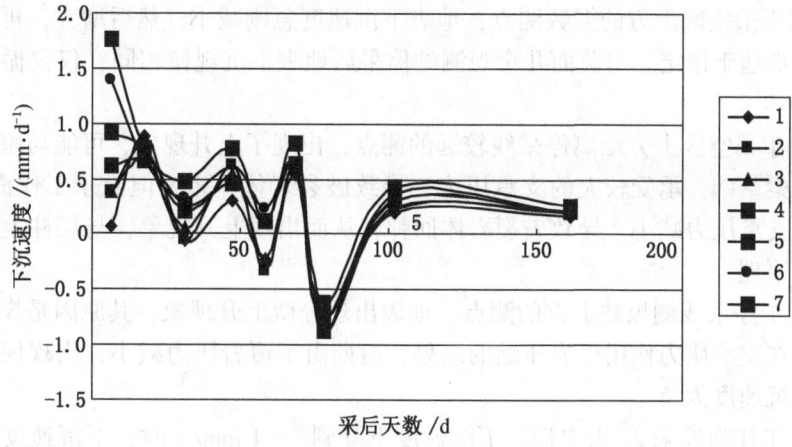

图 3-12 测点 1~7 下沉速度曲线

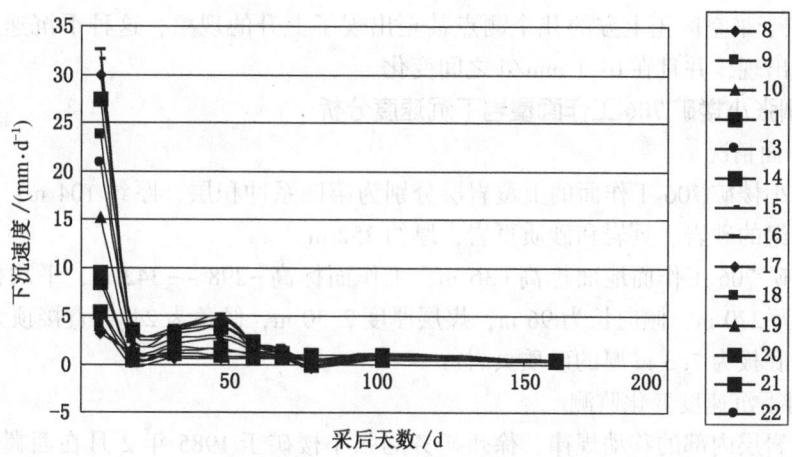

图 3-13 测点 8~22 下沉速度曲线

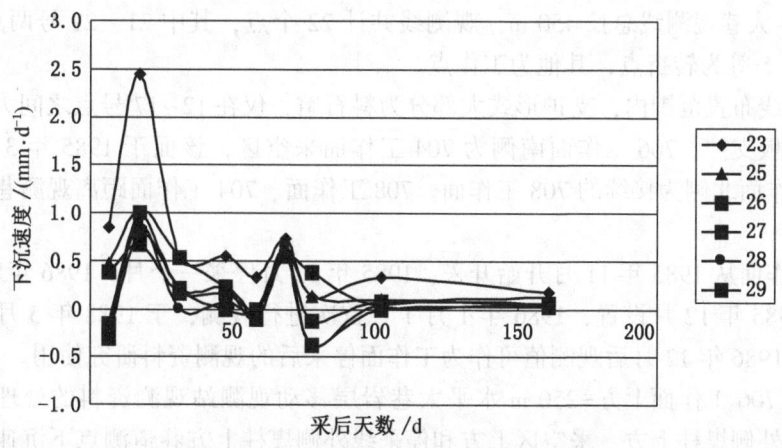

图 3-14 测点 23~29 下沉速度曲线（24 测点损坏）

41

(1) 位于采空区上方的多数测点，地表下沉速度急剧减小，然后增大，再减小，再增大，最后逐步趋于稳定。与前面几个观测站停采后地表下沉规律相同，仅仅循环时间间隔更小。

(2) 位于采空区上方距离停采线较远的测点，出现了上升现象，可能与垮落岩体压实后，作为岩梁基础，承受较大的支承压力，导致破裂岩体压密，但由于工作面向前推进，作用其上的支承压力减小，导致破裂岩体回弹，从而出现上升现象，与煤柱上方地表上升具有同样的原理。

(3) 位于停采线侧煤柱上方的测点，地表出现轻微上升现象，其原因是煤柱上方地表下沉是由于在支承压力作用覆岩压缩的结果，后期由于覆岩压力减小，出现回弹现象，从而使地表下沉速度为负。

(4) 在工作面停采 22 天之后，下沉速度下降到 1~4 mm/d 时，下沉速度又开始缓慢的增大，不过增大的幅度不大，这时距离工作面停采时间是 27 天。到距离工作面停采 54 天时下沉速度又开始下降，一直到工作面停采 82 天时，各个测点的下沉速度都降至 0~1 mm/d，位于采空区正上方的几个测点甚至出现了上升的现象，这种下沉速度的变化情况开始反复出现，并且在 0~1 mm/d 之间变化。

3.4.3 徐州张小楼矿 706 工作面覆岩下沉速度分析

1. 工作面情况

徐州张小楼矿 706 工作面的上覆岩层分别为第四系冲积层，厚约 104 m；二叠系石盒子组、山西组的砂岩、页岩和砂质页岩，厚约 252 m。

张小楼矿 706 工作面地面标高+36 m，工作面标高-298~-342 m，平均标高为-320 m，走向长为 270 m，倾向长为 96 m，煤层厚度 2.30 m，倾角为 24°，直接顶为 27 m 厚的石英砂岩，底板为 7.3 m 厚的砂质页岩。

2. 覆岩下沉速度变化监测

为了解岩层内部的移动规律，徐州矿务局张小楼矿于 1985 年 2 月在西翼采区山西组 706 工作面上方的-250 m 水平大巷内设立了岩层移动巷道观测站，如图 3-15 所示。巷道距离地表深约 286 m。

-250 m 大巷观测线总长 450 m，观测线共计 22 个点，其中 21、22 号两点为控制点，19、13、8、5 等为转折点，其他为工作点。

在观测线布置范围内，支护形式大部分为料石碹，仅在 12~17 号点之间为普通水泥支架，水泥背板支护。706 工作面南侧为 704 工作面采空区，该面于 1985 年 3 月至 8 月开采。706 工作面北侧为接续的 708 工作面。708 工作面、704 工作面距离观测巷的距离均在 50 m 以上。

706 工作面从 1985 年 11 月开始开采，1985 年 12 月停采一个月，1986 年底开采结束。观测站于 1985 年 12 月设置，1986 年 1 月 1 日首次进行观测，于 1988 年 5 月全部观测结束。在此，1986 年 12 月后观测值可作为工作面停采后的观测资料研究使用。

根据对 706 工作面上方-250 m 水平大巷岩层移动观测站观测资料的处理，得出该工作面开切眼外侧煤柱上方、采空区上方和停采线外侧煤柱上方巷道测点下沉速度曲线如图 3-16~图 3-18 所示。

3 煤矿采动时间规律

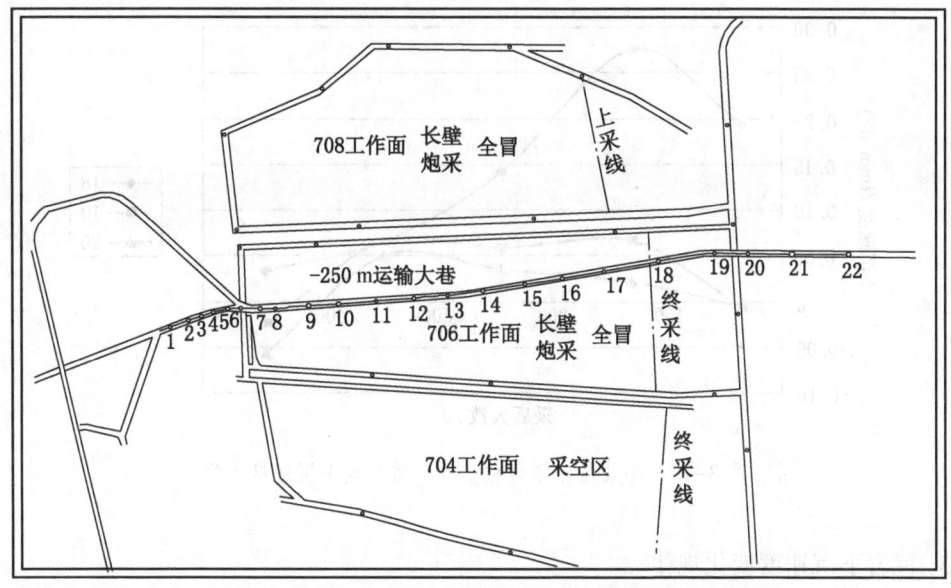

图 3-15 706 工作面上方 -250 m 大巷岩层移动观测站

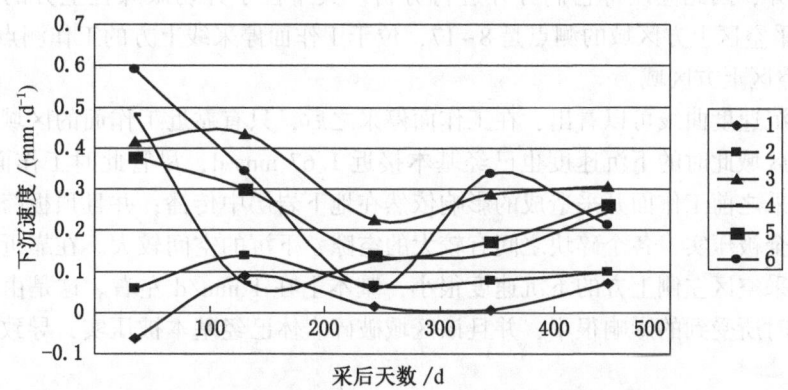

图 3-16 开切眼外侧煤柱上方巷道测点下沉速度曲线

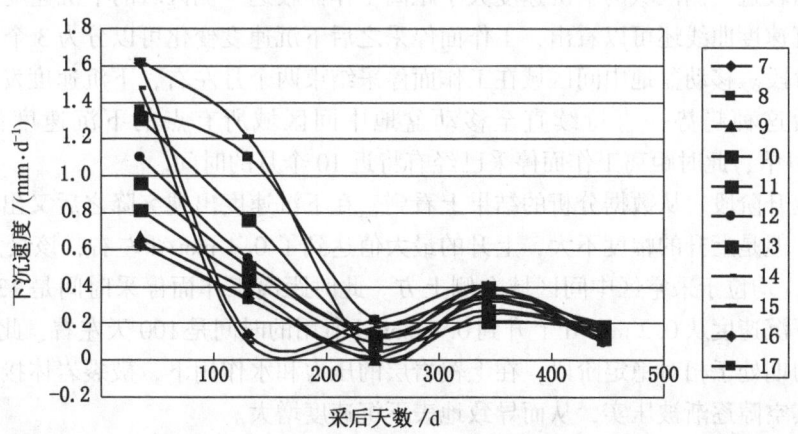

图 3-17 采空区上方巷道测点下沉速度曲线

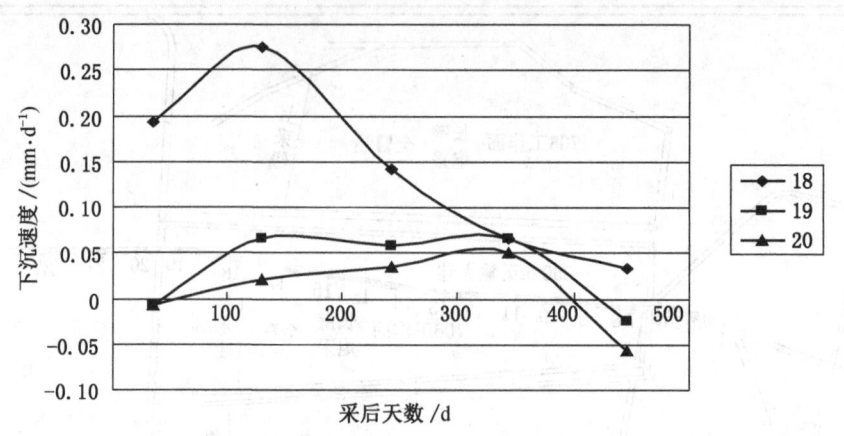

图 3-18 停采线外侧煤柱上方巷道测点下沉速度曲线

3. 覆岩下沉速度变化规律

从图中可见,在工作面停采之后,采空区中部上方和采空区边缘上方的巷道下沉速度变化存在差异,因此应该将它们分开进行分析。其中位于开切眼煤柱上方的工作测点是 2~5,位于采空区上方区域的测点是 8~17,位于工作面停采线上方的工作测点是 18~20。

1) 采空区上方区域

根据下沉速度曲线可以看出,在工作面停采之后,只有靠近工作面的区域还未进入衰退期,但该区域此时的下沉速度也已经基本接近 1.67 mm/d,尽管此时工作面已经停采,但由于在停采之前工作面开采造成的影响依然在地下岩层中传播;并且顶板垮落的破碎岩石还没有完全被压实,各个碎块之间有较大的空隙,下沉的空间较大。在靠近开切眼这一侧,也就是采空区左侧上方的下沉速度很小,基本上在 1 mm/d 左右。这是由于远离工作面的区域此时所受到的影响很小;并且该区域破碎岩体已经基本被压实,导致下沉的空间很小。

总体来说在工作面停采后短时期内采空区上方区域的下沉速度在 1.67 mm/d 左右,距离工作面较近一侧区域的下沉速度大于距离工作面较远一侧区域的下沉速度。

由下沉速度曲线还可以看出,工作面停采之后下沉速度变化可以分为 3 个阶段:

突降阶段。移动盆地中间区域在工作面停采结束两个月左右,下沉速度发生了急剧的下降,此后这种趋势一直持续直至移动盆地中间区域所有点的下沉速度都下降到了 0.2 mm/d 以下,此时距离工作面停采已经有将近 10 个月的时间。

缓慢上升阶段。从数据分析的结果上看到,在下沉速度出现突降之后又出现了缓慢上升的趋势,但是上升的幅度不大,上升的最大值达到了 0.4 mm/d 左右,该最大值点为 16 点和 17 点,均位于采空区中间区域右侧上方。此时距离工作面停采时间是 13 个月左右。此阶段中下沉速度从 0.2 mm/d 上升到 0.4 mm/d 所用的时间是 100 天左右,此阶段是由于破裂岩体初期处于相对稳定阶段,在上覆岩层的压力和水作用下,破裂岩体接触点面出现破坏,使其空隙逐渐被压实,从而导致地表下沉速度增大。

缓慢下降阶段。在下沉速度上升到 0.4 mm/d 之后,又出现了缓慢下降的趋势,直至下沉速度有下降至 0.2 mm/d 左右，在这个阶段下沉速度由 0.4 mm/d 下降至 0.2 mm/d 也用时 100 天左右。

综合以上 3 个阶段的分析，在工作面停采之后，覆岩的下沉速度首先出现突降，突降后整个工作面中间部分上方区域的下沉均进入了衰退期。但在下沉出现突降之后，巷道地表的下沉速度出现了有规律的起伏，首先是下沉速度在经历将近 300 天时间降至 0.2 mm/d 左右之后缓慢（100 d）上升至 0.4 mm/d 左右，然后又缓慢（100 d）下降至 0.2 mm/d 左右。

从已有数据的分析中可以看出，第三阶段结束之后采空区中间上方区域各个工作测点的下沉均未停止，因此可以推断第二阶段和第三阶段中所出现的下沉速度反复升降的趋势还会出现，直至下沉完全停止。也就是说，工作面停采之后，下沉速度首先出现短暂一个突降过程，使得下沉进入衰退期，然后下沉速度就会出现缓慢的反复升下降的循环过程，这个循环过程持续到下沉停止为止。

2）开切眼煤柱上方区域

根据已有的观测站数据可知，在工作面停采之前一段时间，开切眼附近上方巷道工作测点的下沉已经进入衰退期，甚至测点 1 和测点 2 的下沉已经停止，出现了不规律的上升现象。这是由于这个区域率先受到采动影响，随着工作面远离，受到工作面采动影响减小，破碎的覆岩被逐渐压实，所以该区域下沉的空间很小，但由于受破裂岩体稳定和失稳的影响，出现一些周期性的下沉增大或者减小的移动现象。

从数据处理所得的下沉速度曲线得到，工作测点 3、4 和 5 在工作面停采之后下沉速度也会有一个突降，之后也会有一个缓慢上升的趋势，6 号测点出现下沉速度周期性变化就说明了该问题。

3）停采线煤柱上方区域

停采线煤柱上方一共有 3 个工作测点 18、19、20 和一个控制点 21，其中测点 19 和测点 20 在工作面停采之前就应经达到了下沉的衰退期，也就是说，这两个测点所在区域基本上不受 706 工作面开采的影响。只有测点 18 距离工作面停采位置较近，在工作面停采之后出现了下沉速度上升的趋势，这是由于受到了工作面采动的影响，但是下沉量很小，下沉速度最大值没有超过 0.3 mm/d。在距离工作面停采 7 个月左右之后，测点 18 的下沉速度也开始出现了明显的下降，到观测工作结束之时，测点 18 的下沉速度已经很小，但由于观测数据的缺乏，未观测到 18 号点出现周期性下沉速度变化现象。

3.4.4 三个工作面地表和覆岩下沉速度变化规律总结

从以上 3 个工程实例工作面停采后地表下沉速度分析可以看出以下 4 条规律。

（1）工作面停采后，地表点下沉速度急剧减小，部分出现回弹现象，然后下沉速度再增大，后又减小，下沉速度呈现周期性变化。其他矿区观测结果也表明了这一规律。

（2）工作面停采后，停采线侧煤柱上方普遍存在上升现象，其原因是煤柱上方地表下沉是由于在支承压力作用覆岩压缩的结果，后期由于覆岩压力减小，出现回弹现象，从而使地表下沉速度为负。

（3）停采后，工作面上方地表点下沉速度大于煤柱上方地表点下沉速度。

（4）地表的下沉速度存在周期性变化规律（表 3-4）。下沉速度循环峰值与开采厚度有关，随开采厚度变大而增大。停采后导致下沉速度循环变化的原因是采空区破裂岩体空隙压缩，开采厚度越大，采空区破裂岩体高度越大，压缩空间越大，地表下沉速度越大。

表 3-4 工作面停采后地表下沉速度变化情况

观测站	徐州张小楼矿706工作面	皖北任楼矿7222工作面	兖州兴隆庄矿4326工作面
开采深度/m	136	392.5	493
开采厚度/m	2.3	2.3	8.6
深厚比	59.13	170.6	57.33
松散层和基岩厚度比	0.4	1.36	0.67
工作面推进速度/(m·d^{-1})	0.68	1.64	3.57
下沉速度循环周期/d	200	200	60
下沉速度循环峰值/(mm·d^{-1})	0.4	0.5	2.5

4 两次条带全采采动影响理论在"三下"采煤中工程应用

4.1 工程背景

随着我国国民经济发展,煤炭资源需求增大,而老矿区煤炭储量走向枯竭。在此条件下,提高煤炭资源回收率,开发建筑物、水体和铁路下压煤资源具有现实意义。"三下"压煤开采不仅涉及煤矿井下安全,也涉及受护体使用安全。

我国建筑物、水体和铁路下压煤量大。在我国华东地区多数煤矿,可采煤炭储量正在逐步枯竭。在剩余矿井煤炭储量中50%以上属于"三下"压煤。据统计,全国煤炭生产矿井"三下"压煤总量达145亿t,其中,建筑物下压煤87.0亿t,水体下压煤39.0亿t,铁路下压煤19.0亿t。

我国普遍采用条带开采法开采"三下"压煤。目前已有480多个工作面采用了条带法开采。条带开采法虽然可以减少地表采动影响,但是也存在采出宽度小和回收率低的不足。采出宽度一般均50 m以下,采出率一般不大于60%,煤炭资源回收率低,造成煤炭资源浪费。

丰城坪湖矿阳坑村压覆大量煤炭资源。矿方原计划对该村煤柱进行不搬迁大面积长壁连续开采。但在613工作面开采结束后3个月时,在距离该村庄外300 m地表突发多处岩溶塌陷。其中,最大的1号岩溶塌陷坑直径为20 m,深度达2.0 m。长壁连续开采存在岩溶再塌陷的隐患危险。

鉴于上述因素,江西省科技厅立项研究两次条带全采,解放村庄压煤、提高回收率、采取不迁村岩层控制技术途径,实现安全开采。

以江西省丰城矿务局坪湖矿巨厚长兴灰岩岩溶水体和村庄建筑群这种特殊"岩溶水建合一"压煤开采为工程背景,运用现场勘查、地质采矿条件分析、基础理论研究、概率积分法计算、数值模拟计算和相似材料模拟实验等综合研究方法对该煤矿岩溶塌陷机理、一次宽条带开采优化和二次条带煤柱开采设计等岩层移动控制的问题进行系统研究,为控制地面受护体免受塌陷破坏和保障地下工作面的安全生产提供科学指导和理论依据。

两次条带全采岩层移动控制研究技术路线如图4-1所示。

4.2 地质采矿条件、建筑物条件和岩溶条件分析

4.2.1 地质采矿条件

1. 矿井概况

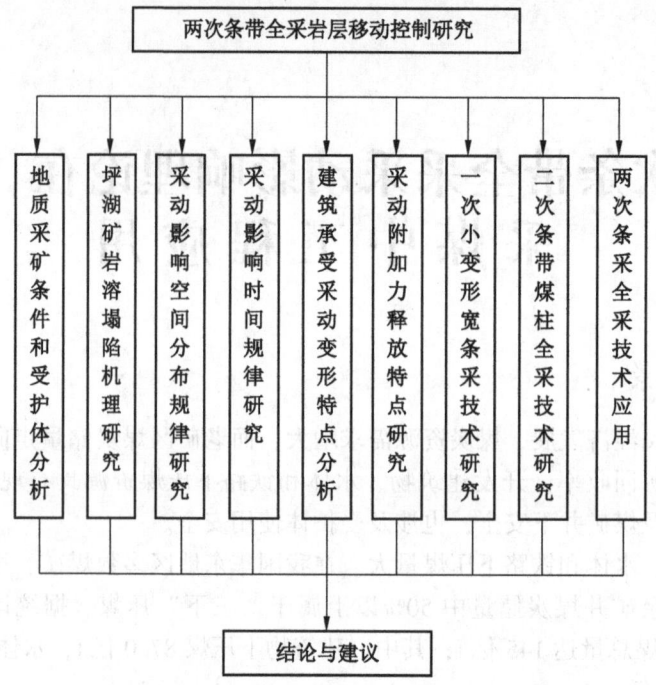

图 4-1 技术路线

坪湖矿位于江西省丰城市曲江镇和上塘镇境界内，西南距丰城市 8 km，东北距南昌市 60 km。该矿 1961 年投产，矿井核定生产能力 55 万 t/a。坪湖矿井田东西走向长 3.6 km，南北倾斜宽 3.3 km，井田面积 11.9 km²。主要开采上二叠系乐平统老山段 B_4 煤层。

矿井采用斜井多水平开拓方式。全井田划分为 -165 水平、-300 水平、-450 水平和 -600 水平。从 2000 年开始集中开采 -600 水平的西一采区和中央采区。该矿所有工作面均采用走向长壁后退式采煤方法，开采厚度 2.3~2.6 m，全部垮落法管理顶板。

工作面一般开采宽度为 110~140 m，走向长度 300~500 m。由于长达 50 年的开采，坪湖井田内煤炭资源剩余有限，尚存可采煤量几乎全部被压在多处村庄建筑物和灰岩岩溶水体之下。

2. 坪湖矿地层情况

坪湖矿井田内地层自地表至深部分别为第四系、侏罗系（局部）、上二叠系。各个地层的地质特征以 CK30 钻孔（图 4-2）为例分述如下。

（1）第四系。本区第四系为褐黄色黏土、亚黏土、亚砂土和砂砾石，一般厚度 8~12 m，平均厚度 10.0 m。

（2）侏罗系（局部）。侏罗系地层只有局部分布，在 CK30 钻孔处没有赋存，在阳坑村东部有局部侏罗系，赋存深度 40~100 m。

（3）上二叠系长兴组。在上二叠系长兴组地层中，长兴灰岩巨厚，岩溶发育。它以浅灰色至深灰色巨厚致密灰岩为主，厚 100~200 m，平均 157 m。局部夹燧石结构，底部硅

4 两次条带全采采动影响理论在"三下"采煤中工程应用

坐标：X:3128526.88 Y:39381390.23

地质时代			代号	分层厚度/m	柱状	累计厚度/m	煤层名称	煤层厚度/m	层号	岩性描述	水文地质特征
界	系	层									
新生界	第四系		Q	26					1	褐黄色黏土，下部为亚砂土，内有白色蠕虫结构，夹少量砾石	本层地下水皆系孔隙水，为大气降水渗入补给，排泄方式不一，主要补给下伏地层，其含水性不强，单位水量为0.00369～0.00123 L/Nec-M
古生界	上二叠系	长兴层	P_2C	104		130			2	浅灰至深灰色巨厚层状结晶质灰岩，含多不规则之燧石结核，底部为一层砂质层，节理裂隙，喀斯特溶洞发育，岩性坚而脆	因本层富含碳酸钙，可溶性很高，经长期溶蚀作用，利于喀斯特之发育，本井田最大溶洞高达102 m，灰岩之含水性又和溶洞发育情况密切相关，溶洞发育以受上伏第四系地层之渗透控制，因而本层水文地质条件有如下特征：第四系厚，含水性弱地段灰岩溶洞发育程度差，含水性弱，深部灰岩含水性亦差，本层地下水稳定，不甚受大气降水影响，变化幅度1～3 m，q=0.0023～58.475 L/Nec-M，K=0.0016～60.3145 M/d，水质为HCO_3-Mg型水，矿化度为170～240 mm/L
		王潘里层	P_2L_4	82		212			3	灰至灰白色中厚至薄层状石英细砂岩，砂质页岩，含煤19～21层，其中仅有C_4、C_{18}、C_{23}三层可采	含水层为细砂岩粉砂岩，厚20～30 m，共5层，地下水类型为孔隙承压水，主要受大气降水侵入，补给沿倾向方向运动，q=0.0023～0.02 L/Nec-M，K=0.00072～0.909 M/d，水质为HCO_3-SO_4-Ca-Mg水
		狮子山层	P_2L_3	60		272			4	灰、灰色白色薄层至厚层状石英细砂岩，具水平层理，岩性坚硬，为良好石材	含水层岩性为石英细砂岩，含风化裂隙潜水及孔隙承压水，主要受大气降水渗入补给
		老山层	P_2L_2	204		476			5	上部为灰黑至黑色泥岩、砂质页岩、粉砂岩，夹细砂岩条带，中部为灰黑色泥岩，钙质细砂岩粉砂岩，夹B_6煤层，但不可采，下部为浅灰至暗灰色石英细砂岩，灰至深灰色砂质岩粉砂岩，灰色至黑色炭质砂质页岩，可见煤层3层，唯B_4煤层可采，煤层之上不夹黄铁矿体，有透镜体	含水层岩性为灰黑至深灰色钙质石英质细砂岩，厚5～20 m，共计3层，受大气降水补给，其补给途径为上伏第四系渗入及采空区注入，本层含水性不强，q=0.0063～0.0936 L/Nec-M，K=0.1463～1.3759 M/d，水质为HCO_3-SO_4-Ca型
							B_4	2.6	6	主采煤层	

图 4-2 CK30 钻孔柱状

质增高，岩性硬而脆。因本层富含碳酸钙，可溶性很高，经长期溶蚀作用，溶洞发育。据探测，本区溶洞最大高度达 102 m。

（4）上二叠系中的龙潭组分为 4 段。①王潘里段。厚度 78 m。本段上部以黏土岩、粉砂岩为主，夹 C 组煤，含煤 19~21 层；下部为中、粗粒砂岩和砂质页岩。②狮子山段。厚度 60 m。本段为灰色~灰白色薄层厚层状石英细砂岩，具水平层理，岩性坚硬。③老山段。厚度约 200 m。本段上部为灰黑至黑灰色泥岩、砂质页岩、粉砂岩，夹细砂岩；中部为灰黑色泥岩，粉砂岩至白色石英细砂岩，钙质细砂岩和粉砂岩；下部为浅灰至暗灰色的石英细砂岩，灰至深灰色的砂质岩和粉砂岩，灰黑至黑色的炭质或者砂质页岩。段内有煤层 3 层，其中 B_4 煤层为主采煤层。④上官山段。在 B_4 煤下方。厚度 136 m。本段上部以中、粗粒长石石英砂岩为主，下部为粉砂岩、细砂岩。

3. 主采煤层情况

该矿主采煤层为龙潭组老山段的 B_4 煤层，煤层厚度为 2.3~2.6 m，煤层倾角 10°。B_4 煤层煤层伪顶是 0.8~2.0 m 的灰黑色炭质页岩，夹煤线；B_4 煤层直接顶为厚度 6.0~8.0 m 的砂岩和细粉砂岩，夹少量砂质页岩和煤线；B_4 煤层基本顶为厚度 8.0~10.0 m 的细砂岩和中粒砂岩。

井田区域地面最小标高为 +26.5 m，最大标高为 +28.0 m，平均标高 +27.0 m。B_4 煤开采标高为 -493~-573 m，故开采深度 520~600 m，平均开采深度 560 m。B_4 煤层上距长兴灰岩底部最小距离为 343 m。

4.2.2 建筑物条件分析

1. 阳坑村建筑物情况

地表为阳坑村，该村 463 户，1600 人。村庄平均东西长 800 m，南北宽约 328 m，占地面积 261406 m^2，建筑物总面积 102126 m^2，村庄建筑物密集。

阳坑村东部为近年来新盖的成排的 2~3 层楼房，业已形成了类似城镇街道的格局。建筑物均为砖混结构和砖瓦结构的楼房和平房，墙体为 240 mm 的空心墙，片石基础，大多没有圈梁。

阳坑村西部老房较多，在开采前，有些房屋已有开裂损坏。它属于建筑年代原因而老旧破损和地基沉降不均致使开裂。

阳坑村庄房屋分布和压煤区域情况如图 4-3 所示。

2. 建筑物保护煤柱和建筑物设防指标

根据《建筑物、水体、铁路及主要井巷煤柱留设与压煤开采规范》，阳坑村建筑物保护等级属于Ⅲ级。按建筑物保护等级与煤柱围护带宽度对应关系，需留设受护体的围护带宽度 10 m（表 4-1）。并划定村庄建筑物受护体的保护煤柱范围。

表 4-1 建筑物保护等级与煤柱围护带宽度对应关系

建筑物保护煤柱等级	Ⅰ	Ⅱ	Ⅲ	Ⅳ
围护带宽度/m	20	15	10	5

4 两次条带全采采动影响理论在"三下"采煤中工程应用

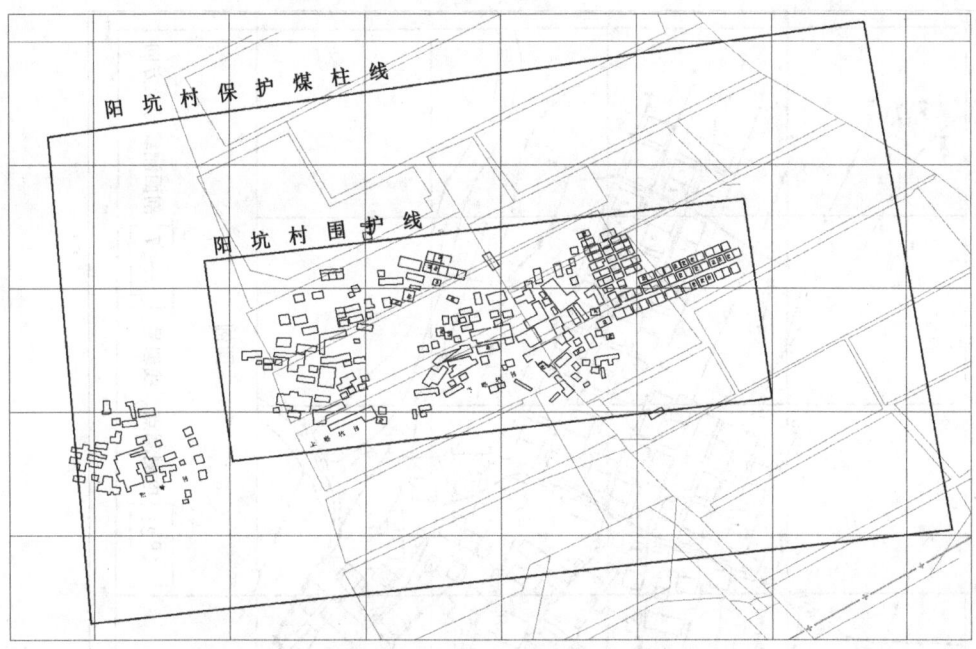

图 4-3 阳坑村村庄房屋分布和压煤情况

表 4-2 列出了建筑物区间长度小于 20 m 砖混结构建筑物的损坏等级划分、对应的地表变形值、损坏程度和结构处理建议。地表水平变形值不大于 2.0 mm/m，建筑物的采动损坏等级为 Ⅰ 级，建筑物呈现为极轻微损坏和轻微损坏，开采后可不修进行补偿或者通过简单维修处理；地表水平变形值 2.0~4.0 mm/m，建筑物的采动损坏等级为 Ⅱ 级，建筑物呈现为轻度损坏，开采后可小修，达到安全使用目的。本着采后小修和保障安全原则，矿方要求村庄建筑物设防指标为 Ⅱ 级采动影响。

表 4-2 砖混结构建筑物损坏等级与地表变形值关系

损坏等级	地表变形值			损坏分类	结构处理
	$\varepsilon/(mm \cdot m^{-1})$	$K/(10 \cdot km^{-1})$	$i/(mm \cdot m^{-1})$		
Ⅰ	≤2.0	≤0.2	≤3.0	极轻微损坏	不修
				轻微损坏	简单维修
Ⅱ	≤4.0	≤0.4	≤6.0	轻度损坏	小修
Ⅲ	≤6.0	≤0.6	≤10.0	中度损坏	中修
Ⅳ	>6.0	>0.6	>10.0	严重损坏	大修
				极度严重损坏	拆建

4.2.3 岩溶条件分析

1. 岩层内部岩溶分布分析

开采前对阳坑村地层情况进行了专门探测，探测阳坑村下 180 m 埋藏深度内的岩溶发育情况、第四系覆盖层厚度和侏罗系门口山组侵入区范围。

从探测结果总体看，阳坑村下长兴灰岩溶洞分布很广。岩溶物探测线布置图如图 4-4 所示。在图 4-5 中标出的 -10 m、-30 m 和 -50 m 三个标高的水平切面溶洞分布图中可以看出，

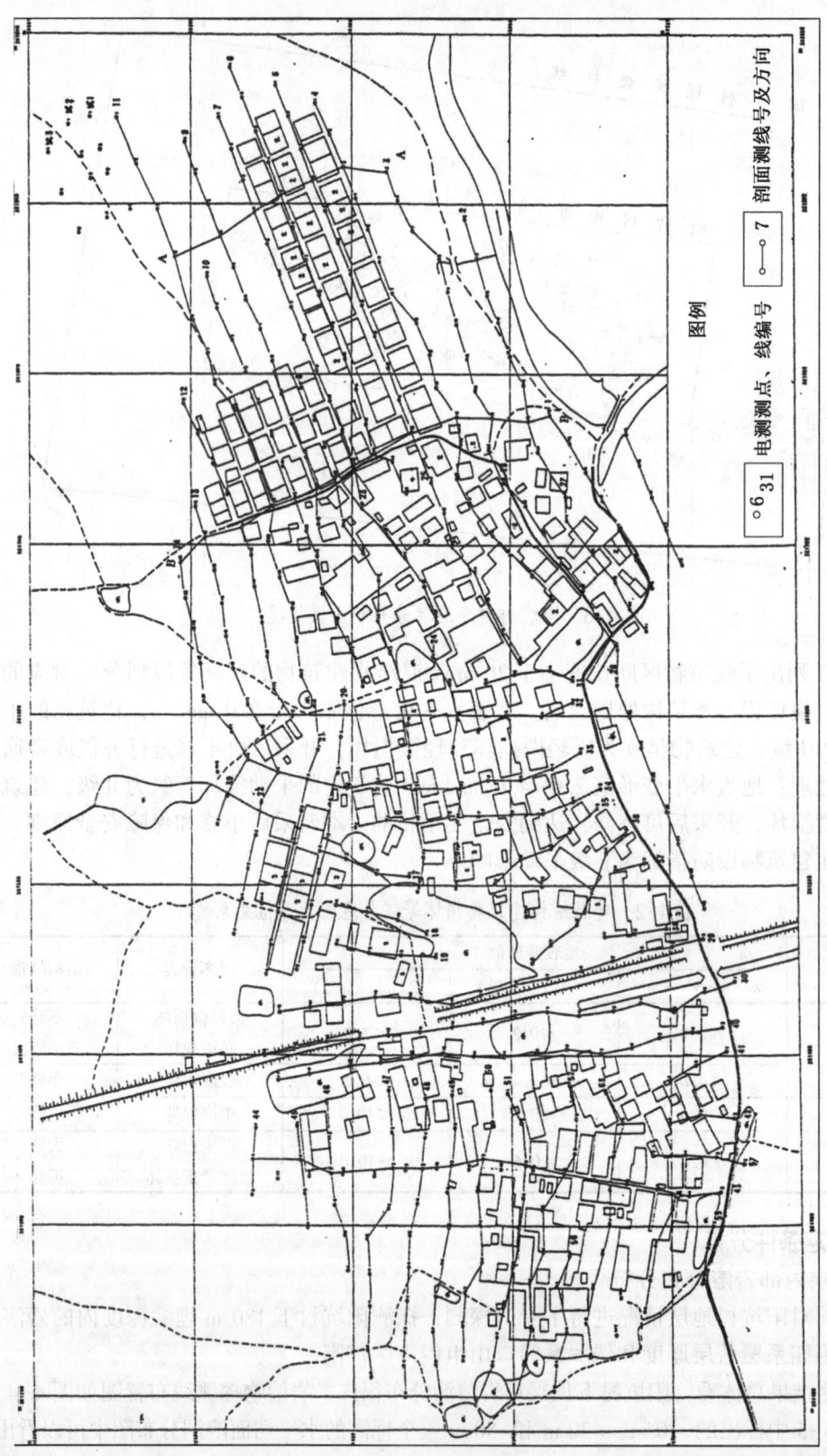

图 4-4 岩溶物探测线布置图

4 两次条带全采采动影响理论在"三下"采煤中工程应用

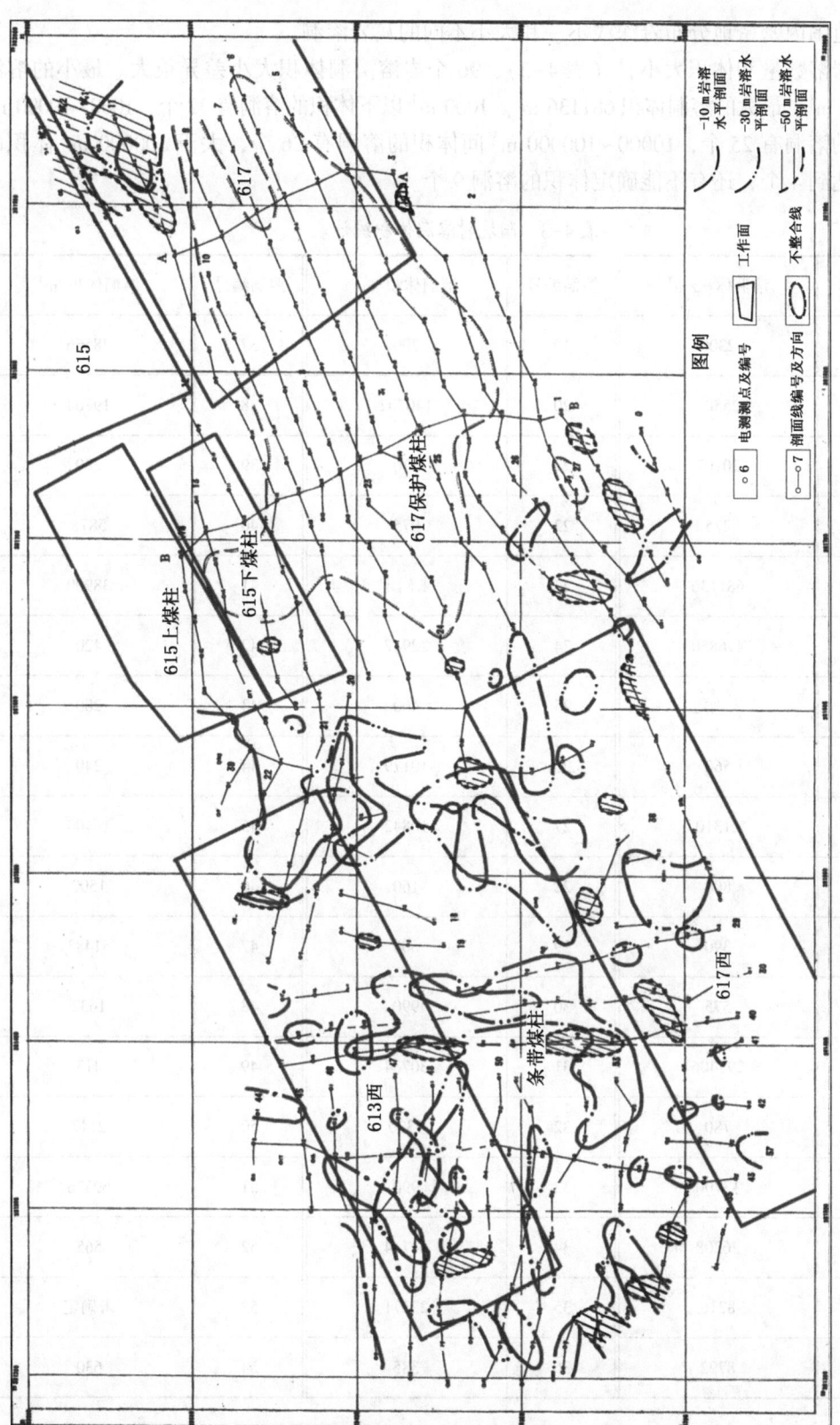

图4-5 阴坑村附近岩溶分布水平切面图

试采区范围内密密地分布着深浅不一和大小不同的灰岩溶洞。

从岩溶数量和体积大小看（表4-3），96个岩溶溶洞体积大小差异很大。最小的溶洞体积175 m³，最大的溶洞体积681136 m³。1000 m³以下体积的溶洞有32个，1000~10000 m³间体积的溶洞有25个，10000~100000 m³间体积的溶洞有26个，大于100000 m³体积的溶洞也达到4个，还有不能确定体积的溶洞9个。

表4-3 阳坑村溶洞体积统计表

溶洞编号	溶洞体积/m³	溶洞编号	溶洞体积/m³	溶洞编号	溶洞体积/m³
1	2300	19	200	37	38566
2	25503	20	140702	38	19764
3	20107	21	270	39	280
4	225	22	975	40	5878
5	681136	23	未确定	41	38900
6	496850	24	22947	42	420
7	未确定	25	400	43	280
8	560	26	10179	44	240
9	21310	27	10842	45	16400
10	800	28	160	46	1500
11	390	29	600	47	51483
12	575	30	990	48	1632
13	297406	31	30734	49	413
14	780	32	1320	50	2147
15	13700	33	990	51	69376
16	26208	34	14744	52	565
17	8216	35	22271	53	未确定
18	8792	36	385	54	630

表4-3(续)

溶洞编号	溶洞体积/m³	溶洞编号	溶洞体积/m³	溶洞编号	溶洞体积/m³
55	1120	69	58772	83	13890
56	77477	70	2720	84	7000
57	3796	71	1638	85	1080
58	7728	72	18810	86	880
59	1805	73	7326	87	5625
60	32928	74	495	88	10275
61	17077	75	3600	89	560
62	248	76	400	90	1050
63	3850	77	200	91	35530
64	4020	78	未确定	92	700
65	未确定	79	5650	93	720
66	未确定	80	未确定	94	未确定
67	97542	81	3825	95	未确定
68	175	82	6497	96	770
合计			大于2553200 m³		

从岩溶发育的深度看，浅部长兴灰岩的岩溶溶洞比深部长兴灰岩的岩溶要更发育。而在浅部的岩溶中，多数已被砂和砾石充填；在深部的岩溶中，多数仍然被水充盈着。

从岩溶发育的平面来看，试采区西部的岩溶比东部更发育。

2. 岩溶盖层条件分析

（1）第四系厚度情况。从第四系等厚图来看（图4-6），阳坑村范围内的第四系厚度变化较大，一般为7~31 m。第四系地层分布趋势为西薄东厚，最厚的在东北部为31 m，最薄的在西南部为7 m。

（2）侏罗系侵入范围和深度。本区局部有侏罗系赋存。侏罗系门口山组主要分布在阳坑村的东部。从图4-7试采区东部侏罗系门口山组分布情况可以看出，侏罗系赋存深度一般在40~100 m之间。侏罗系门口山组地层侵入最深的地方为中东部，其深度大于100 m。

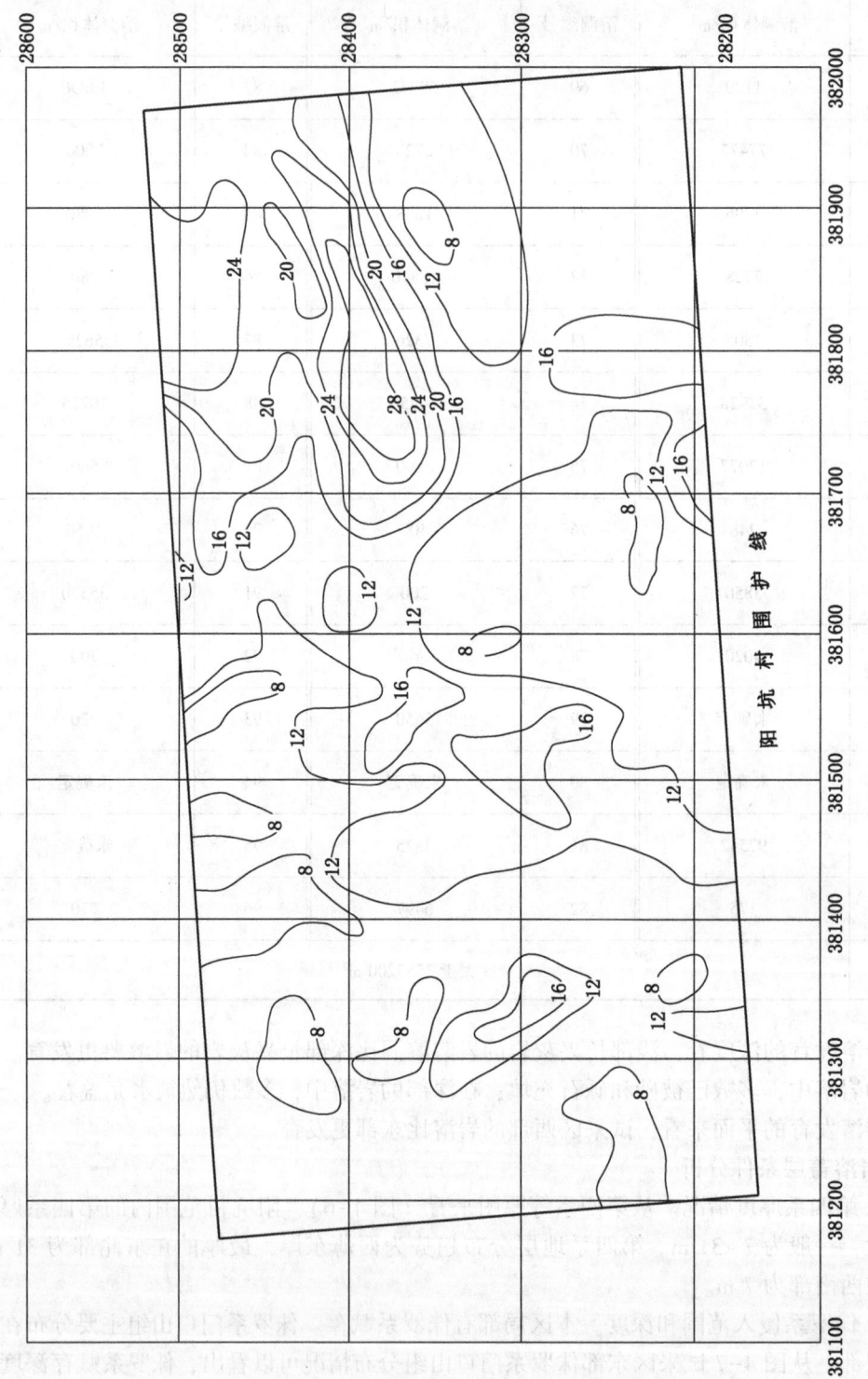

图 4-6 第四系等厚线图（说明：线中数值为厚度，单位为 m）

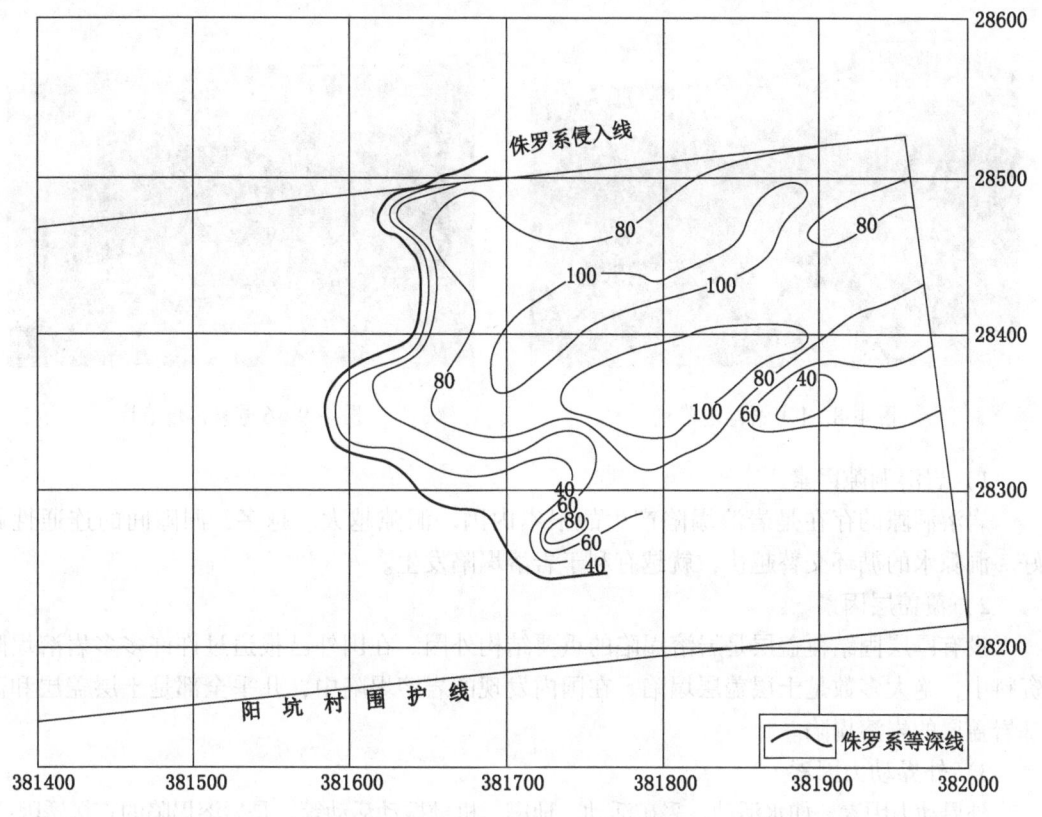

图 4-7 东部侏罗系门口山组分布情况

4.3 坪湖矿岩溶塌陷破坏机理和采动影响指标研究

4.3.1 坪湖矿岩溶塌陷破坏机理分析

1. 岩溶塌陷描述

坪湖矿在阳坑村外开采时，曾发生3次岩溶塌陷。

第一次2号、3号、4号和5号岩溶塌陷发生在1996年。1995年采完401工作面后，1996年相继在阳坑村北面的菜地、水田和山丘间出现了4处塌陷坑。

第二次1号岩溶塌陷发生在2001年3月。2000年12月采完613工作面后，2001年3月1日产生了1号塌陷坑（图4-8）。1号塌陷坑塌陷的位置在613工作面机巷外120 m，塌陷坑直径20 m，塌陷深度2.0 m。

第三次6号岩溶塌陷发生在2003年4月。617长壁工作面正在开采，推进了200 m后，在该面推进位置前方190 m处产生了6号岩溶塌陷坑（图4-9）。6号塌陷坑长轴方向12 m，短轴方向11 m，坑底为台阶状下陷，最浅处0.3 m，最深处5 m。岩溶塌陷位置如图4-10所示。

2. 岩溶塌陷主要因素分析

岩溶塌陷是一个复杂的力学现象，其影响因素有很多。通过国内外岩溶塌陷研究成果和大量塌陷情况调查分析，把岩溶塌陷因素归纳为以下3类。

图 4-8　1号岩溶塌陷坑　　　　　　图 4-9　6号岩溶塌陷坑

1）岩溶洞隙因素

岩溶洞隙的存在是岩溶塌陷产生的根本内因。洞隙越大、越多，洞隙间的连通性越好、洞隙水的循环交替越快，就越有利于岩溶塌陷发生。

2）覆盖层因素

没有厚层固结覆盖层是岩溶塌陷的重要结构外因。在国外已报道过许许多多岩溶塌陷资料中，绝大多数是土层盖层塌陷。在国内发现的岩溶塌陷中，几乎全部是土层盖层和薄基岩盖层的岩溶塌陷。

3）外界动力因素

外界动力因素，如水活动、采矿活动、地震、机械振动活动等，是岩溶塌陷的直接诱因。

因为岩溶溶洞中一般都被水充盈，所以水活动是岩溶塌陷形成的十分重要的动力因素，而人类水活动（抽排水等）引起的水动力作用，要比自然水活动（降雨和洪水等）作用强烈得多。在水位大幅度升降波动以及流速和水力梯度发生强烈变化的地段，岩溶塌陷最易发生。

采矿活动引起的地表变形也是诱发岩溶塌陷的动力因素之一。地下开采活动会改变地层受力状态，引起上覆岩层的移动变形对岩溶产生破坏影响。

3. 坪湖矿岩溶塌陷原因分析

1）真空吸蚀原因

根据对我国许多矿区岩溶塌陷资料和实验室的分析得出，矿区岩溶塌陷多是真空吸蚀作用的结果。

在有第四系松散层覆盖的岩溶矿区，岩溶位于地下相对密封的承压水中。由于地下水的抽排，大量的岩溶水流失，岩溶水位急剧下降。盖层下部岩溶腔内水的流失使岩溶腔内的承压水转为无压，如果岩溶腔内得不到地下水及时补充，则腔内即出现空腔，水体顶部的空腔必定转化为低气压，甚至真空状态的负气压。此时，岩溶水位下降的犹如一只巨大的吸盘，吸引着上覆盖层。随着岩溶水面不断下降，腔内负压进一步增大，弱化上覆盖层和土层强度，破坏了上覆盖层和土层的结构，加速掏蚀作用，使之自行剥落。岩溶腔外的大气压对上覆盖层表面的大气压始终存在，岩溶腔内外压差作用不断增强，岩溶腔外的大气压对上覆盖层有一种冲压作用。岩溶内部的真空吸蚀作用和外部大气压的冲压作用，叠加在岩溶溶洞盖层内外，促使在相对薄弱区域的岩溶溶洞盖层失稳破坏，致使出现地面岩

4 两次条带全采采动影响理论在"三下"采煤中工程应用

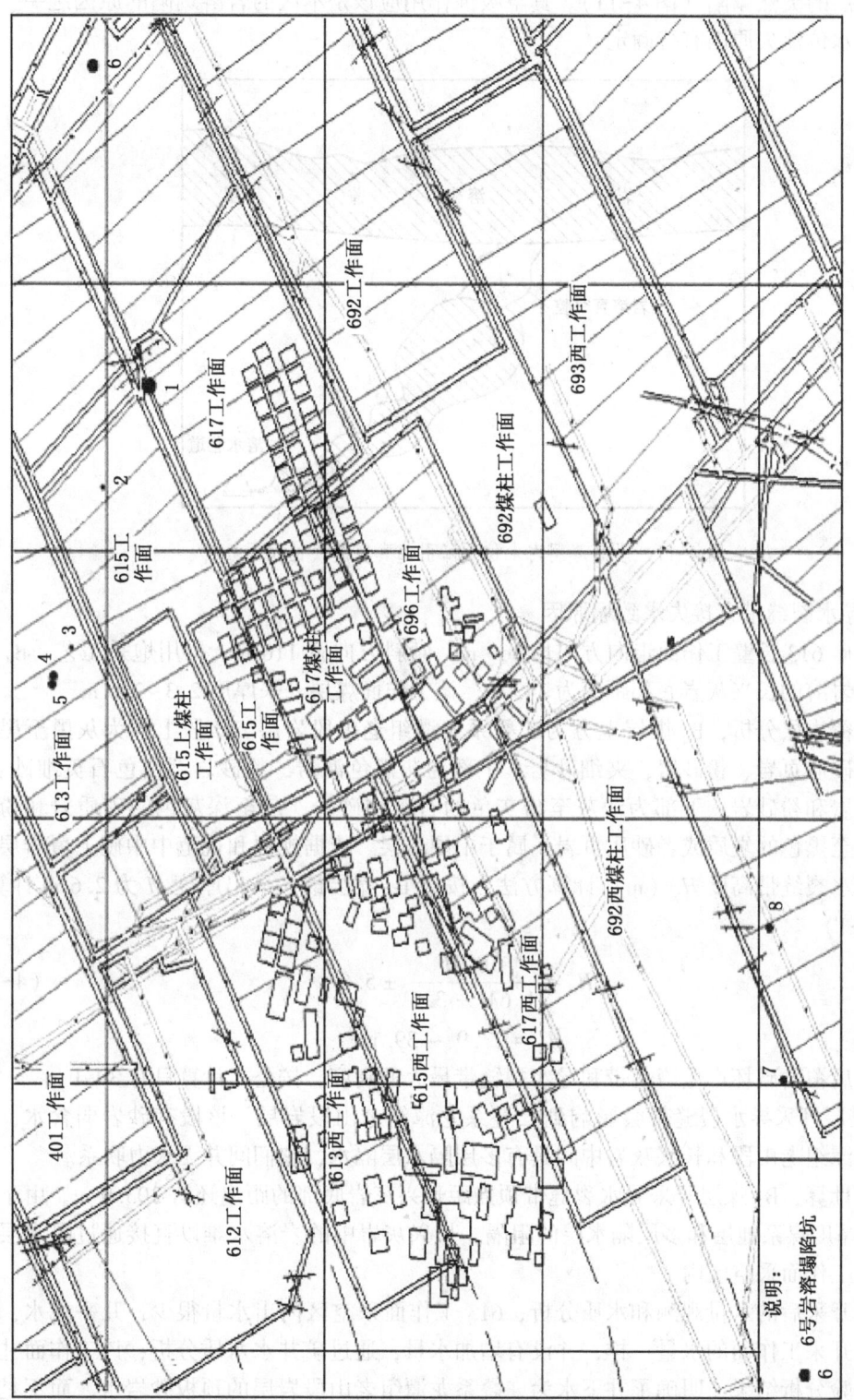

图 4-10 阳坑村附近地面岩溶塌陷与工作面位置关系图

溶溶洞盖层的突然塌陷（图4-11）。真空吸蚀作用应该是本区的岩溶塌陷的原因之一，但导致岩溶水位流失原因有待确定。

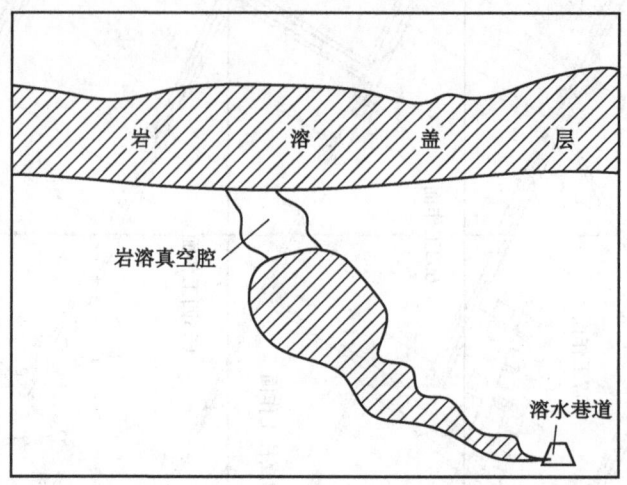

图4-11 岩溶溶洞内水位下降引起真空腔吸蚀作用分析

2）导水裂缝带直接失水致塌原因

坪湖矿613长壁工作面走向方向长360 m，倾斜方向宽110 m，采用炮采工艺。B_4煤层距赋存岩溶的长兴灰岩底部距离为343 m，该工作面煤层开采厚度2.3~2.6 m。

从上覆岩层分析，B_4煤层上方为二叠系龙潭组老山段岩层。该段上部为灰黑至黑灰色泥岩、砂质页岩、粉砂岩，夹细砂岩；中部为灰黑色泥岩，粉砂岩至白色石英细砂岩，钙质细砂岩和粉砂岩；下部为浅灰至暗灰色的石英细砂岩，灰至深灰色的砂质岩和粉砂岩，灰黑至黑色的炭质或者砂质页岩。属于中硬岩层。依据规程和规范中中硬上覆岩层条件下的导水裂缝带高度 H_{li} (m) 计算方法，按照 B_4 煤层最大采出厚度 M 为 2.6 m 计算，见式（4-1）。

$$H_{li} = \frac{100M}{1.6M + 3.6} \pm 5.6 \qquad (4-1)$$

$$H_{li} = 27.9 \sim 39.1$$

开采后覆岩破坏产生垮落带和导水裂缝带最大的高度，按公式计算只有39.1 m。

B_4煤层开采导水裂缝带会影响到二叠系龙潭组老山段岩层。该段有砂岩弱含水，而二叠系龙潭组老山段和长兴灰岩中间具有多层隔水层隔水，它们间并无水力联系。

根据计算，B_4煤层开采导水裂缝带顶点距长兴灰岩底部的距离还有303.9 m。由于这303.9 m厚度煤系地层和多层隔水层的阻隔，长兴灰岩中的岩溶水难以直接通过隔水层流失到613工作面采空区内。

通过开采后的水量观测和水质分析，613工作面采空区内出水量很少，几乎无水，与以往长壁开采工作面的水量一样，并没有增加水量；通过矿井水水质分析，该工作面井下水水质化验分析结果，明确了井下水为二叠系龙潭组老山段岩层的顶板砂岩水，而不是来自长兴灰岩中的岩溶水。

根据以上2个方面的分析可以得出,该处地表岩溶塌陷,不是井下工作面采动的导水裂缝带连通长兴灰岩溶洞直接失水造成的。

3) 旱季地下水位下降致塌原因

坪湖矿1号岩溶塌陷发生在2001年3月1日,正是丰城地区少雨季节。如果地下水因得不到雨水的及时补给,地下水自然减少,会引起水位的下降。但这种水量的减少和水位的下降是有限的,并不会波及岩溶。根据试采中进行的地面水文观测,试采区上方农村水井水位随季节及天气变化而发生升降,但幅度不大,在几米之内。本区潜水位很高,阳坑村中水塘常年有水。而从发生岩溶塌陷的1号岩溶塌陷坑附近的岩溶断面来看,岩溶溶洞顶部最浅的埋藏深度为50 m(图4-12)。地下水位的自然下降一直未低于岩溶顶部。以上说明,并不是旱季地下水位下降导致本处岩溶塌陷。

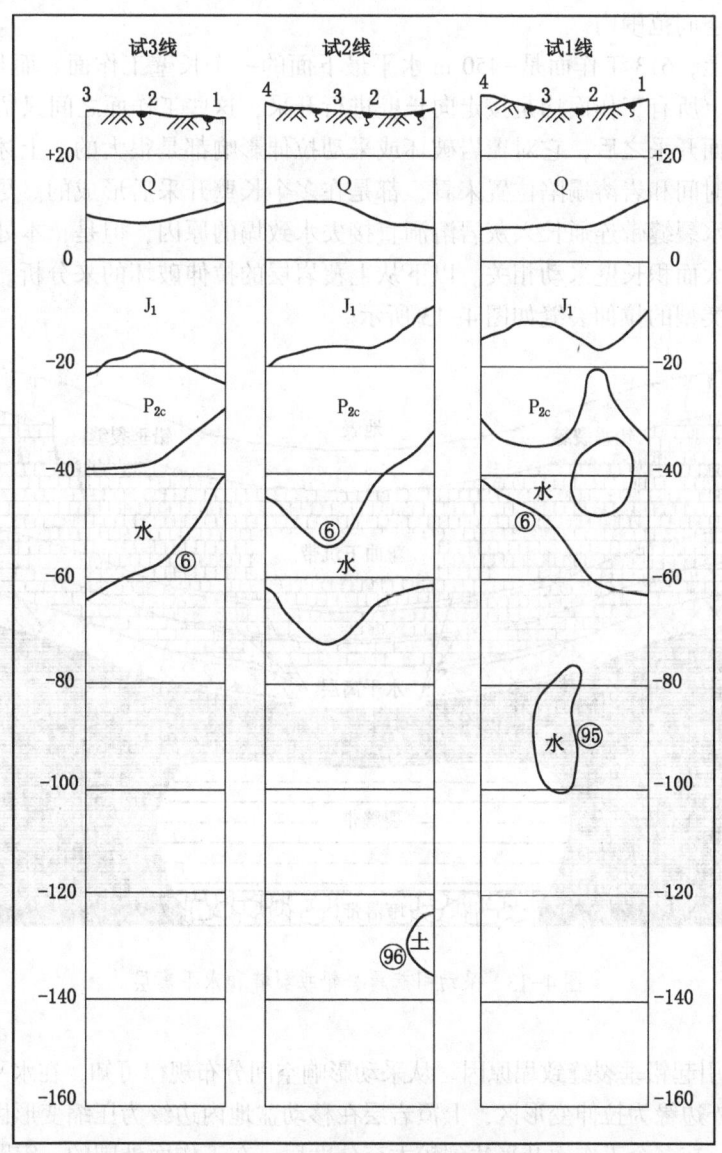

图 4-12 1号岩溶塌陷坑附近的岩溶断面

4）大面积长壁采动影响拉伸开裂致塌原因

上面否定了采动导水裂缝带连通长兴灰岩岩溶而直接失水造成地表岩溶塌陷的原因，也排除了旱季地下水位下降致塌原因，那么是什么原因使得岩溶塌陷呢？下面从岩溶塌陷时间、塌陷位置和采动强度方面进行分析。

从时间上，1号塌陷坑是613工作面2000年12月开采后的2001年3月1日（3个月）发生的；6号塌陷坑在617工作面正在开采时发生的；2号、3号、4号和5号塌陷坑是在401工作面1995年开采后的1996年（不到1年）发生的。6处岩溶塌陷，均在采动影响时间范围内。

从位置上，1号塌陷坑距离613工作面边界120 m；6号塌陷坑位于617工作面前方190 m，2号、3号、4号和5号塌陷坑距离401工作面边界70～220 m。6处岩溶塌陷，也均在采动影响空间范围内。

采动强度上，613工作面是−450 m水平最下面的一个长壁工作面。而与之相邻的401工作面及其以上所有工作面均是按走向长壁进行开采，这些工作面之间只留设8 m隔离煤柱。这些工作面开采之后，它对覆岩破坏或采动拉伸影响都是很大的。上述岩溶塌陷，从岩溶塌陷发生时间和岩溶塌陷位置来看，都是在多个长壁开采后形成的。尽管我们排除了长壁开采的导水裂缝带连通长兴灰岩溶洞直接失水致塌的原因，但是，本处的岩溶塌陷很可能还与井下大面积长壁采动相关。以下从上覆岩层的拉伸破坏的来分析。井下采动引起上覆岩层两种类型的拉伸裂缝如图4-13所示。

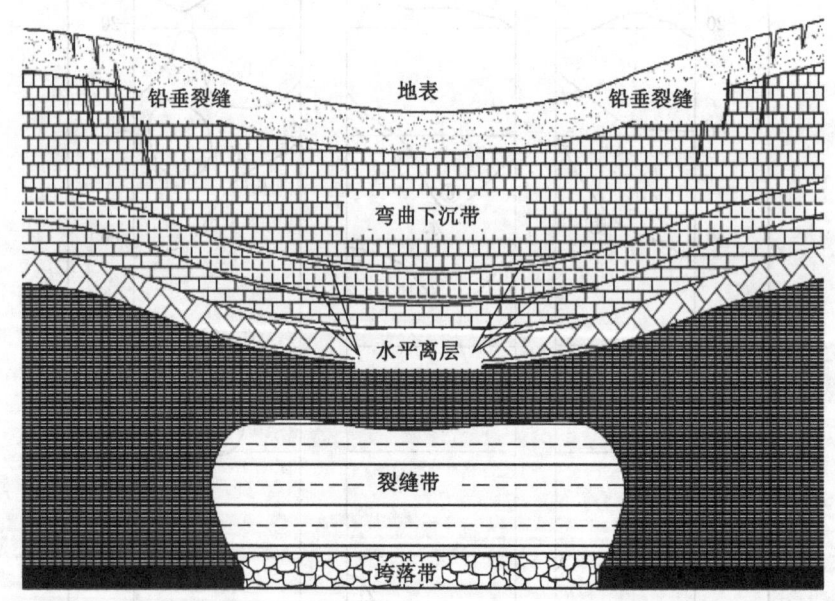

图4-13 采动引起覆岩铅垂裂缝和水平离层

（1）采动引起铅垂裂缝致塌原因。从采动影响空间分布规律可知，在水平面上，上覆岩层在移动盆地外边缘为拉伸变形区，上覆岩层在移动盆地内边缘为压缩变形区，移动盆地中部为无变形区。在多个工作面开采达到较大充分度后，在工作面外围的一定距离内上覆岩层受到拉伸水平变形影响而产生铅垂方向的拉裂。由于本区长兴灰岩超过 100 m，岩溶溶洞特别发育，上覆盖层薄且部分只是第四系土层，所以这些铅垂裂缝将使岩溶溶洞之间连通。这些新的采动裂缝为富水岩溶水的流失创造了条件，再通过岩溶吸蚀作用，造成上覆盖层弱化、失稳和坍塌。本区的 1 号和 6 号岩溶塌陷坑位置分别处于 613 工作面和 617 工作面上覆岩层和地表拉伸水平变形区。因此，坪湖矿的岩溶塌陷与大面积长壁采动引起水平拉伸造成的铅垂裂缝相关。水平拉伸引起的铅垂裂缝是 1 号和 6 号岩溶塌陷的主要原因和直接诱因。

（2）采动引起水平离层致塌原因。由于上覆岩层岩性、厚度和强度的差异，不同深度上不同岩层的开采沉陷过程是不同步的。如煤层近上方的松软岩层沉降迅速，而距离煤层稍远的坚硬岩层，沉降缓慢。这种上覆岩层滞后的沉降，在垂直方向层面间就会形成离层。离层层位和空间大小取决于上覆岩层的结构。按照相邻岩层上下的结构组合，岩层结构大致可分为 4 类，即坚硬-坚硬型、软弱-软弱型、坚硬-软弱型、软弱-坚硬型。坚硬-坚硬型产生离层的程度不大；而软弱-软弱型和软弱-坚硬型相邻岩层也很难产生离层；只有坚硬-软弱型结构的覆岩产生的离层的空间大，且持续时间长。比较本区长兴灰岩岩层和下面的龙潭煤系岩层，龙潭煤地层以黏土岩、各类砂岩、泥岩、页岩和煤线为主；灰岩岩层以浅灰色至深灰色巨厚致密灰岩为主，岩性硬，厚度大。相比之下，龙潭煤系岩层不仅强度要小，而且整体性也不如灰岩岩层。受开采影响后龙潭煤系地层沉降比较快，灰岩岩层下沉比较缓慢，两者之间存在一个时间差。因而，在长兴灰岩岩层中底部易产生水平离层。当水平离层与岩溶溶洞连通之后，使承压的岩溶水向无水或者低压的离层和岩溶空洞流动，结果导致那些靠水充盈的岩溶溶洞产生真空吸蚀作用而致塌。这些水平离层是造成采空区正上方岩溶塌陷的主要因素。

因此，井下大面积长壁采动所造成的铅垂裂缝和水平离层是导致本区岩溶塌陷的主要因素和直接诱因。

4.3.2 概率积分法采动影响变形指标分析

1. 计算参数

把岩溶溶洞作为地表浅部的特殊结构物处理，采动影响程度和岩溶塌陷之间必然会存在一定关系。由于地层结构的复杂性，本节采用概率积分法计算岩溶塌陷处的采动变形指标。根据坪湖矿的实测资料分析，基于地表移动计算参数实测值（表 4-4），对坪湖矿 2001 年和 2003 年出现的 1 号和 6 号两个岩溶塌陷坑所在位置的采动变形量值进行计算。两个塌陷坑与相关工作面的位置关系如图 4-14 所示，作出过 6 号岩溶塌陷坑的地层剖面 $B—B$，1 号塌陷坑投影和 6 号塌陷坑位置如图 4-15 所示。

表 4-4　坪湖矿地表移动计算参数实测值

计算参数	取值
下沉系数 q	0.55~0.65
主要影响角正切 $\tan\beta$	1.8~2.0
水平移动系数 b	0.3
开采影响传播角 θ_0	90°−0.6α（α 为煤层倾角）
拐点偏移距 S/m	0

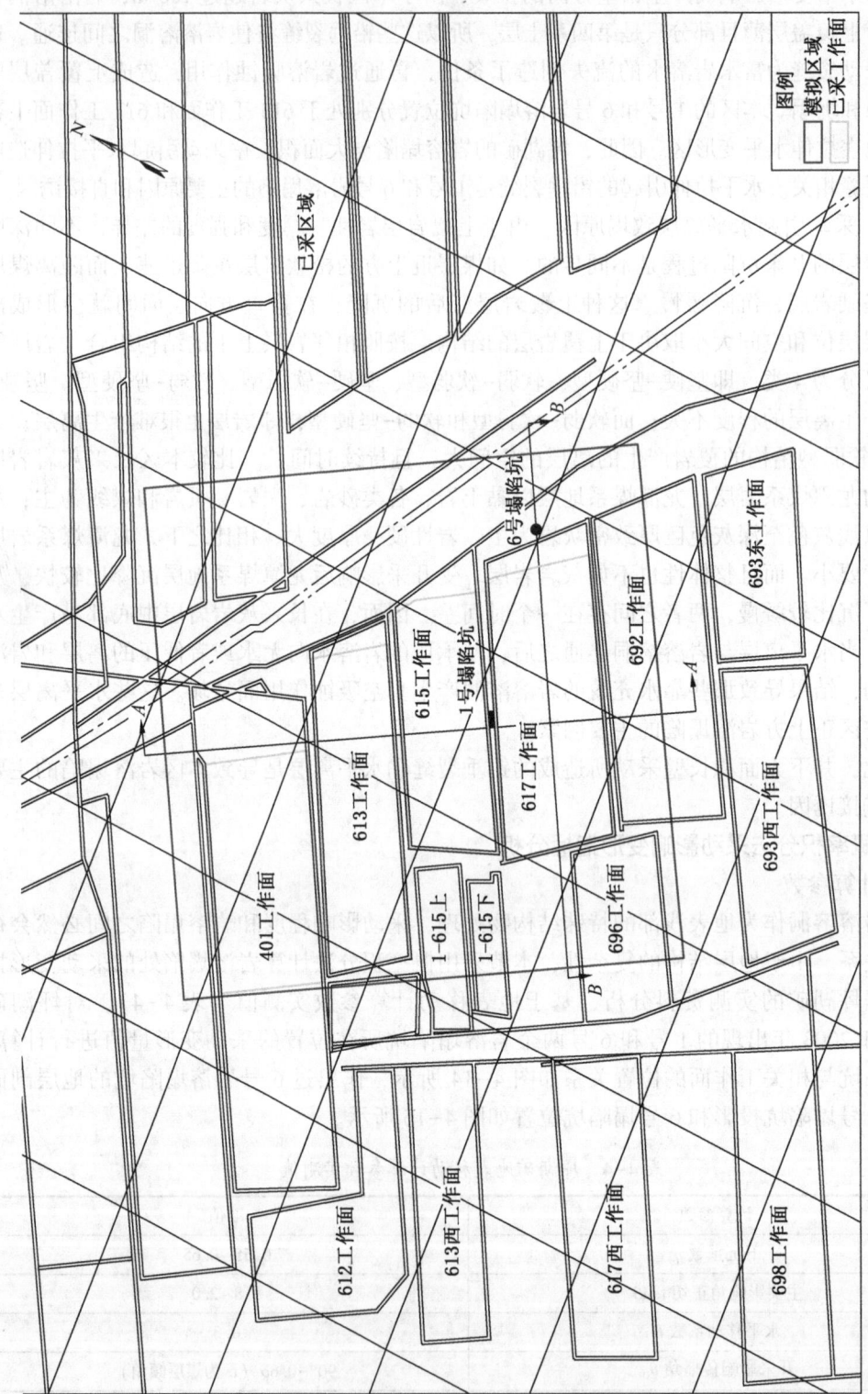

图 4-14 各个塌陷坑与相关工作面的位置关系及数值模拟区域

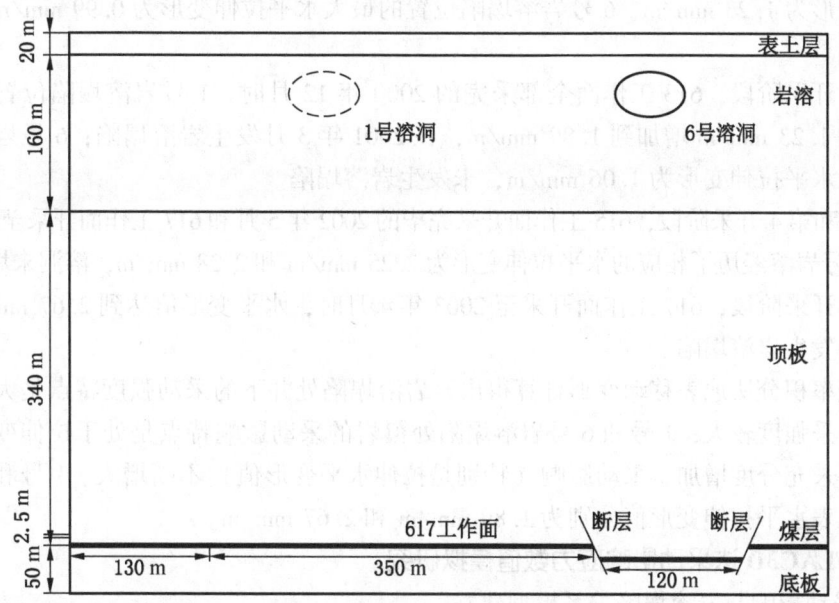

图 4-15　岩溶塌陷区地层示意图（图 4-14 的剖面 B—B）

2. 计算阶段

为了真实模拟研究开采过程中采动对岩溶的影响，下面分 5 个实际开采阶段进行计算分析。

第 1 阶段：613 工作面开采至一半的 2000 年 7 月。
第 2 阶段：613 工作面全部采完的 2000 年 12 月（1 号溶洞 2001 年 3 月塌陷）。
第 3 阶段：615 工作面开采完毕的 2002 年 5 月。
第 4 阶段：617 工作面开采至 2002 年 12 月。
第 5 阶段：617 工作面开采至 2003 年 4 月（6 号溶洞 2003 年 4 月塌陷）。

3. 计算分析结果

按照计算，上述 5 个开采阶段开采后各溶洞塌陷点的采动水平变形情况见表 4-5。根据开采阶段与岩溶塌陷的时间性，分析地表变形与岩溶塌陷之间的关系。

表 4-5　开采过程中 1 号和 6 号溶洞塌陷位置处的水平变形值　　　　mm·m^{-1}

塌陷坑编号	水平变形类型	1 阶段	2 阶段	3 阶段	4 阶段	5 阶段
1	拉伸	1.23	1.89	—	—	—
1	压缩	—	—	-3.16	-2.76	-3.24
6	拉伸	0.99	1.06	2.25	2.28	2.67
6	压缩					
塌陷状态	—	完好	1 号洞塌	1 号洞塌	1 号洞塌	1 号和 6 号洞塌

第 1 开采阶段，613 工作面开采至一半的 2000 年 7 月时，1 号岩溶塌陷位置的最大水

平拉伸变形为 1.23 mm/m，6 号岩溶塌陷位置的最大水平拉伸变形为 0.99 mm/m，未发生岩溶塌陷。

第 2 开采阶段，613 工作面全部采完的 2000 年 12 月时，1 号岩溶塌陷位置的水平拉伸变形从 1.23 mm/m 增加到 1.89 mm/m，在 2001 年 3 月发生岩溶塌陷；6 号岩溶塌陷位置的最大水平拉伸变形为 1.06 mm/m，未发生岩溶塌陷。

第 3 和第 4 开采阶段，615 工作面开采完毕的 2002 年 5 月和 617 工作面开采至 2002 年 12 月时，6 号岩溶经历了相应的水平拉伸变形为 2.25 mm/m 和 2.28 mm/m，溶洞未塌陷。

第 5 开采阶段，617 工作面开采至 2003 年 4 月时，水平变形值达到 2.67 mm/m，6 号岩溶最终发生岩溶塌陷。

从概率积分法地表移动变形计算得出，岩溶塌陷处井下的采动强度特点是大面积连续开采，开采强度较大；1 号和 6 号岩溶塌陷处覆岩的采动影响特点是处于拉伸变形区，并且随着开采充分度增加，采动影响（特别是拉伸水平变形值）不断增大。1 号和 6 号岩溶塌陷时地表水平拉伸变形值分别为 1.89 mm/m 和 2.67 mm/m。

4.3.3 FLAC3D 法采动影响应力数值模拟研究

1. 采动影响与岩溶塌陷关系模型建立

为了从采动应力上研究坪湖矿采动影响与岩溶溶洞塌陷之间的关系，利用 FLAC3D 有限差分程序，对采动过程中岩溶地层的移动变形和破坏特点进行模拟分析。

根据坪湖矿 613 工作面开采后地表出现的塌陷坑情况，本次模拟重点对 1 号溶洞塌陷附近区域岩层的受力破坏特点进行分析。

在图 4-14 中通过 1 号塌陷坑的作剖面 A—A，如图 4-16 所示。为了模拟更多内容，除 1 号溶洞塌陷坑外，在 1 号溶洞深部两侧，增加了另外两个隐伏溶洞 A 和 B 进行分析。

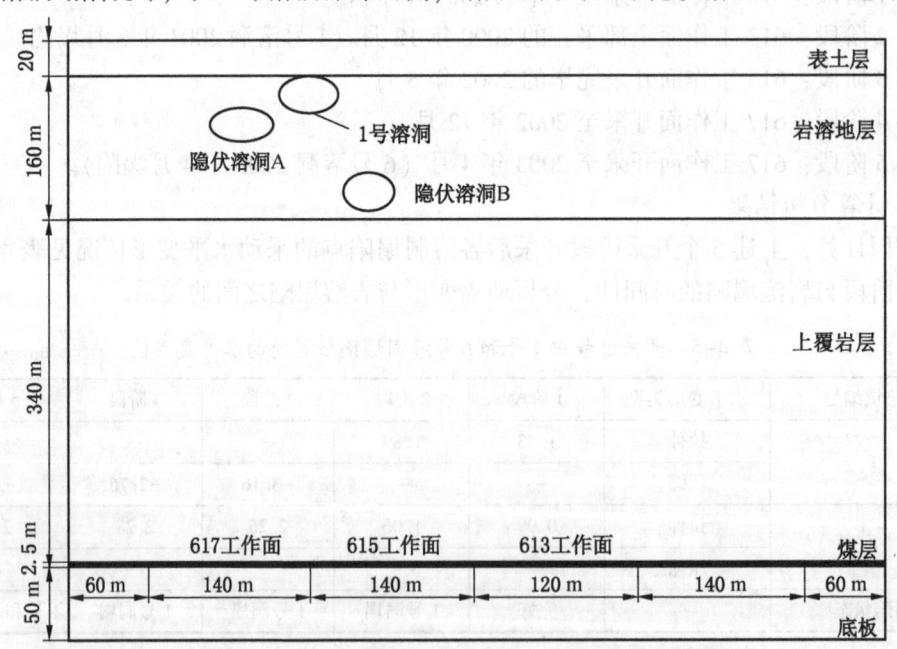

图 4-16　过 1 号塌陷坑的数值模拟剖面（图 4-14 的 A—A 剖面）

采用FLAC3D建立的三维模型尺寸为660 m（x）×600 m（y）×572.5m（z），模型共划分111795个单元，具有121416个节点。

模拟区域煤层实际平均开采深度520 m。模拟1号溶洞直接赋存在第四系下，其体积为2300 m³。在建模时，将溶洞简化为立方体。

模拟的613工作面采空区走向长370 m，斜长120 m，采厚2.5 m。模型四周和底部采用滚动边界条件，模型顶部设为自由表面。

三维数值模型岩层从地表往下分为土层、岩溶地层、上覆岩层、煤层和底板岩层。模型计算采用mohr-coulomb弹塑性模型。计算参数根据岩石力学试验数据，并考虑现场实际进行确定，表4-6为计算所选用的岩土体参数。

表4-6 岩土体物理力学参数取值

岩性	容重/(kg·m^{-3})	体积模量/GPa	剪切模量/GPa	抗拉强度/kPa	黏结力/MPa	内摩擦角/(°)
表土层	1870	0.17	0.055	10	0.019	24
岩溶地层	1960	0.31	1.3	140	1.000	30
上覆岩层	2480	4.20	1.500	160	1.200	35
煤层	1440	1.40	0.360	100	0.500	26
底板	2480	3.10	1.200	150	1.200	36

2. 模拟结果

根据数值模拟结果，图4-17中None表示未发生岩体单元破坏；tension表示发生拉伸破坏；tension-n表示当前计算步时发生的岩体单元拉伸破坏；tension-p表示当前计算步之前发生的岩体单元拉伸破坏。当613工作面开采结束时，顶板岩层破坏高度达到40 m左右。3个溶洞围岩都出现了不同范围的塑性破坏区，其中，1号溶洞上方的拉伸破坏区较大，达到了地表；隐伏溶洞A和B的塑性破坏区较小，距离地表较远，未与地表沟通。

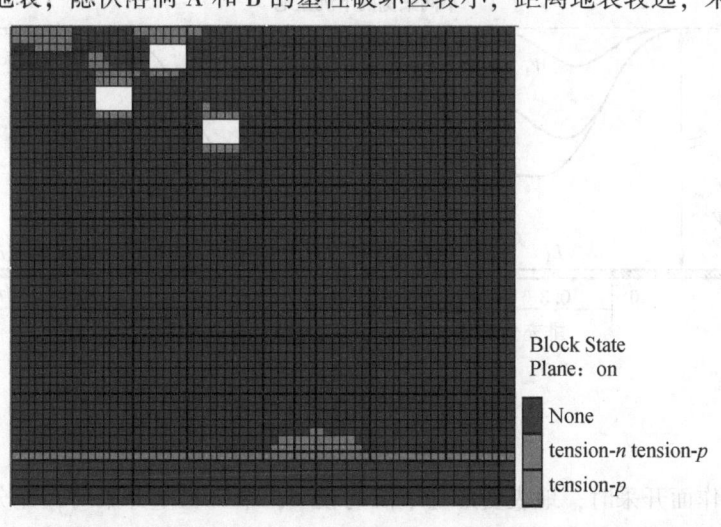

图4-17 613工作面开采结束时上覆岩层破坏区分布

从采动影响与岩溶塌陷关系的数值模拟得出，613 工作面开采结束时 1 号溶洞处地表下沉 150 mm。613 工作面开采结束时 1 号溶洞顶部岩层附近出现较大范围的拉应力区，最大拉应力达到 0.15 MPa。

由于 1 号溶洞盖层较薄，采动对该溶洞的扰动影响较大，其溶洞顶板岩层出现的拉伸破坏区发展到地表，导致 1 号溶洞塌陷。两个隐伏溶洞 A 和 B 得周围也出现了拉伸破坏区，但是由于其覆盖层较厚，拉伸破坏区未发展至地表。

4.4 两次条带开采基础理论研究

4.4.1 岩层移动破坏与采动充分度关系分析

随着开采工作面推进，采空区直接顶板发生垮落，并向上进一步发展，形成了垮落带。随着工作面的再推进，上覆岩层发生断裂和破碎，形成了裂缝带。裂缝带以上直至地表的岩层呈现整体移动，叫整体移动带。采动影响在地表表现为移动盆地，如图 1-1 所示。

地表移动变形值和岩层导水裂缝带高度，除与覆岩条件和开采厚度相关外，均与采动充分度密切相关。

导水裂缝带高度随着采动充分度增加而增加，达到临界充分采动后，导水裂缝带高度也达到最大值，就不再随采空区走向长度的增加而增大。

同样地，如图 4-18 所示地表移动变形值也随着采动充分度的增加而增大。对于中硬覆岩来说，当采宽采深比为 0~0.3 时，地表移动盆地剖面形状呈碗形，地表移动变形很小，这种开采规模叫非充分采动中的极不充分采动；当采宽采深比为 0.3~1.2 时，地表移动盆地剖面形状也呈碗形，地表移动变形较小，这种开采规模叫不充分采动；当采宽采深比等于 1.2 时，地表最终最大下沉值达到极限值，此时叫临界充分采动；当采宽采深比大于 1.2，最大下沉和变形不再增大，移动盆地的中央出现平底，此时叫超充分采动。

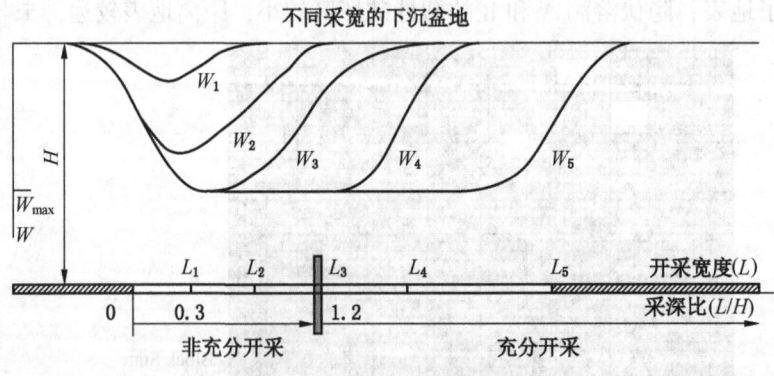

图 4-18 不同采宽的采动充分度

单一小工作面开采时，地表变形与下沉均较小；单一长壁开采时，充分度增加，地表移动变形也随之增大；临界采动时，地表移动变形达到最大值；之后，地表移动变形值与临界采动时的地表移动变形值一样，也是最大值。但充分开采时，在地表移动盆地中部出现了平底的无变形区。

4.4.2 建筑物承受采动变形特点分析

1. 建筑物抗采动变形能力分析

煤矿开采使得采空区上覆岩层产生地表移动变形。而地表移动变形作用于建筑物的基础，导致建筑物承受附加采动应力，最终使地表建筑物承受附加采动变形。

在地下开采条件下建筑物是否遭受采动损害，一方面取决于建筑物本身的结构和质量，即建筑物的抵抗采动变形能力；另一方面取决于地表移动变形指标性质和量值大小。

完好的建筑物均具有程度不同的抗采动变形能力。当地表移动变形值在建筑物的允许值范围内，建筑物就不会遭到破坏，在超过建筑物的允许范围后，建筑物的损坏等级随采动影响程度增加而加大。对于一般农村房屋，采动影响程度和村庄建筑物损坏等级间具有相应关系。根据河北峰峰和邢台、山东枣庄和淄博、河南鹤壁和平顶山以及江苏徐州等实测资料，完好建筑物开裂时的临界地表水平变形值为 1.0~2.0 mm/m。各类构筑物地表允许和极限变形值见表4-7。

表4-7 各类构筑物地表允许和极限变形值

构筑物	构筑物特征	水平变形 ε/ (mm·m^{-1})	倾斜变形 i/ (mm·m^{-1})	曲率半径 R/ km
1. 地下蓄水池和沉淀池	(1) 钢筋混凝土	70/L		
	(2) 砖（有钢筋混凝土衬套）	40/L		
2. 塔形构筑物	(1) 在钢筋混凝土基础上长度小于 30 mm 的筒仓式构架		7.0	
	(2) 在混凝土和毛石混凝土基础上的水塔	3.0	8.0	
	(3) 煤仓		8.0	
	(4) 砖和钢筋混凝土烟囱，高度为 20~100 m		10.0~4.0	
	(5) 电视塔和无线电转播塔，高度分别小于和大于 50 m		(7.0、5.0)	
	(6) 钢井架		6.0	
3. 变电所	(1) 40×10^{4}V 室内变电所，分别有和无同步补偿器		(6.0、8.0)	
	(2) 露天变电所，(11~40) ×10^{4}V 和 <10×10^{4}V			
4. 浅仓	(1) 钢筋混凝土装载仓			
	(2) 钢制装载仓			
5. 工业用炉	多排焦炉	100/L	4.0	10.0

表4-7(续)

构筑物	构筑物特征	水平变形 ε/ (mm·m^{-1})	倾斜变形 i/ (mm·m^{-1})	曲率半径 R/ km
6. 坝和堤	(1) 砖和混凝土的坝和堤	(2.5)		(12.0)
	(2) 有溢水设施的土坝和堤	6.0 (9.0)		
	(3) 无溢水设施的土坝和堤	4.0		
7. 索道	(1) 牵引站	(4.0)		
	(2) 有单独基础的支座	(4.0)		
	(3) 在整体钢筋混凝土基础上的支座	(7.0)		(12.0)

注：L—构筑物的长度或直径，m；无括号的数值为各类构筑物的地表允许变形值，括号内数值为各类构筑物的地表极限变形值。

2. 建筑物主要移动变形指标

建筑物抵抗采动变形能力，除了与建筑物自身有关外，还与地表移动变形指标性质和量值大小相关。

建筑物下采煤研究表明：不同类型的建筑物和构筑物对地表移动变形指标的影响敏感程度不一样。地表均匀沉降不会对建筑物产生附加采动应力，也不会对建筑物产生破坏影响。对建筑物产生危害影响的主要是地表变形。

地表倾斜变形时，其倾斜变形作用于建筑物基础，建筑物也随之倾斜，此时建筑物重心产生偏斜。因此，地表倾斜变形对底面积小而高耸建筑物和构筑物影响大，会因其承重结构的承载能力不足和失去结构的稳定性遭受破坏，甚至倾倒。

地表曲率变形时，分两种情况：负曲率变形时，地表两侧凸和中间凹，建筑物主要靠两端支撑，故建筑物中部会出现悬空状态；正曲率变形时，地表两侧凹和中间凸，建筑物主要靠中部支撑，故建筑物基础两端处于悬空。因此，曲率变形对底面积大的建筑物和构筑物的影响大。

地表水平变形时，也分两种情况：地表水平拉伸变形时，它通过建筑物基础与土层的摩擦力，对建筑物产生附加的水平拉伸应力；地表水平压缩变形时，它通过建筑物基础与土层的挤压，对建筑物产生附加的水平压缩应力。由于农村建筑物大多数都是由脆性材料建成，它们抵抗附加拉伸应力的能力要比抵抗附加压缩应力的能力小得多，因此，地表水平变形，特别是拉伸水平变形，对普通农村建筑物的影响大。

针对一般村庄建筑物，由于其建筑物高度不高、底面积不大和平面长宽尺寸不会很长很宽，所以对它们起关键作用的是地表拉伸水平变形。而依据岩溶塌陷的数值模拟计算和概率积分分析计算，对于岩溶结构体，也具有类似的特性，对地表拉伸水平变形敏感。

4.4.3 采动附加应力分布规律及其随时间释放特点

1. 建筑物采动附加应力分布规律

目前，建筑物采动附加应力分布规律研究成果较少。通过查阅资料和总结归纳得出，地表建筑物水平变形和曲率变形引起的附加作用力具有以下初步规律。

(1) 地表水平变形引起的建筑物附加应力。在地表水平变形作用下，建筑物基础侧表面将因土壤挤压而承受侧压力。土壤侧压力与地表水平变形的变化规律基本相同，即两者增减趋势相同。地表拉伸水平变形，产生建筑物的拉伸水平应力；地表压缩水平变形，产生建筑物的压缩水平应力。

（2）地表曲率变形引起的建筑物附加应力。在地表曲率变形影响下，建筑物承受的是采动附加弯矩。当建筑物位于地表移动盆地的正曲率和负曲率最大值点时，建筑物采动附加弯矩最大。建筑物附加弯矩分布为对称曲线，该曲线中建筑物中部位置的采动附加弯矩最大；在地表移动盆地最大下沉点、下沉曲线拐点和地表移动盆地边界点，其地表曲率变形近似为零，这些位置的采动附加弯矩最小。

建筑物采动附加弯矩引起的建筑物最大水平应力位于建筑物的顶底部位，水平应力分布规律与弯矩相同。建筑物中性轴上的附加水平应力为零；远离中性轴时，附加的水平应力逐渐增大。位于地表负曲率变形区时，建筑物下部受拉伸水平应力作用，上部受压缩水平应力作用；位于地表正曲率区时，建筑物下部受压缩水平应力作用，上部受拉伸水平应力作用。

采动附加弯矩引起的建筑物附加剪力分布为反对称曲线。剪力最大、最小值分布与采动附加弯矩最大、最小值分布相同。

2. 附加应力随时间释放规律分析

在阳泉村庄下采煤试验课题中，根据7栋试验房在移动盆地的不同位置，在4号试验房的基础圈梁和檐口圈梁内设置了钢弦式钢筋应力计。分析两年多的观测数据，求得所测 A_3 钢筋附加应力变化规律。扣除温度变化引起的钢筋附加应力，4号试验房 A_3 钢筋附加应力 σ_d 随时间 t 推移而引起的应力变化如图4-19所示。

试验房经受了72001工作面的采动影响。从地表移动实测资料，确定1984年2月25日为72001工作面在4号房处的地表移动变形达到最大值的时间。钢筋计测得的应力变化量，可视为附加应力随时间推移而引起的应力变化。观测数据表明：在地表移动变形达到最大值前，钢筋应力随时间的推移而逐步增加；在地表移动变形达到最大值后的4个月时间内（1984年3—7月），钢筋应力随时间的推移呈现波浪升降，升降幅度不大；在之后的后2个月时间内（1984年7—9月），随时间的推移，钢筋应力显著下降，直至应力降到为零。从地表移动变形达到最大值到应力显著下降的时间约为半年。上述分析的是附加压应力的情况，同理附加拉应力也具有类似特点。

利用这个初步规律，分析两次条带间歇开采时附加拉应力的情况。假设一次长壁开采时附加应力为100 MPa。现在把一次长壁开采设计为两次条带间歇开采后，一次条带开采时的采动附加应力为50 MPa，一年后采动附加应力减小到25 MPa。两次开采后的采动附加应力在剩余采动应力值25 MPa的基础上加上二次煤柱开采的采动附加应力50 MPa的叠加值为75 MPa。因此，经应力释放后的两次条带间歇开采叠加后的最终附加应力比一次长壁开采的附加应力要小。如果二次条带煤柱开采在一次条带开采后1~2年后实施，那么，对于建筑物和岩溶结构体的保护会更加有利。图4-20是一次长壁开采与两次条带开采附加应力叠加值比较示意图。

鉴于采动附加应力释放减小的数据不多，目前尚不能作准确地统计定量分析，但其下降趋势是明确的。

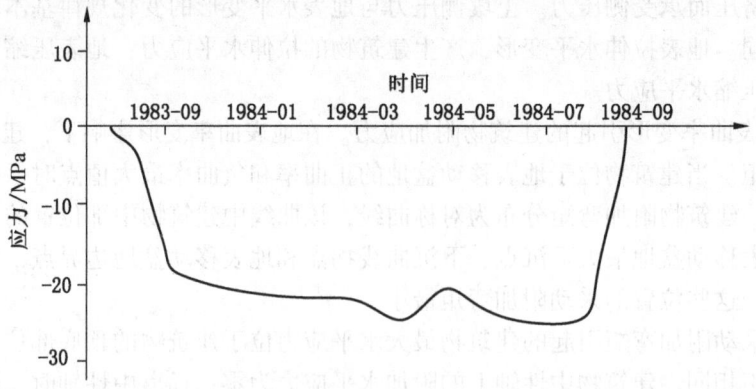

图 4-19 4 号试验房 A3 钢筋计应力随时间变化过程曲线

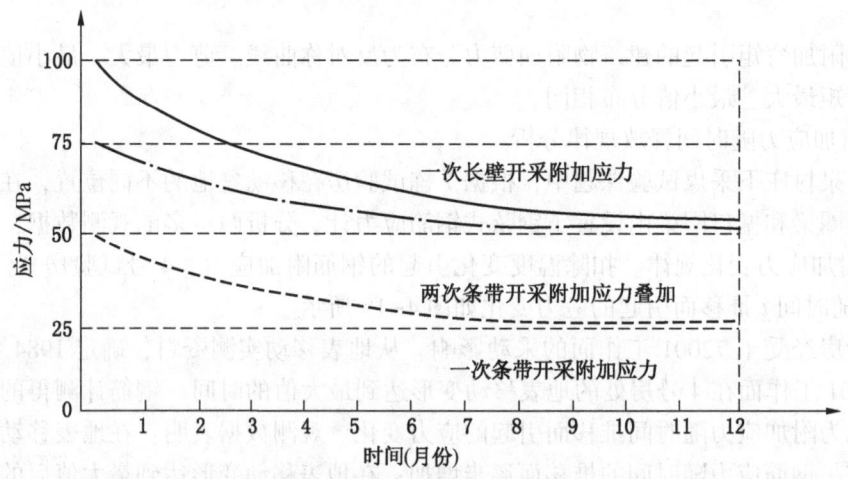

图 4-20 一次长壁开采与两次条带开采附加应力叠加值比较示意图

4.5 一次条带开采岩层移动规律与控制研究

4.5.1 一次条带开采主要影响因素分析

1. 一次条带开采沉陷力学计算

1) 煤（岩）柱压缩量计算

垂直于条带走向作一铅垂剖面，如图 4-21 所示。条带开采采出宽度为 b，留设煤柱宽为 a，开采厚度为 M。来自顶板方向上覆岩层载荷由条带开采中留下的条带煤柱来支撑，也就是条带煤柱承受均布载荷。

把煤层弹性模量记为 E_c，煤层泊松比记为 μ_c；顶板弹性模量记为 E_r，顶板泊松比记为 μ_r；底板弹性模量记为 E_f，底板泊松比记为 μ_f。

条带开采前，煤层处于原始应力平衡状态，上覆岩层的自重铅垂荷载计算式 (4-2) 为

4 两次条带全采采动影响理论在"三下"采煤中工程应用

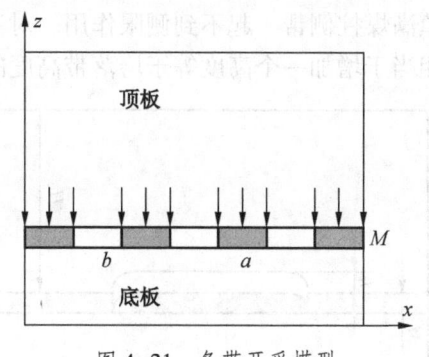

图 4-21 条带开采模型

$$\sigma_{zo} = \gamma H \quad (4-2)$$

式中 σ_{zo}——Z 向煤柱承受的原始自重荷载；
　　γ——煤柱上覆岩层平均荷重；
　　H——煤层平均开采深度。

根据条带开采前 x、y 和 z 的 3 个方向上煤层单元的原始应变和平面应变协调方程 $\varepsilon_{xo} = \varepsilon_{yo} = 0$，可以计算得出 x 和 y 两个方向原始应力 σ_{x0} 和 σ_{y0}，按式（4-3）计算，

$$\sigma_{xo} = \sigma_{yo} = \frac{\mu_c}{1-\mu_c}\sigma_{zo} \quad (4-3)$$

而煤层单元铅垂方向的原始应变 ε_{zo} 按式（4-4）计算。

$$\varepsilon_{zo} = \frac{1-\mu_c-2\mu_c^2}{1-\mu_c} \cdot \frac{\gamma H}{E_c} \quad (4-4)$$

条带开采后，条带煤柱出现两个方面的变化：一是条带煤柱承受了来自采出条带上方的覆岩荷重；二是条带煤柱应力状态由条带开采前三向应力状态退化为二向应力状态。此时，开采后 z 向条带煤柱平均应力 σ_z 按式（4-5）计算：

$$\sigma_z = \frac{a+b}{a}\gamma H \quad (4-5)$$

通过条带开采后的边界条件和协调方程 $\sigma_x = 0$ 和 $\varepsilon_y = 0$，可以推导出 y 向煤柱应力 σ_y，

$$\sigma_y = \mu_c \sigma_{z0}$$

然后，即可求出条带开采后铅垂方向的条带煤柱应变 ε_z 计算式（4-6）：

$$\varepsilon_z = (1-\mu_c^2)\frac{a+b}{a} \cdot \frac{\gamma H}{E_c} \quad (4-6)$$

因此，得出了因条带开采而引起的条带煤柱上的压缩量 W_{p1} 计算式（4-7）：

$$W_{p1} = (\varepsilon_z - \varepsilon_{zo}) \cdot M \quad (4-7)$$

在条带开采中，如果煤层顶板岩层较软破碎或者由于条带采出宽度较大而顶板又未进行适当的支护，那么，条带开采后采出条带顶板就会出现垮落，形成不充分的垮落带。

假设垮落破坏带形态和冒落矸石堆积形态为带拱角的近似矩形分布，采出条带内顶板的垮落带高度为 h，顶板冒落不充分未接顶（图 4-22），那么，冒落矸石没有起到对上覆

岩层的支撑作用，也不能填满煤柱侧帮，起不到侧限作用。对于岩层移动来说，条带开采中采出条带顶板的冒落，相当于增加一个高度等于垮落带高度的岩柱压缩量。

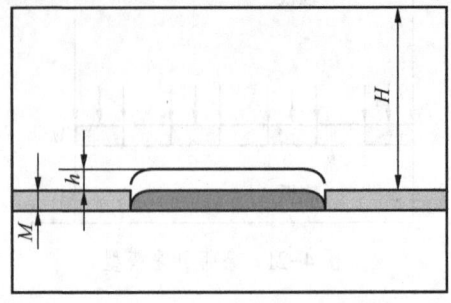

图 4-22 采出条带顶板垮落状态

开采前后的岩柱铅垂压缩变形 ε_{zo}、ε_z 和条带开采引起该段岩柱的压缩量 W_{p2} 分别为

$$\varepsilon_{zo} = \frac{1 - \mu_r - 2\mu_r^2}{1 - \mu_r} \cdot \frac{\gamma H}{E_r} \tag{4-8}$$

$$\varepsilon_z = (1 - \mu^2 \gamma) \frac{a + b}{a} \frac{\gamma H}{E_r} \tag{4-9}$$

$$W_{p2} = (\varepsilon_z - \varepsilon_{zo}) \cdot h \tag{4-10}$$

2) 煤（岩）柱压入顶板量计算

在计算煤（岩）柱压入顶板量时，引用了弹性理论中条带均布载荷作用在半空间体上的位移解答。

如图 4-23 所示，条带均匀载荷 q 作用在半空间体平面上，条带均布载荷宽度为 a，长度为无限长。零采动位移点为 s。此时，载荷中点处的位移量 W 为

$$W = \frac{4(1 - \mu^2)}{\pi E} q \int_0^{a/2} \ln\left(\frac{s}{x}\right) dx \tag{4-11}$$

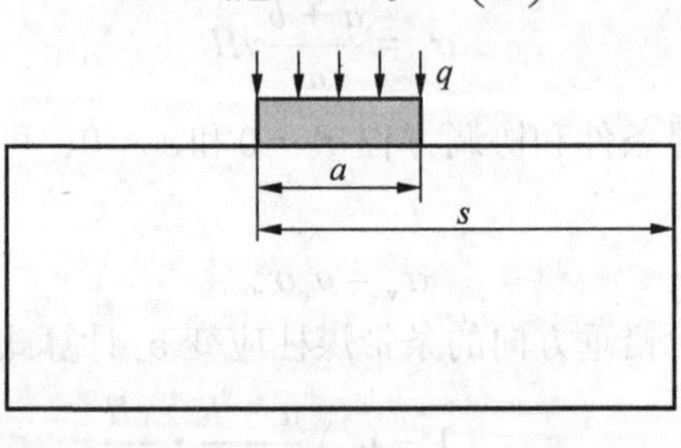

图 4-23 半空间体条带均布载荷作用下产生位移示意图

因条带开采所产生位移可简化为开采后载荷减掉开采前原始应力的差值所引起的位移。同时，选取零采动位移点距开采边界距离 s 为开采深度的二分之一。此时，煤（岩）压入顶板量 W_r 为

$$W_r = \frac{1 - \mu_r^2}{\pi E_r} \cdot 2a \cdot \left[\left(\ln \frac{s}{a}\right) + \ln 2 + 1\right] \cdot \frac{b}{a} \cdot \gamma H$$

3) 煤柱压入底板量计算

条带煤柱压入底板量 W_f 为

$$W_f = \frac{1-\mu_f^2}{\pi E_f} \cdot 2a \cdot \left[\left(\ln\frac{s}{a}\right) + \ln 2 + 1\right] \cdot \frac{b}{a} \cdot \gamma H$$

4) 条带开采地表开采沉陷分析

一次条带开采地表开采沉陷是采空区上覆岩层移动，向上传播后在地表上的反映。条带开采后，煤（岩）柱压缩量、煤（岩）柱压入顶板量和煤柱压入底板量三者位移相加即为条带开采的地表开采沉陷。

在不考虑采出条带顶板垮落带高度时地表开采沉陷 W_1 为

$$\begin{aligned}W_1 &= W_{p1} + W_r + W_f \\ &= \left[(1-\mu_c^2) \cdot \frac{a+b}{a} \cdot \frac{\gamma H}{E_c} - \frac{(1-\mu_c-2\mu_c^2)}{1-\mu_c} \cdot \frac{\gamma H}{E_c}\right] \cdot M + \\ &\quad \frac{1-\mu_r^2}{\pi E_r} \cdot 2a \cdot \left(\ln\frac{s}{a} + \ln 2 + 1\right) \cdot \frac{b}{a} \cdot \gamma H + \\ &\quad \frac{1-\mu_f^2}{\pi E_f} \cdot 2a \cdot \left(\ln\frac{s}{a} + \ln 2 + 1\right) \cdot \frac{b}{a} \cdot \gamma H \end{aligned} \quad (4\text{-}12)$$

在考虑采出条带顶板垮落带高度时地表开采沉陷 W_2 为

$$\begin{aligned}W_2 &= W_{p1} + W_{p2} + W_r + W_f \\ &= \left[(1-\mu_c^2) \cdot \frac{a+b}{a} \cdot \frac{\gamma H}{E_c} - \frac{(1-\mu_c-2\mu_c^2)}{1-\mu_c} \cdot \frac{\gamma H}{E_c}\right] \cdot M + \\ &\quad \left[(1-\mu_r^2) \cdot \frac{a+b}{a} \cdot \frac{\gamma H}{E_r} - \frac{(1-\mu_r-2\mu_r^2)}{1-\mu_r} \cdot \frac{\gamma H}{E_r}\right] \cdot h + \\ &\quad \frac{1-\mu_r^2}{\pi E_r} \cdot 2a \cdot \left(\ln\frac{s}{a} + \ln 2 + 1\right) \cdot \frac{b}{a} \cdot \gamma H + \\ &\quad \frac{1-\mu_f^2}{\pi E_f} \cdot 2a \cdot \left(\ln\frac{s}{a} + \ln 2 + 1\right) \cdot \frac{b}{a} \cdot \gamma H \end{aligned} \quad (4\text{-}13)$$

2. 地表开采沉陷主要影响因素分析

1) 煤层、顶板和底板岩层弹性模量

从式（4-12）和式（4-13）可以看出，煤层、顶板和底板岩层弹性模量与条带开采中的地表开采沉陷呈反比关系。对于松软的煤层、顶板和底板岩层，其弹性模量小。在上覆岩层荷载作用下，松软的煤层、顶板和底板岩层，就会产生比较大的煤柱压缩量、压入顶板量和压入底板量，导致地表开采沉陷较大。同理，对于坚硬的煤层、顶板和底板岩层，其弹性模量大。所以，产生的地表开采沉陷会较小。

2) 煤层、顶板和底板岩层泊松比

煤层、顶板和底板岩层泊松比对条带开采中地表开采沉陷的影响不十分明显。而煤层、顶板和底板岩层泊松比对地表开采沉陷的作用不一致：煤层的泊松比大时，煤柱压缩量和地表开采沉陷量均增大；顶板和底板岩层泊松比大时，煤（岩）柱压入顶板和煤柱压入底板量以及地表开采沉陷量均会减小。

3）开采深度

地表开采沉陷与开采深度间表现为线性函数。随着开采深度增加，覆岩载荷也增大，煤（岩）柱压缩、煤（岩）柱压入顶板量和煤柱压入底板量都增加。

4）采出条带内垮落带高度

鉴于条带开采的不充分性，采出条带顶板垮落的矸石难以接顶和支撑上覆岩层，垮落矸石也不可能充满煤帮，给予完整侧限。由于顶板垮落，增加了条带煤柱上方岩柱，该岩柱由垮落前的三向应力转化为双向应力状态。因此，采出条带顶板垮落后的地表开采沉陷比顶板没有垮落时的地表开采沉陷要大。

5）采出厚度

采出厚度的增加，地表开采沉陷也随之增加。下沉系数是在水平煤层和充分开采条件下地表开采沉陷与采出厚度之比值。分析式（4-12）和式（4-13）的地表开采沉陷组成表明，条带开采中的下沉系数不是常数。当采出厚度较大时，地表下沉系数会稍微减小；相反，当采出厚度较小时，地表下沉系数会稍微增大。

6）条带开采采出率

通过上述计算和条带开采中地表下沉实测数据可知，随着条带开采采出率增加，地表开采沉陷急增。条带开采采出率对地表开采沉陷影响程度很大。条带开采时的下沉系数与采出率之间具有某种抛物线关系。

上述地质采矿主要影响因素对条带开采中地表开采沉陷的影响程度不尽相同。为了进一步研究它们的重要性、敏捷性，通过对上述6个因素进行5个水平的正交试验计算分析。地表开采沉陷的计算基础数据见表4-8。

表4-8 地表开采沉陷计算基础数据

因素	容重 γ/(MPa·m^{-1})	开采深度 H/m	煤柱弹性模量 E_c/MPa	煤泊松比 μ_c	顶板弹性模量 E_r/MPa	顶板泊松比 μ_r
数据	0.0025	400	120	0.34	30000	0.28

因素	底板弹性模量 E_f/MPa	底板泊松比 μ_f	垮落带高度 h/m	开采厚度 M/m	采出率 ρ/%
数据	36000	0.18	10	2.2	50

条带开采后地表开采沉陷的计算结果见表4-9。各个水平的地表开采沉陷总和 K_i、地表开采沉陷均值 k_i 及5个水平均值的极差见表4-10。

表4-9 条带开采地表开采沉陷的6因素5水平正交试验计算结果

试验号	开采深度 H/m	煤柱弹性模量 E_c/MPa	煤柱泊松比 μ_c	垮落高度 h/m	开采厚度 M/m	采出率 ρ/%	开采沉陷 W/mm
1	200	30	0.18	0	1.4	20	74
2	200	60	0.26	10	1.8	30	87

4 两次条带全采采动影响理论在"三下"采煤中工程应用

表4-9(续)

试验号	开采深度 H/m	煤柱弹性模量 E_c/MPa	煤柱泊松比 μ_c	垮落高度 h/m	开采厚度 M/m	采出率 $\rho/\%$	开采沉陷 W/mm
3	200	120	0.34	20	2.2	40	87
4	200	500	0.42	30	2.6	50	53
5	200	5000	0.5	40	3.0	60	39
6	300	30	0.26	20	2.6	60	997
7	300	60	0.34	30	3.0	20	165
8	300	120	0.42	40	1.4	30	84
9	300	500	0.5	0	1.8	40	55
10	300	5000	0.18	10	2.2	50	44
11	400	30	0.34	40	1.8	50	670
12	400	60	0.42	0	2.2	60	559
13	400	120	0.5	10	2.6	20	168
14	400	500	0.18	20	3.0	30	71
15	400	5000	0.26	30	1.4	40	58
16	500	30	0.42	10	3.0	40	1029
17	500	60	0.5	20	1.4	50	376
18	500	120	0.18	30	1.8	60	381
19	500	500	0.26	40	2.2	20	67
20	500	5000	0.34	0	2.6	30	60
21	600	30	0.5	30	2.2	30	865
22	600	60	0.18	40	2.6	40	541
23	600	120	0.26	0	3.0	50	471
24	600	500	0.34	10	1.4	60	174
25	600	5000	0.42	20	1.8	20	64

表4-10 地表开采沉陷主要影响因素重要性排队

六因素		开采深度 H/m	煤柱弹性模量 E_c/MPa	煤柱泊松比 μ_c	垮落带高度 h/m	开采厚度 M/m	采出率 $\rho/\%$
五水平和	K_1	340	3635	1111	1219	766	538
	K_2	1345	1728	1680	1502	1286	1167
	K_3	1526	1191	1156	1595	1622	1770
	K_4	1913	420	1789	1522	1826	1614
	K_5	2115	265	1503	1401	1775	2150

表 4-10(续)

六因素		开采深度 H/m	煤柱弹性模量 E_c/MPa	煤柱泊松比 μ_c	垮落带高度 h/m	开采厚度 M/m	采出率 $\rho/\%$
水平均值	k_1	68	727	222.2	243.8	153.2	107
	k_2	269	345.6	336	300.44	257.2	233
	k_3	305.2	238.2	231.2	319	324.4	354
	k_4	382.6	84	357.8	304.4	365.2	322
	k_5	423	53	300.6	280.2	355	430
水平均值极差		355	674	135.6	75.2	212	323
重要性排队		地 2	地 1	地 3	采 3	采 2	采 1

显然，极差大的因素对开采沉陷影响大，该因素重要而敏感；相反，极差小的因素对开采沉陷影响小，该因素次重要且不敏感。

综上分析，地质因素对地表开采沉陷影响的重要性排序：煤柱弹性模量、开采深度、煤柱泊松比；采矿因素对地表开采沉陷影响的重要性排序：条带开采采出率、开采厚度、垮落带高度。

4.5.2 小变形宽条带开采设计研究

1. 多煤层和厚煤层条带开采设计优化原则

我国建筑物下采煤以条带开采为主，条带开采占"三下"采出量的 90% 以上。条带开采是目前不搬迁开采的主要技术措施。条带开采的优点：不改变采煤工艺，变形量容易控制，是比较成熟的技术。因此，条带开采得到了广泛的应用。

1) 选择稳定围岩较硬煤层开采原则

根据地质因素对地表开采沉陷影响的重要性排序：第一是煤柱弹性模量，第二是开采深度，第三是煤柱泊松比。弹性模量对开采沉陷的影响最大，且地表开采沉陷随着弹性模量增加而明显减小。因此，在多煤层赋存条件下进行条带开采设计优化时，为了减小地表开采沉陷，需选择稳定围岩和较硬煤层开采。

2) 选择厚煤层开采原则

根据采矿因素对地表开采沉陷影响的重要性（敏感性）排序：第一是条带开采采出率，第二是开采厚度，第三是垮落带高度。条带开采中采出率对地表开采沉陷的影响重要性最大，地表开采沉陷随着条带开采采出率增加而急增；而煤层采出厚度对地表开采沉陷不敏感，基本呈线性变化，相反，下沉系数具有随开采厚度的增加而呈些微减小的趋势。

图 4-24 是假设下沉系数固定不变时，在相同采出煤量（开采厚度从 1.8 m 增加到 8 m，而采出率从 100% 降到 22%）条件下，条带开采中地表开采沉陷随着开采厚度增加而不断减小的关系曲线。鉴于条带采出率对开采沉陷影响的重要性，大采厚小采出率的条带开采的开采沉陷比小采厚大采率的条带开采的开采沉陷明显减小。因此，在多煤层赋存条件进行条带开采设计优化时，为了在相同地表开采沉陷前提下增加采出煤量，需选择厚煤层优化开采，其实质是选择小采出率开采。

4 两次条带全采采动影响理论在"三下"采煤中工程应用

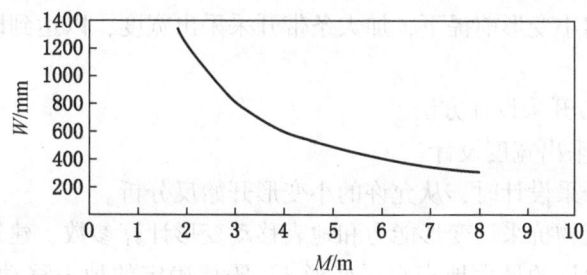

图 4-24 相同采出煤量时开采沉陷与开采厚度之间关系曲线

2. 小变形宽条带开采设计准则

小变形宽条带开采设计的理论依据是采动影响空间分布规律和建筑物承受采动变形特点。

在传统的条带开采设计中，必须遵守两个基本准则。

1）最大条带采出宽度准则（准则一）

条带开采中最大条带采出宽度应限制在不使地表出现不均匀的、波浪形的移动盆地，而仅出现统一的、均匀的移动盆地，它要求地表移动盆地中央静态变形为零。

2）最小条带煤柱留设宽度准则（准则二）

条带开采中最小条带煤柱留设宽度，应该满足支撑上覆岩层荷重载荷的能力，符合其条带煤柱的强度要求，并保持条带煤柱长期稳定，以减少地表移动变形的目的。

在传统的条带开采设计中，由于不允许移动盆地中央出现波浪形起伏，条带采出宽度较小，从而，限制了条带开采工作面生产效率的发挥。下面通过采动影响空间分布规律和建筑物承受采动变形特点分析准则一的必要性。

从采动影响空间分布规律分析可知，在移动盆地任何区域，都会经受动态变形的影响，即使是在移动盆地中间的静态变形零区域。动态与静态水平变形值的平均比值百分比约为50%。因此，在"三下"压煤条带开采中，对建筑物造成影响的是整个开采过程中的最大动态和静态变形。尽管传统的条带开采在地表产生的移动盆地为均一移动盆地，最终移动盆地内最大变形范围较小（采空区中央因变形的叠加而最后基本为零），但每一点都避免不了动态变形影响。

从建筑物抗采动变形特点分析可知，不同建筑物对主要移动变形指标的影响重要性有差异：底面积较小的高耸建筑物对地表倾斜变形敏感；底面积大的建筑物对曲率变形敏感，影响大；农村一般建筑物对地表水平拉伸水平变形敏感，影响大。然而，无论是什么类型建筑物和结构物，完好的建筑物和结构物，均具有一定的抗采动变形能力。

因此，把准则一最大条带采出宽度准则提升为：小变形宽条带设计准则。

小变形宽条带设计准则：鉴于采动过程中的动态变形不可避免和所有建筑物均存在程度抗变形能力，所以，引入小变形的概念，允许移动盆地内出现小于建筑物的抵抗能力的小变形（取稍小于其开裂时的临界地表水平变形值），充分发挥建筑物抗采动变形能力，增加采出宽度。只要条带开采引起的地表移动变形小于建筑物允许变形，建筑物就不会遭到破坏，就能实现安全开采。基于小变形准则，突破传统条带开采对采出宽度的限制，在整个移动盆地不超出小变形前提下,加大条带开采采出宽度,以达到既控制变形又提高开采效率的目的。

3. 小变形宽条带开采设计方法

1) 宽条带开采采出宽度设计

小变形宽条带开采设计时,从允许的小变形开始反分析。

首先,确定建筑物抗采动变形能力和地表移动变形计算参数。建筑物抗采动变形能力就是宽条带开采时允许的最大地表水平变形 ε;需要确定的地表移动变形计算参数包括:水平移动系数 b、宽条带非充分时下沉系数 q、开采厚度 M、煤层倾角 α、开采深度 H 和主要影响角正切 $\tan\beta$。根据相关关系式(4-14),计算出允许的宽条带下沉系数 q。

$$\varepsilon = 1.52b \cdot q \cdot M \cdot \cos\alpha \cdot \tan\beta/H \tag{4-14}$$

然后,确定充分采动时地表下沉系数 q_{cm} 和充分采动时工作面宽度 L_{cm}。通过分析本矿区的岩层移动资料确定这两个参数。

最后把宽条带非充分采动时与充分采动时的下沉系数比值 q/q_{cm} 作为一个自变量;把宽条带非充分采动时与充分采动时的工作面宽度比值 L/L_{cm} 作为一个因变量。根据表4-11,代入允许的宽条带下沉系数 q,即可通过它们的相互关系计算出允许的条带开采的采出宽度 L。

表4-11 不同采出宽度时的下沉系数比值

L/L_{cm}	0.1	0.2	0.3	0.4	0.5	0.6	0.7	0.8	0.9	1.0
q/q_{cm}	—	0.48	0.64	0.77	0.85	0.94	0.97	0.98	0.99	1.00

2) 条带煤柱稳定性设计

在条带开采设计时,需要分析计算煤柱强度和稳定性。条带开采中的最小条带煤柱宽度需要达到其煤柱强度安全系数要求,使得条带煤柱保持长期稳定。

首先,按照图4-25所示计算隔离煤柱和条带煤柱荷载。

隔离煤柱长壁采空区一侧荷载:

$$P_1 = 0.3\gamma\frac{H}{2} \tag{4-15}$$

隔离煤柱和条带煤柱上覆岩层荷载:

$$P_2 = \gamma Ha \tag{4-16}$$

隔离煤柱和条带煤柱在条带工作面采空区侧荷载:

$$P_3 = \gamma b\left(\frac{H}{2} - \frac{b}{1.2}\right) \tag{4-17}$$

式中 P_1——长壁开采侧荷载,MPa·m;

P_2——煤柱正上方荷载,MPa·m;

P_3——条带开采侧荷载,MPa·m;

γ——煤层上覆岩层荷重,0.025 MPa/m;

H——煤层开采深度,m;

a——条带开采留设煤柱宽度,m;

b——条带开采采出条带宽度,m。

其次,按照图 4-26 所示计算条带煤柱强度:

$$\sigma = 4\gamma H(a - 0.00492MH) \tag{4-18}$$

式中 σ——煤柱能承受的最大载荷,MPa·m;

M——采出厚度,m;

γ——上覆岩层荷重,0.025 MPa/m;

H——开采深度,m;

a——留设煤柱宽度,m。

最后,计算强度安全系数。条带煤柱强度安全系数:

$$f = \frac{\sigma}{P_2 + 2P_3} \tag{4-19}$$

隔离煤柱强度安全系数:

$$f = \frac{\sigma}{P_2 + P_2 + P_3}$$

煤柱强度安全系数一般取值 1.2~2.0。

考虑到煤柱稳定性,煤柱宽高比取值应大于 2~5。

一般条件下,一次条带开采采出率在 50% 左右,不宜大于 65%。

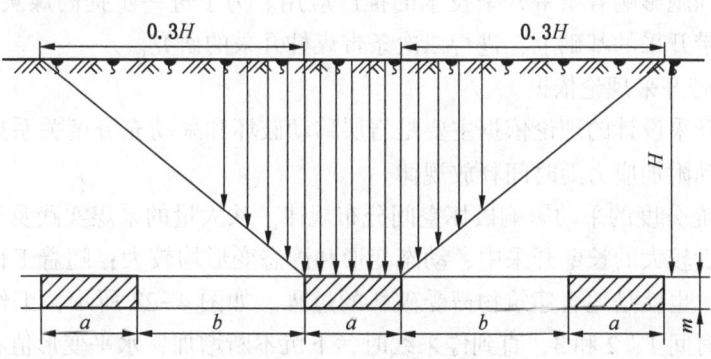

图 4-25 载荷分布图

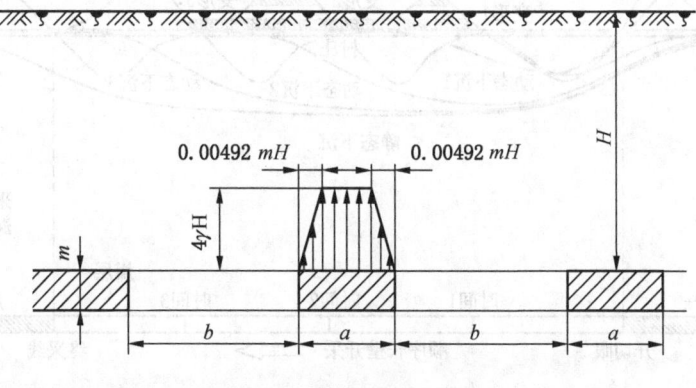

图 4-26 煤柱强度计算图

所有完好建筑物均存在程度抗变形能力,为克服传统条带开采中工作面短、生产效率低和掘进率高缺点,提出了小变形宽条带开采设计新准则,达到了既控制变形又提高采出宽度的目的。基于小变形准则的条带开采已被广泛应用到保护等级高的建筑物压煤开采中。淄博岱庄矿已在村庄群和高烟囱下,新汶张庄矿已在大跨度铁路桥下,新汶南冶矿已在泰莱一级公路和莱芜城区高层建筑物下进行了安全开采,并得到了广泛的实践,取得了圆满成功。

4.6 两次条带全采岩层移动规律与控制研究

4.6.1 二次条带开采研究

1. 二次条带开采问题提出

一次条带开采设计中,通过理论探索、分析和计算,提出小变形宽条带开采技术,突破了传统的条带开采不允许移动盆地中央出现波浪形起伏和要求静态"零"变形的束缚。根据开采深度、采出高度和煤柱强度等地质采矿条件,在保证地面受护体安全的前提下,采用小变形宽条带开采,极大提高了生产效率。宽条带开采设计理论,基本解决了条带开采工作面短,生产效率低和掘进率高的问题。

但是,小变形宽条带开采仍然存在条带开采中的采出率不高的缺点,造成煤炭资源严重损失。这一问题影响着条带开采技术的推广应用。为了进一步提高煤炭资源的回收率,在第一次宽条带开采的基础上,进行二次条带煤柱开采的研究。

2. 二次条带开采理论依据

二次条带开采设计的理论依据主要是岩层移动破坏和采动充分度关系规律、采动影响时间规律和采动附加应力随时间释放规律。

(1) 不同充分度的采动影响破坏空间分布规律。从大量的采煤实践及地表移动观测中发现:在充分度较大的长壁开采中,动态变形和静态变形均较大;随着工作面推进,动态变形前移过程,也就是地表建筑物遭受破坏的过程。如图4-27所示,工作面从开切眼开始推进到不同时间1、2和3,直到停采线时,下沉不断增加,水平变形值在不断加大,位

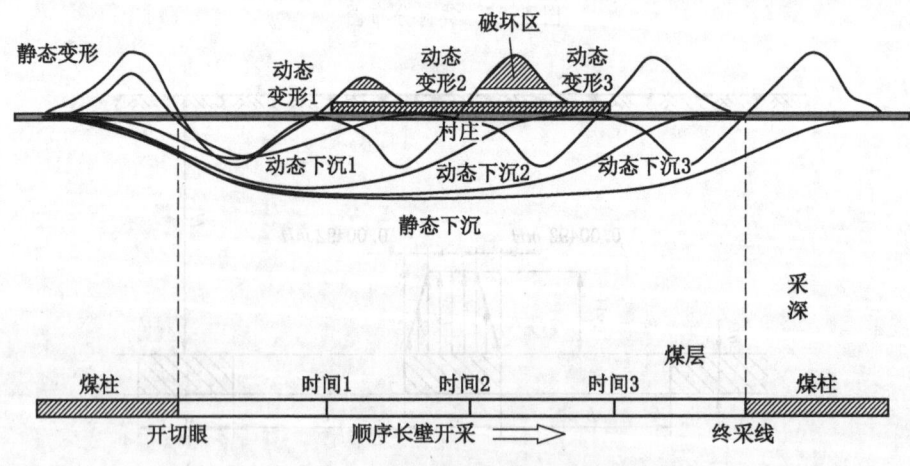

图4-27 长壁开采地表动态水平变形和破坏

置也在变化，导致盆地中间的部分房屋在动态变形中破坏；在充分度较小的宽条带开采中，无论是动态变形，还是静态变形均较小。而受护体煤柱全柱开采后，它属于充分开采，根据采动影响空间分布规律，充分开采时移动盆地中部岩层移动出现平底无变形。此时，受护体正好处在移动盆地中部，它对受护体保护有利。

（2）采动影响时间规律。采动影响具有时间性。岩层移动从其顶板开始，由下往上发展，渐渐扩展到地表，产生地表移动变形。而地表移动变形经过活跃期后，采动地表移动变形对受护体的影响明显减弱；经过移动期后，地表就达到了稳定，对受护体几乎不产生主动影响。因此，只要避开采动影响的活跃期，受护体的保护就会得到很大改善。

（3）采动附加应力随时间释放特点。在采动附加应力随时间释放特点方面，结构未被破坏的建筑物已承受采动附加应力具有随时间慢慢释放变小的特点。某工程实践的实测中，间隔半年后钢筋应力显著下降。分析认为，二次条带煤柱开采对建筑物和构筑物的采动影响具有充分采动整体移动特点，具有随时间推移地表移动趋于稳定特点和具有随时间推移建筑物已承受的采动附加应力会慢慢地释放变小特点，因此，只要两次条带开采引起的地表移动变形小于建筑物允许的地表移动变形值，那么建筑物就不会遭到破坏，也就能实现安全开采。

4.6.2 两次条带全柱开采技术

1. 两次条带全柱开采原理

两次条带全柱开采原理就是将压煤开采过程分解为两个阶段：第一阶段的小变形宽条带开采，一次条带开采的采出率在50%；第二阶段的二次条带煤柱全柱开采，采出剩余的50%。

两次条带全柱开采方法，在地表移动充分度方面，利用第一阶段一次宽条带开采时岩层移动的不充分性与第二阶段二次煤柱开采时的岩层移动的充分性特点，通过采动影响的空间分布规律，控制了两个开采阶段的地表移动变形值；在建筑物附加应力方面，利用建筑物采动附加应力随时间慢慢释放的特点，通过采动影响的时间关系，相对提升建筑物抗采动变形能力。

该方法通过采动影响空间规律、采动影响时间规律、建筑物承受采动变形能力和采动附加应力随时间释放特点等时空关系，实现了地表变形值控制和附加应力控制，可避免建筑物采动损害，同时可全部采出建筑物压煤。

2. 两次条带开采岩层移动变形分析

下面采用一个算例来说明两次条带开采岩层移动变形减小情况。

计算条件：开采深度550 m，采出厚度2.3 m，村庄建筑物煤柱范围长700 m，村庄建筑物煤柱范围宽400 m，在煤柱范围内布置7个条带工作面。第一阶段开采条带1、条带3、条带5和条带7；第二阶段开采条带煤柱2、条带煤柱4和条带煤柱6。

第一阶段一次条带开采时，采动程度不高，属较不充分开采，地表移动盆地内最大下沉值$W=378$ mm，最大水平变形值$\varepsilon=1.19$ mm/m，如图4-28所示。

第二阶段二次条带煤柱开采后，采动充分度成倍增加，属于充分开采，移动盆地内最大下沉值1148 mm，移动盆地中间的拉伸水平变形为零，开采边界上方附近最大水平变形值2.62 mm/m，如图4-29所示。

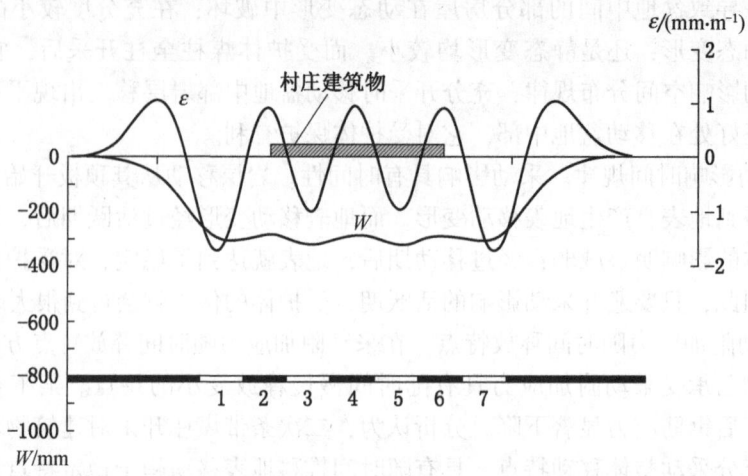

图 4-28　一次小变形宽条带开采后地表下沉值和水平变形值

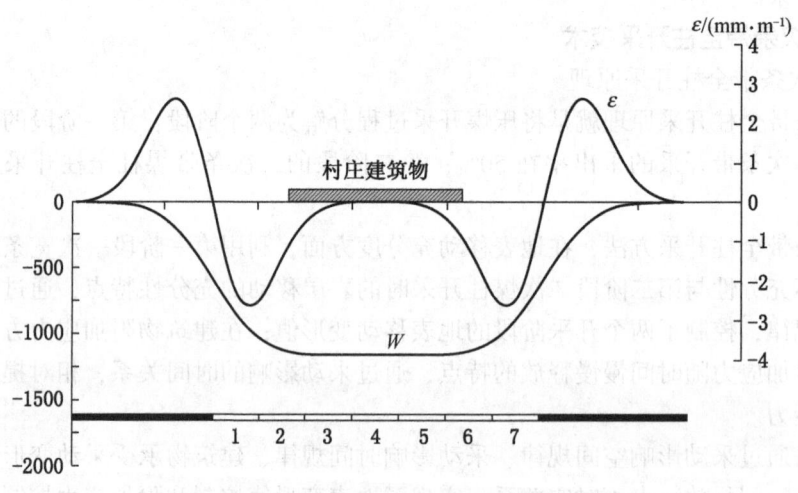

图 4-29　两次条带开采后地表下沉值和水平变形值

从图 4-28 和图 4-29 可以看出,对于位于中部的村庄建筑物受护体来说,它承受了一次宽条带开采时的小变形值影响(地表水平拉伸和地表水平压缩变形均为 1.19 mm/m),同时也承受了一次宽条带与二次煤柱开采叠加后的压缩变形影响(水平压缩变形 1.88 mm/m,此时水平拉伸变形为零),而避免了长壁开采时水平变形值 2.62 mm/m,如图 4-29 所示。采用两次条带开采方法,受护体受到的拉伸水平变形值是采用长壁开采时的 45%,压缩水平变形值是采用长壁开采时的 45%~72%。

综上所述,二次条带煤柱开采后上覆岩层具有充分采动整体移动特点,采动影响具有随时间推移趋于稳定特点,建筑物已承受的采动附加应力具有随时间释放变小特点,只要两次条带开采引起的地表移动变形小于建筑物允许变形,可实现两次条带全采。

4.7 两次条带全采技术在坪湖矿"三下"采煤中工程应用

4.7.1 一次条带开采采宽优化与开采实践

1. 一次宽条带开采设计

1) 条带开采采出宽度设计

根据丰城坪湖矿试采区地质采矿条件,"三下"采煤保护对象为阳坑村,地面标高平均+27.0 m。试采区主采煤层为龙潭组老山段的 B_4 煤层,B_4 煤开采深度 520~600 m,平均开采深度 560 m。煤层厚度为 2.3~2.6 m,煤层倾角 10°。

根据矿方要求,村庄建筑物可以在轻微损坏和轻度损坏之间,采后进行简单维修和结构小修,因此,可确定建筑物所在地表的水平变形值 ε = 2.0~4.0 mm/m。根据本章 4.3 节岩溶塌陷的概率积分法采动影响变形指标分析,1 号和 6 号岩溶塌陷时地表水平拉伸变形值分别为 1.89 mm/m 和 2.67 mm/m。在此,设防标准定为 1.89 mm/m。

根据以往长壁开采的观测资料,类似地质采矿条件下充分采动时地表下沉系数 q_{cm} = 0.75,基本充分采动时开采区段宽度 L_{cm} = 560 m,地表水平移动系数 b = 0.3,主要影响角正切 $\tan\beta$ = 2.0。

试采区地质采矿设计要素:最大开采厚度 M = 2.6 m、倾角 α = 10°、开采深度 H = 560 m。

依据式(4-14),可计算得出宽条带开采时允许的地表下沉系数约为 0.44。依据表 4-11,宽条带下沉系数和充分采动时地表下沉系数的比值 q/q_{cm} = 0.58,非充分采动时工作面宽度和充分采动时工作面宽度比值 L/L_{cm},代入允许的宽条带下沉系数 q,计算得出允许宽条带开采的采出宽度 L = 140 m。为了安全起见,推荐浅部采取小值 90 m;中部采取平均值 110 m,深部采取较大值 126 m。

按照这样的小变形宽条带开采后地表移动盆地中间会存在波浪,中间有变形,但可到达安全使用。

2) 条带开采留设煤柱宽度设计

根据试采区最大开采深度 600 m,最大开采厚度 2.6 m,上覆岩层荷重 0.025 MPa/m,采出宽度 90~126 m,留设煤柱宽度 90~126 m。

依据式(4-15)~式(4-19),计算出条带煤柱载荷和条带煤柱强度,再求得条带煤柱强度安全系数。计算可知:采出宽度 90~126 m 和留设煤柱宽度 90~126 m 时的条带煤柱强度安全系数为 2.0~2.2,满足一般条带开采中煤柱强度安全系数 1.2~2.0 的要求。条带煤柱宽高比 34~48,也符合一般条带开采中条带煤柱宽高比大于 2~5 的要求。

2. 相似材料物理模拟实验

1) 实验目的

为了进一步了解宽条带开采对上覆岩层岩溶的影响情况,进行了相似材料物理模拟实验,深入了解宽条带开采和长壁开采对上覆煤系地层、长兴灰岩岩溶和地表的采动影响。主要模拟观测不同开采厚度、开采宽度等 4 个实验方案的上覆岩层垮落裂缝带高度和长兴灰岩岩溶的破坏情况。

2)模型设计

根据地质原型与开采条件,设计阳坑村岩溶下采煤模型长2.4 m,宽0.2 m,铺设高度0.948 m,相似模型的相似比为1∶600。图4-30是阳坑村岩溶下采煤相似模型。模型试验台是用槽钢焊成的2.4 m×0.20 m×1 m的框架。相似模型以砂子为骨料,石膏、碳酸钙为黏结材料。表4-12是该相似模型各岩层所用的材料配比参数。

表4-12 坪湖矿岩溶下采煤相似模型各岩层所用的材料配比参数

岩层	模型厚度/mm	实际厚度/m	配比号	总干重/kg	水/kg
松散层	40	24.0	937	25.3	2.5
石灰岩	230	138.0	855	145.7	15.0
煤系地层	600	360.0	937	380.16	36.0
B_4煤	2+2+2+2	4.8	钢板		
底板	70	42	855	44.4	5.0

模型建构时,将配料掺入适量水和缓凝剂,分层铺设捣固成型。在模型铺设过程中对煤系地层和石灰岩设置层理,B_4直接顶每层厚10 mm,其余每层厚20 mm,在煤系地层中加云母粉模拟层理面,尽量消除岩石与岩体由尺度效应造成在力学性质上的差异。此外,石灰岩铺设固结后,随机地在石灰岩岩层中掏出13个不同形状和大小的洞穴,以模拟岩溶溶洞的采动影响情况。

标志点按每100 mm一行,每100 mm一列布置,共800个(图4-31a),压力盒布置在石灰岩和溶洞底部,每100 mm一个,共20个。

3)开挖方案

为了实验不同开采厚度和不同采出宽度时的采动影响情况,设计了如下4个开挖方案。

方案一,采出宽度50 m,开采厚度2.4 m。首先,在模型的左侧留设100 m的煤柱,之后开挖50 m宽度和2.4 m厚的煤层;

方案二,采出宽度100 m,开采厚度2.4 m。在方案一开采区的右边界向右,增加采出宽度50 m,采出厚度同样为2.4 m;

方案三,采出宽度100 m,开采厚度4.8 m。在方案二开采区的底边界向下,增加采出厚度2.4 m,这样累计开采厚度4.8 m,采出宽度仍然为100 m;

方案四,采出宽度200~400 m的大面积连续开采,开采厚度4.8 m。

4)采后覆岩破坏观测及分析

阳坑村岩溶下相似材料模拟开采对覆岩破坏的观测记录见表4-13。

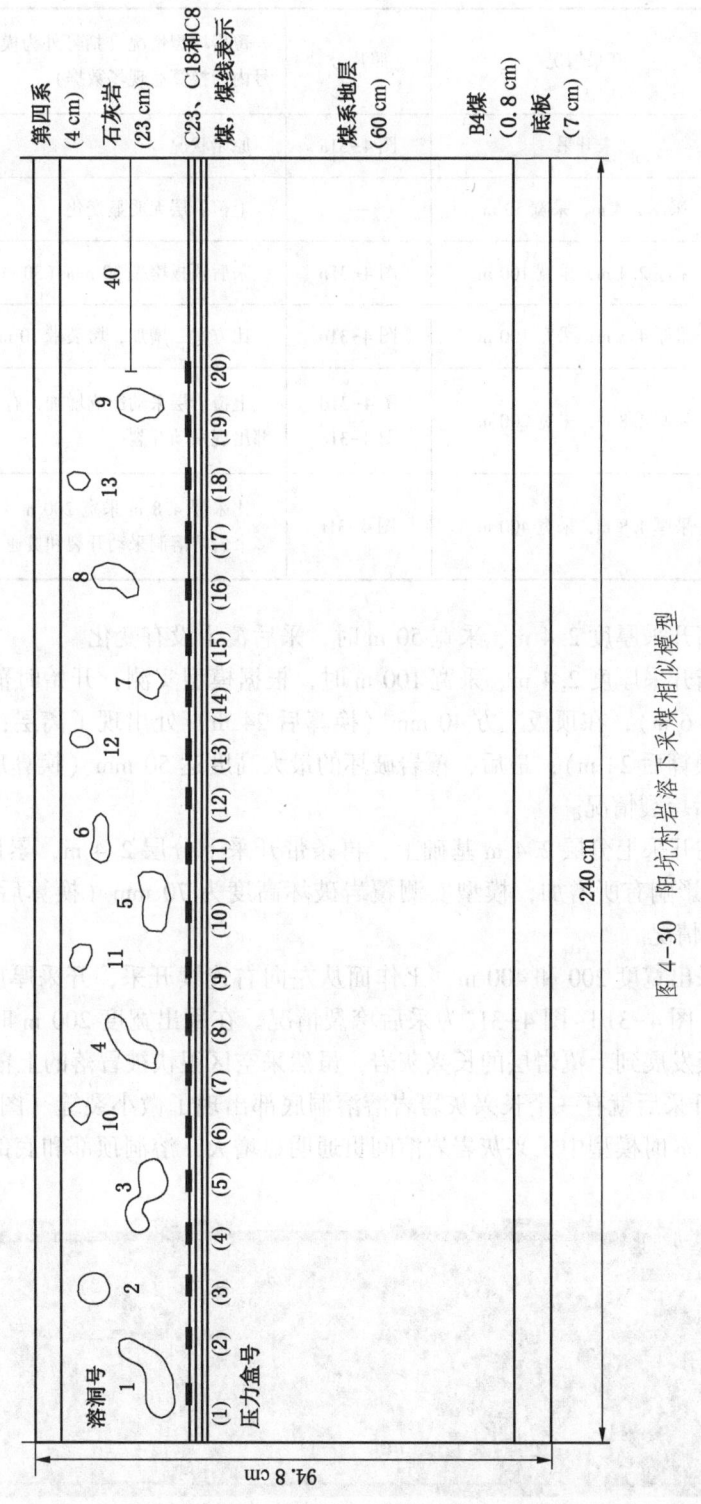

图4-30 阴坑村岩溶下采煤相似模型

表4-13 阳坑村岩溶下相似材料模拟开采对覆岩的破坏观测记录

开挖方案	开采情况	照片号	覆岩垮裂情况（括号外为模型中观测数据；括号内为换算后现场数据）
原始状况	未开采	图4-31a	原始状况
方案一	采厚2.4 m，采宽50 m	—	上覆岩层无明显变化
方案二	采厚2.4 m，采宽100 m	图4-31b	采后顶板垮裂50 mm（30 m）
方案三	采厚4.8 m，采宽100 m	图4-31c	比方案二增加，垮裂带70 mm（42 m）
方案四A	采厚4.8 m，采宽200 m	图4-31d 图4-31e	上覆岩层采动影响增加，有一个岩溶溶洞的底部出现采动开裂
方案四B	采厚4.8 m，采宽400 m	图4-31f	比采厚4.8 m采宽200 m采动影响明显增加，多个岩溶溶洞采动开裂和贯通

方案一，当开采厚度2.4 m、采宽50 m时，采后覆岩没有变化。

方案二，当开采厚度2.4 m、采宽100 m时，根据模型实测：开始时覆岩垮落带高度10 mm（换算后6 m），在顶板上方40 mm（换算后24 m）处出现了离层；之后，裂缝发育到40 mm（换算后24 m）；最后，覆岩破坏的最大高度达50 mm（换算后30 m）左右，图4-31b为采后垮裂情况。

方案三，在开采上分层2.4 m基础上，再条带开采下分层2.4 m，累计开采厚度4.8 m。采后，采动影响有所增加，模型实测覆岩破坏高度为70 mm（换算后42 m）。图4-31c为采后垮裂情况。

方案四，采出宽度200和400 m，工作面从左向右连续开采，开采厚度4.8 m。采动影响明显加剧，图4-31d~图4-31f为采后垮裂情况。在采出宽度200 m时采动影响已整体地从煤层顶板发展到上覆岩层的长兴灰岩，虽然采空区很快被冒落的上覆岩层充满（图4-31d），但是开采后就有一个长兴灰岩岩溶溶洞底部出现了微小裂缝（图4-31e）；在采出宽度达到400 m时模型中长兴灰岩岩溶间贯通明显增大，溶洞顶部和底部都产生了采动开裂（图4-31f）。

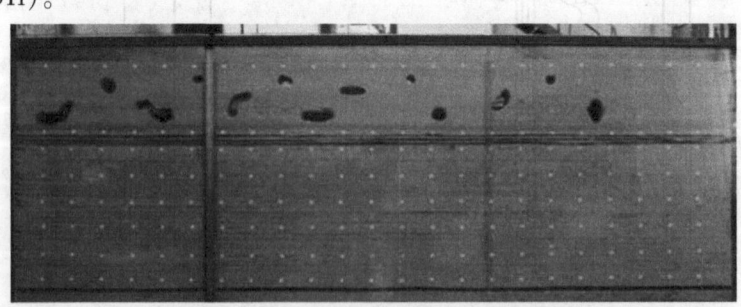

(a) 坪湖煤矿岩溶下采煤相似材料实验模型1

(b) 坪湖煤矿岩溶下采煤相似材料实验模型2

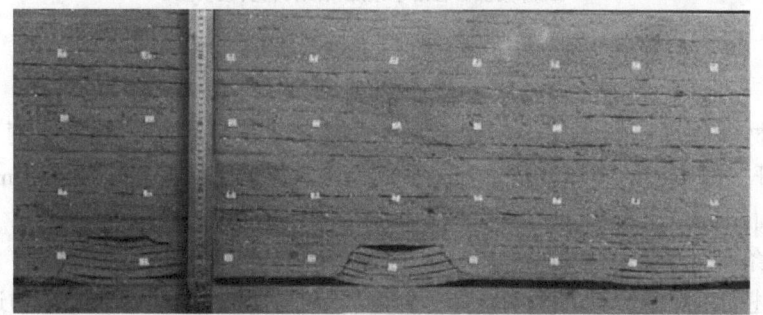

(c) 坪湖煤矿岩溶下采煤相似材料实验模型3

(d) 坪湖煤矿岩溶下采煤相似材料实验模型4

(e) 坪湖矿岩溶下采煤相似材料实验模型5

(f) 坪湖煤矿岩溶下采煤相似材料实验模型6

图4-31 相似材料模拟部分照片

从相似材料物理模拟实验得出，在开采深度522 m条件下，开采厚度4.8 m、采宽100 m条带开采对覆岩的破坏波及不到上覆的长兴灰岩岩溶；开采厚度4.8 m、采宽200~400 m的大面积连续开采将引起岩溶开裂和岩溶间的贯通。

3. 一次条带开采工程实践

基于上述岩溶塌陷分析和相关研究，岩溶塌陷是大面积长壁面连续采动造成的覆岩水平离层和铅垂裂缝引起的。为了减少地表建筑物损害和防止村庄范围内岩溶塌陷，需要避免大面积长壁面连续开采，降低每次开采强度，减少岩层拉伸变形，控制覆岩水平离层和铅垂裂缝。

针对本矿井地质采矿条件，在一次宽条带开采设计和相似材料物理模拟实验基础上，进行一次小变形条带开采优化和工程实践，图4-32是试采工作面布置图。在中心区，开采了4个条带工作面。

在一次条带开采中，最早尝试开采了1-615下煤柱条带工作面，采宽45 m。之后，进行了规模性实践。

1-613西条带工作面，采宽90 m。考虑到试采区上方阳坑村建筑物密集、老旧房屋多、浅部岩溶发育、第四系覆盖层仅为7~12 m、无侏罗系侵入等不利因素，确定1-613西条带工作面采宽90 m。

1-617西条带工作面，采宽110 m。随着工作面开采深度的增加，也基于1-613西的试采后地表移动变形的观测结果和相似材料模拟试验结论，把1-617西条带工作面增加到了110 m（1-617西条带工作面与1-613西条带工作面之间留110 m煤柱）。

1-696条带工作面，采宽126 m。根据开采深度增加和已有的实践，且考虑到1-696条带工作面上方大部有侏罗系侵入的有利条件，把1-696条带工作面采宽增加到了126 m。一次条带开采采出率在50%左右。

一次条带开采是在不断地探索和优化中完成的。条带工作面采出宽度由试采时的45 m，设计后的90 m，增加到110 m，最终达到了126 m。2007年2月完成了一次条带开采。这些工作面的开采参数见表4-14。安全成功地正常开采采出了4个条带工作面，采出煤量31.3万t。

4 两次条带全采采动影响理论在"三下"采煤中工程应用

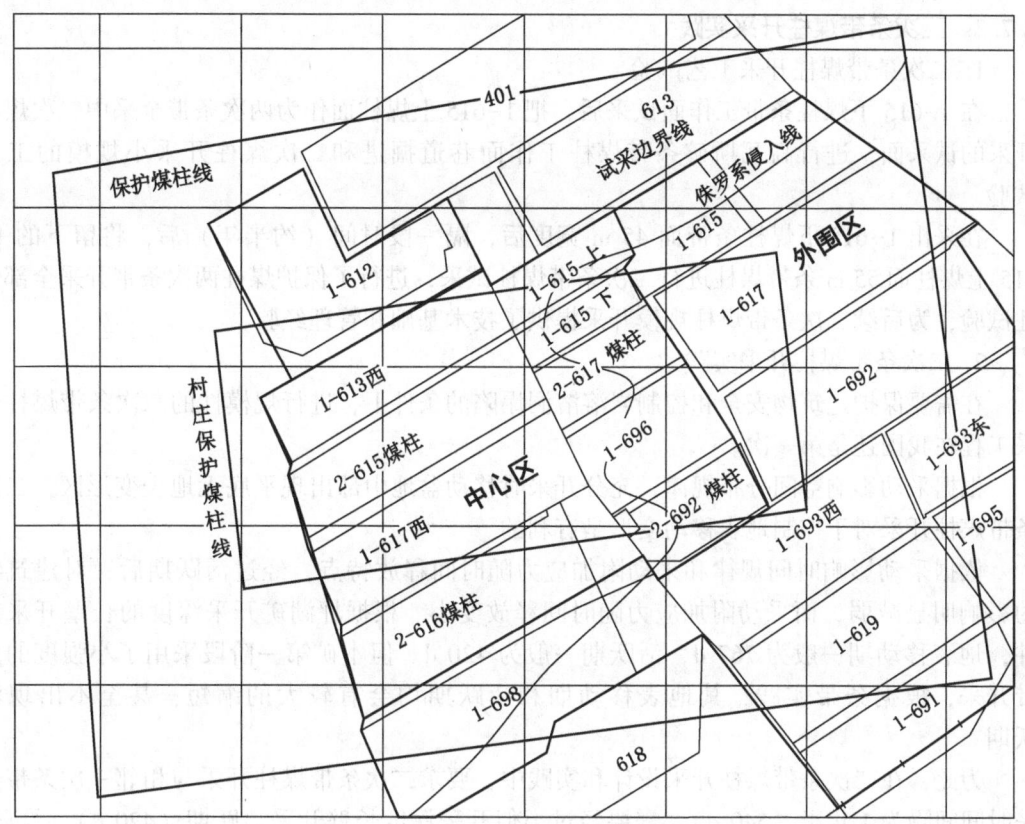

注：1—第一阶段开采，2—第二阶段开采

图 4-32 坪湖矿试采工作面布置图

表 4-14 两次条带全柱开采工作面情况

时段	工作面	开采阶段	推进长度/m	采出宽度/m	开采厚度/m
1	1-615 下	一次条带试采	150	45	2.3
1	1-615 上	二次煤柱试采	170	55	2.3
1	1-613 西	一次条带开采	310	90	2.3
1	1-617 西	一次条带开采	310	110	2.3
1	1-696	一次条带开采	210	126	2.4
2	2-692 煤柱	二次煤柱开采	195	86	2.3
2	2-617 煤柱	二次煤柱开采	200	80	2.4
2	2-615 煤柱	二次煤柱开采	320	90	2.6
2	2-616 煤柱	二次煤柱开采	335	110	2.4

4.7.2 二次条带煤柱开采实践

1. 二次条带煤柱开采工艺试验

在1-615下煤柱条带工作面试采后,把1-615上煤柱面作为两次条带全采中二次煤柱开采的试采面,进行高瓦斯矿条带煤柱工作面巷道掘进和二次煤柱开采小规模的工艺试验。

在采出1-615下煤柱条带面45 m宽度后,隔一段时间(约半年)后,将留下的1-615上煤柱面55 m条带煤柱进行二次条带煤柱试采,进行了保护煤柱两次条带开采全部煤柱试验,为后续二次条带煤柱规模开采提供了技术基础和管理经验。

2. 二次条带煤柱开采实践

在需要保护建筑物安全和控制岩溶溶洞塌陷的条件下,进行规模性的二次条带煤柱开采工程在我国还是第一次。

根据采动影响空间分布规律,充分开采时移动盆地中部出现平底无地表变形区,二次条带煤柱开采对于控制地表移动变形是有利的。

依据采动影响时间规律和采动附加应力随时间释放特点,经过活跃期后,对建筑物的影响明显减弱,而采动附加应力随时间释放变小。根据坪湖矿开采深度的长壁开采条件,地表移动期一般为767 d,活跃期一般为420 d。但本矿第一阶段采用了小强度的条带开采,根据条带实践,其地表移动期和活跃期均会有较大的缩短,甚至不出现活跃期。

为此,在二次条带煤柱开采设计和实践中,要求二次条带煤柱开采与相邻一次条带开采时间间隔为1年半(540 d),需要经过类似开采深度长壁开采活跃期(420 d)后再进行二次条带煤柱开采。

二次条带煤柱开采的工作面有2-692煤柱面、2-617煤柱面、2-615煤柱面和2-616煤柱面,依次开采。2008年9月开始,2010年7月结束。4个煤柱面采宽分别为86 m、80 m、90 m和110 m,其他开采参数见表4-14。通过二次煤柱开采,安全成功达到了两次条带法全柱开采,采出了煤炭35.3万t。

两次条带开采避免了村庄范围内的岩溶塌陷;村庄建筑物的采动损坏等级为Ⅰ~Ⅱ级,建筑物呈现为轻微损坏和轻度损坏,可以通过采后补偿和维修,满足安全使用要求。

4.7.3 现场观测研究

1. 地表移动观测研究

1)地表移动观测站设置

根据要求,分别对不同开采区域设置地表移动观测站。地表移动观测站设计时走向移动角$\delta=75°$,上山移动角$\gamma=75°$,下山移动角$\beta=65°$。表土层移动角$\varphi=45°$,最大下沉角$\theta=90°-0.5\alpha$,调整值:$\Delta\delta=\Delta\beta=\Delta\gamma=20°$。图4-33为一次长壁和条带开采时地表移动观测站,图4-34为二次条带煤柱开采时地表移动观测站。测点间距均为25 m。

在第一次开采阶段,设置了617长壁面地表移动观测站与613西和617西条带面地表移动观测站:617长壁面布置了走向线和倾向线,走向线21个测点,倾向线20个测点;613西和617西条带面观测站沿各自工作面走向布设一条观测线,每条线布设21个观测点,而沿工作面倾向的观测线共用1条,布设27个点。

4 两次条带全采采动影响理论在"三下"采煤中工程应用

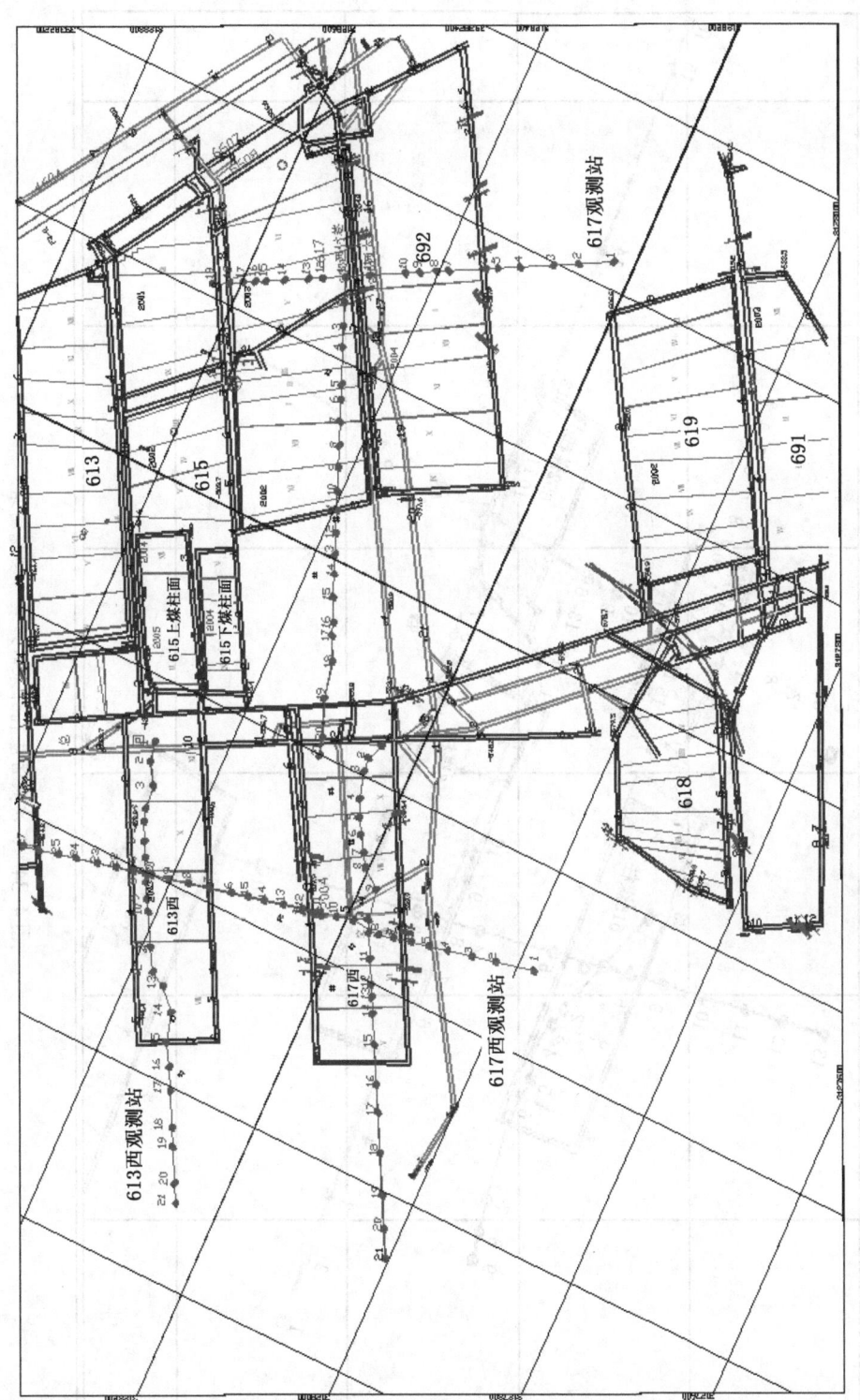

图 4-33 一次长壁和条带开采时地表移动观测站

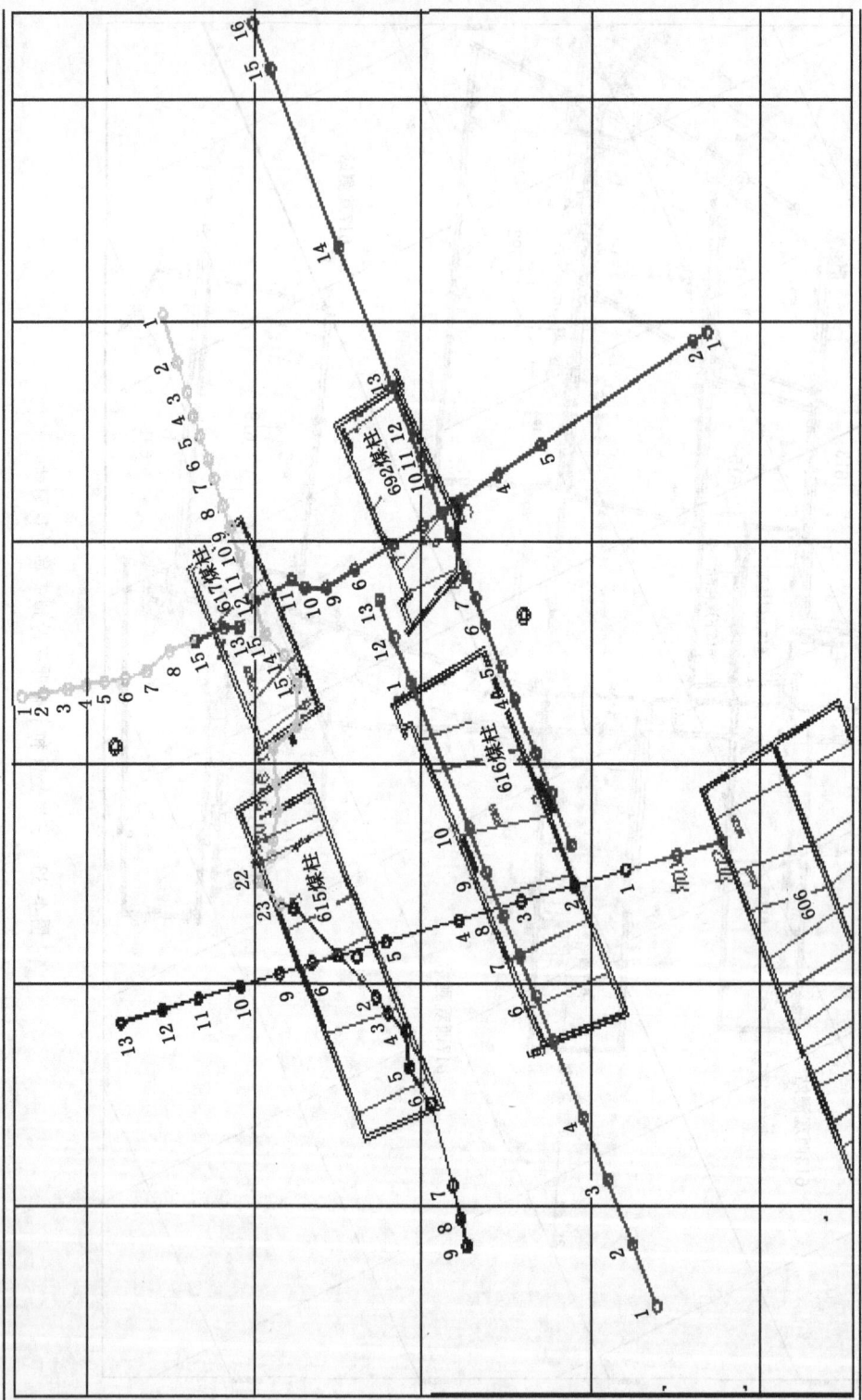

图 4-34 二次条带煤柱开采时地表移动观测站

4 两次条带全采采动影响理论在"三下"采煤中工程应用

在第二次开采阶段,增设了692煤柱面、617煤柱面、616煤柱面和615煤柱面4个地表移动观测站:692煤柱面地表移动观测站布置了走向线和倾向线,走向线16个测点,倾向线15个测点,为监测观测站;617煤柱面地表移动观测站布置了走向线和倾向线,走向线23个测点,倾向线17个测点,为监测观测站;616煤柱面地表移动观测站布置了走向线和倾向线;615煤柱面地表移动观测站布置了走向线和倾向线,走向线16个测点,倾向线与616煤柱面一起,共15个测点。

2)地表移动观测站观测

表4-15列出了地表移动观测站情况。对长壁开采工作面、一次条带开采工作面和二次煤柱开采工作面三类观测站进行了系统观测,共225个测点,2002年5月进行首次观测,2011年3月最后一次观测,观测次数累计达66次,取得了10000多个地表移动观测数据。

表4-15 地表移动观测站情况

观测站	方向	观测点数	开采时间/(年-月)	观测时间/(年-月)	用途	最大下沉点	最大下沉*/mm
1-617长壁	走向	21	2002-10—2003-07	2002-05—2005-03	求参	走2	755
	倾向	20			求参	倾14	725
1-613西条带和1-617西条带	走向	21	2003-08—2003-11	2003-07—2005-03	求参	走3(11)	253(130)
	倾向	27			求参	倾14*(13)	383*(228)
2-692煤柱	走向	21	2004-05—2004-10	2004-05—2005-03	求参	走7	215
	走向	16	2008-09—2008-12	2008-11—2009-04	监测	走10	156
	倾向	15			监测	倾10	241
2-617煤柱	走向	23	2009-01—2009-03	2009-01—2009-07	监测	走12	280
	倾向	17			监测	692倾11	186
2-615煤柱	走向	15	2009-06—2009-11	2009-06—2010-07	求参	走3	362
2-616煤柱	走向	13	2010-02—2010-07	2010-01—2011-03	求参	走9	595
2-616煤柱和2-615煤柱	倾向	15	2009-06—2010-07**	2009-06—2011-03**	求参	倾3	633
2-616煤柱和1-613西条带	倾向	15	2003-08—2010-07	2003-07—2011-03	求参	倾7	1014***

注:1—第一阶段一次长壁开采工作面和一次条带开采工作面;2—第二阶段二次条带煤柱工作面。
① *括号内为剔除外界影响采纳的点号和最大下沉量值。
② **616和615两个煤柱面的开采和观测时间。
③ ***从613西条带面试采开始到616煤柱面试采结束的综合下沉值。

3）地表移动分析

在第一阶段，617 长壁面的最大下沉值在走向线 2 号点，为 755 mm，倾向线的 14 号点为 725 mm，而在走向线与倾向线交叉点的 1 号点下沉值 727 mm。613 西条带工作面最大下沉值在走向线上的 3 号点，为 253 mm。613 西和 617 西条带面最大下沉值在倾向线上 14 号点，为 383 mm。617 西条带面最大下沉值在走向线上 7 号点，为 215 mm。

在第二阶段，692 煤柱面走向线上的最大下沉值在 10 号点，为 156 mm，倾向线上的最大下沉值在 10 号点，为 241 mm。617 煤柱面走向线上的最大下沉值在 12 号点，为 280 mm，倾向线上的最大下沉值在 11 号点，186 mm。692 煤柱面和 617 煤柱面测站，只作为监测数据。615 煤柱面走向线上的最大下沉值在 3 号点，为 362 mm。616 煤柱面走向线上的最大下沉值在 9 号点，595 mm。616 和 615 煤柱面倾向线上的最大下沉值在 3 号点，为 633 mm。上述工作面的观测站，获得了一次条带开采、二次煤柱开采和两次全采后的观测数据，倾向线上最大下沉值在 7 号点，为 1014 mm。

这几个求参用观测站，总观测时间 11 月以上，采后观测时间为 6 个月以上。

4）地表移动参数求取

根据试采区上方多个地表移动观测站的观测资料，采用概率积分法公式，运用最小二乘原理，拟合上述观测线的下沉值，得到概率积分法的地表下沉系数 q 和主要影响传播角正切 $\tan\beta$ 及其他参数（表 4-16）。

表 4-16 观测站地表移动参数拟合结果

编号	观测站描述	观测线（数据个数）	下沉系数 q	影响角正切 $\tan\beta$	移动距 S/m
1	开采 617 长壁面	走向线（10）	0.64	1.7	—
2	开采 617 长壁面	走向线+倾向线（20）	0.48	2.0	—
3	一次开采 617 西条带面	走向线（20）	0.17	1.6	—
4	一次开采 613 西条带面	613 西+617 西走向线（29）	0.15	1.4	—
5	二次开采 615 煤柱面	走向线（7）	0.38	2.0	30
6	二次开采 616 煤柱面	走向线（8）	0.41	2.0	40
7	616、615 煤柱面	倾向线（11）	0.39	2.0	30
8	两次全采 615、616、613 西和 617 西	倾向线（7）	0.60	2.0	30

第一阶段长壁全采时，下沉系数 q 为 0.64，$\tan\beta$ 为 2.0；第一阶段一次条带开采时，下沉系数 q 为 0.17，$\tan\beta$ 为 1.6；第二阶段二次条带煤柱面开采时，下沉系数 q 为 0.41，$\tan\beta$ 为 2.0；第一和第二阶段两次全柱开采时，最大下沉系数 q 为 0.60，$\tan\beta$ 为 2.0。

图 4-35~图 4-37 为各个地表移动观测线的实测数据（黑点）与根据上述拟合参数计算得出的下沉曲线的比较。从图中可以看出，实测数据与拟合曲线数据基本吻合。

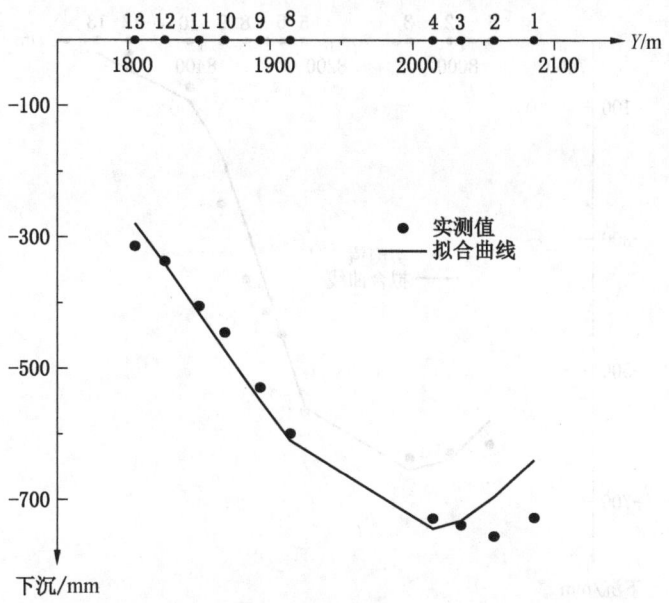

图4-35 617长壁面观测站走向下沉曲线

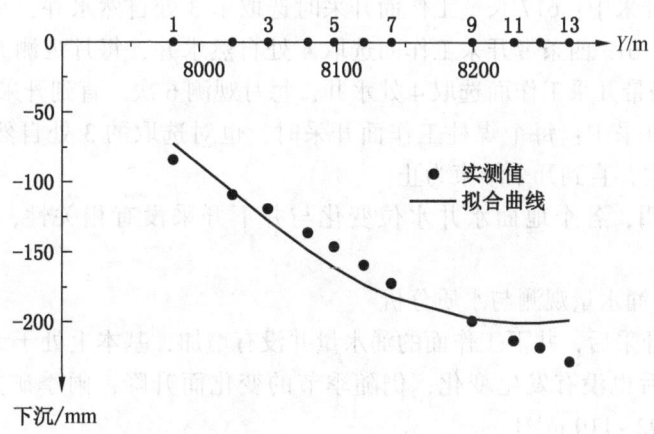

图4-36 一次开采613西（含617西条带面）条带面观测站倾向下沉曲线

2. 水文观测研究

水文观测的目的是通过对井上下水动态变化的观测，分析两次条带全采是否会直接或间接引起长兴灰岩岩溶水体的变化，以便及时采取措施，防止井下突水事故发生，防止岩溶失水致塌。

水文观测内容包括：地面水井水位观测、矿井井下涌水量观测与水质分析。

1）地面水井水位观测

地面水井水位观测主要通过试采区上方地表的农村民井进行地面水井内水位观测。

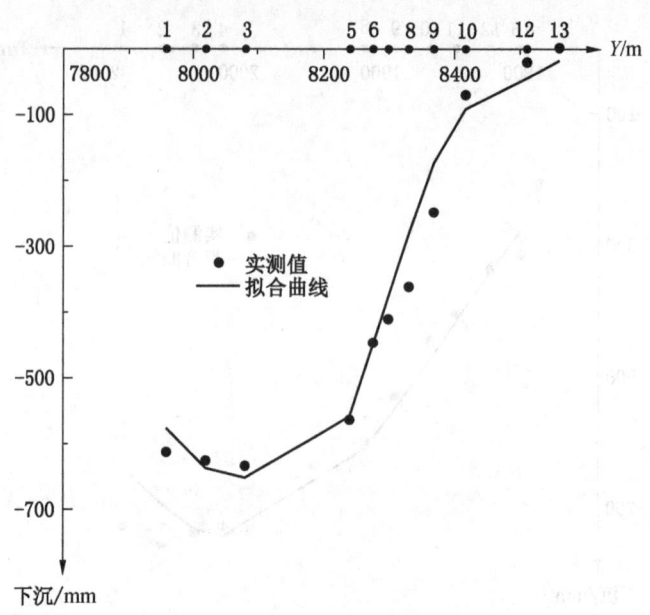

图 4-37　二次开采 616 煤柱面（含 615 煤柱面）观测站倾向下沉曲线

在第一阶段开采中：617 长壁工作面开采时选取了 3 处自然水井，每月观测 5 次，直到开采结束为止；613 西条带开采工作面选取 4 处自然水井，每月观测 5 次，直到开采结束为止；617 西条带开采工作面选取 4 处水井，每月观测 6 次，直到开采结束为止。

在第二阶段开采中：每个煤柱工作面开采时，也对选取的 3 处自然水井进行水位观测，每月观测 5 次，直到开采结束为止。

观测结果表明，各个地面水井水位变化与井下开采没有相关性，仅与季节及天气有关。

2) 矿井井下涌水量观测与水质分析

试采期间和开采后，井下工作面的涌水量并没有增加，基本上处于无水状态。而矿井涌水量在试采前后也没有发生变化，仍随季节的变化而升降，雨季矿井涌水量为 110~118 m^3/h，旱季 92~110 m^3/h。

在试采期间，课题组也对井下矿井水水样进行了水质化验分析。水质化验结果表明，坪湖矿矿井涌水属上覆岩层的砂岩裂隙水类型，而不是长兴灰岩岩溶水。

地表水井水位观测、井下涌水量观测与水质分析结果说明，开采后，地面水井水位变化不大，井下工作面涌水量小，水质类型属于砂岩裂隙水。"三下"压煤两次条带全采采动影响未破坏煤层上覆长兴灰岩岩溶水体。

5 煤矿充填减沉开采技术及其工程实践

5.1 充填开采背景

充填开采就是利用充填材料将采空区充满，达到控制岩层移动及地表沉陷的一种开采方式。

世界充填采矿技术已有百年的发展历史。我国自新中国成立以来也一直在进行煤矿充填技术的探索。伴随着采煤方法的革新、充填材料和工艺的发展，这项技术的应用和发展已经走过了六十多年的历史。然而，由于充填开采增加了充填系统和规模化的充填材料投入，工作面充填工序挤占采煤时间，充填开采效率偏低、效益较差一直阻碍推广应用。

煤矿井下充填可实现控制地表沉陷、解放"三下"压煤、处理固体废弃物、安全生产等目标。当前，国家对生态环境保护高度重视，矿山固废减排和生态建设日益严格和紧迫，充填开采的重要作用愈加凸显。2014 年和 2016 年有关部委出台的《煤矸石综合利用管理办法》和《中华人民共和国环境保护税法》对煤矿矸石地面排放提出了严格的整治要求和措施，多省也相继发文限制并逐步取消煤矿矸石山。与此同时，相关部门也通过资源税减免、产能增量置换等方式加大对充填开采的支持力度，充填开采相关内容已成为绿色矿山建设评价指标体系及考核评分中的重要内容。

5.2 20 世纪国内外充填采矿技术

5.2.1 国内外矿山充填开采发展历程

1915 年，澳大利亚的塔斯马尼亚芒特莱尔和北莱尔矿应用废石充填矿房，成为世界上最早有计划的充填采矿。之后，国内外的许多金属矿山和煤矿进行了多种形式的充填开采探索和实践。按照充填材料的类型，截至 20 世纪末，矿山充填经历了 4 个发展阶段。20 世纪 40 年代以前，以废石干式充填为代表，但由于其效率低、生产能力小和劳动强度大，满足不了采矿工业发展的需要，自 50 年代以后废石干式充填所占比重逐年下降。20 世纪 40—50 年代，以水砂充填为代表，采用管道输送，充填效率得以提升，波兰水砂充填法采煤曾经占到总产量的 50.2%。但由于水力充填开采需要脱排水、系统复杂、成本高等原因，后期逐渐减少。20 世纪 60—70 年代，应用了低浓度尾砂胶结充填，该充填材料排水量减少，且充填体具备胶结体自立能力，但仍存在比较严重的泌水。20 世纪 80—90 年代，开发了高浓度、膏体充填材料，该材料固结体强度进一步提高，且基本无泌水现象，采空区充填率达到 95% 以上。这 4 个发展阶段，反映了人们在充填采矿的应用实践中，针对存在的问题，逐步改进优化，以实现更高的机械化程度、更高的效率、更好的岩层移动控制效果的探索过程。

国外矿山和国内金属矿开展充填采矿最早，矿井数量也最多，在充填技术的研究应用方面发挥了引领作用，较有代表性的有德国、美国、波兰和南非。德国首先进行了风力充填开采试验，之后，DMT 公司研究了高浓浆"尾管"充填技术，尾管随支架一起移动，可进行连续高效率高浓度膏状充填注浆；美国在 Illinois 某矿从地面打钻充填采空区，以提高回收率和保护建筑物；波兰进行了多个城镇下水砂充填开采，1967 年波兰水砂充填法采煤占到总产量的 50.2%；南非以粉煤灰作为充填料，进行了房柱法分层充填开采，增加了煤柱的稳定性，保护地面建筑物。国内金属矿也在较早时期开展了充填开采研究和应用。20 世纪 50 年代初期废石干式充填开采成为金属矿山的主要采矿方法之一，1955 年在地下开采的有色金属矿山中废石干式充填占 38.2%，在黑色金属矿山地下开采中达到 54.8%。20 世纪 70 年代中国凡口铅锌矿、招远金矿和焦家金矿率先应用细砂胶结充填。我国金川有色金属公司二矿区 1999 年 8 月初步建成膏体充填泵送系统，1999 年 11 月通过了鉴定，之后铜绿山铜矿、湖田铝土矿、喀拉通克铜矿等也建设了膏体充填泵送系统。

5.2.2 我国煤矿 20 世纪主要充填技术

我国煤矿充填技术发展相对滞后，但形成了具有煤矿特色的充填技术，为 20 世纪"三下"采煤发挥了重要作用。

20 世纪我国煤矿充填开采典型实例见表 5-1。1952 年起水砂充填逐渐在抚顺、扎赉诺尔、阜新、鹤岗、辽源、蛟河、井陉、新汶等矿区应用。1957 年水砂充填采煤量达 1117 万 t，占全国煤炭产量 15.58%。1984—1989 年，抚顺胜利矿采用特厚煤层水砂充填条带开采技术解放了抚顺市区下部分压煤；焦作演马庄矿进行风力矸石充填试验；平顶山十一矿采用条带隔离水力粉煤灰充填减沉；广州二矿进行矸石自溜充填试验。

表 5-1　20 世纪我国煤矿充填开采典型实例

序号	矿名	煤层	采煤方法及充填方法	应用目的	应用年份	充填材料
1	新汶矿务局	缓倾斜厚、中厚煤层	走向长壁水砂充填	小汶河下采煤	1956—1973	河砂
2	抚顺胜利矿	倾斜特厚煤层	V 型倾斜长壁上行水砂充填	建筑物下采煤	1964—1972	废油母页岩
3	焦作演马庄矿	缓倾斜厚煤层	走向长壁风力充填	村庄下采煤	1968—1970	矸石
4	井陉四矿	缓倾斜厚煤层	走向长壁上行水砂充填	绵河下采煤	1969—1972	河砂、卵石
5	南京青龙山矿	倾斜薄煤层	倾斜短壁矸石自溜充填	建筑物下采煤	1970 年前后	矸石
6	淮南孔集矿	缓倾斜中厚煤层	平板式掩护支架矸石自溜充填	滨河含水砂层下采煤	1970—1979	碎石
7	蛟河矿乌林立井	缓倾斜厚煤层	走向长壁矸石水力充填	水稻田下采煤	1971—1977	矸石
8	辽源太信矿三井	缓倾斜中厚煤层	走向长壁风力充填	预防地面水渗漏	1972—1973	山砂
9	平顶山十一矿	倾斜中厚煤层	条带隔离粉煤灰水力充填	减沉防灭火地下灰场	1985—1988	粉煤灰
10	广州二矿	急倾斜中厚煤层	倾斜短壁矸石自溜充填	村庄下采煤	1986—1989	矸石

根据运送充填料所用动力不同，充填开采可分为：①水力充填，利用水力沿管路将充填料运送到采空区；②风力充填，利用压缩空气，通过风力充填机沿管路运送充填材料并将其充入采空区；③自溜充填，在急倾斜煤层中，把运到采场上方的充填料利用其自重作用，使之自行溜入采空区；④机械充填，利用专门投掷机将充填料抛到采空区中；⑤人力充填，利用人工在采空区砌筑矸石带。在我国20世纪充填开采已基本涵盖了除机械充填外的其他全部类型，但由于90年代煤炭市场疲软的原因，充填技术的应用范围大幅萎缩。下面简单介绍当时水砂充填、矸石风力充填、粉煤灰水力充填和矸石自溜充填4种类型的煤矿充填开采技术。

1. 水砂充填技术

1）水砂充填工艺

水砂充填是最为常用的和最有效的减沉措施。水砂充填体的沉缩率低，对于地表减沉和特厚煤层的保护性开采效果甚佳。

水砂充填是将砂子、碎石或炉渣等加水制成质量浓度较低的砂浆，利用管道、溜槽、钻孔等自流输送到待充填地点进行充填的工艺。在水砂充填中水仅仅作为输送物料的载体，充入采空区后，充填料留在采空区，水渗滤出去，沿巷道水沟流入水仓，通过排水和排泥设施将渗滤出的清水和随清水流失的细泥排出地表。水砂充填系统包括：充填料开采、加工、选运系统；贮砂、水砂混合系统；输砂管路系统；供水及废水的处理系统。

工作面（单体支柱支护）推进到最大控顶距时，在最小控顶距线的一排支柱上沿工作面全长，拉上多趟草绳，然后钉上帘子；在采场下部充填区一侧布置工作面临时沉淀池；连接充填管；通知注砂室给水下砂进行充填工作。在充填中逐渐拆管，且根据顶板的具体情况，回收支柱复用。

2）充填开采作业方式

工作面中的采煤与充填的配合方式可分为两种。一种是轮换作业方式，即有的工作面采煤，有的工作面充填。其优点是充填与开采之间干扰少；缺点是需配置2个工作面，占用设备多，巷道维护量大。另一种是平行作业方式，就是在同一个工作面既进行采煤又进行充填。其优点是占用机电设备少且工作面利用率较高，易于顶板管理，生产管理集中；缺点是采场中工序复杂，互相干扰。20世纪，我国水砂充填采场多应用平行作业方式，如新汶局良庄矿曾应用平行作业方式创造月产67000 t的较高纪录。

2. 矸石风力充填技术

1）风力充填发展情况

1924年西德Oelsnitz矿首次试验风力充填。随着工艺的完善和设备的更新，在20世纪60年代风力充填达到了鼎盛时期，每年用风力充填采出的煤量占原西德井工开采总量的40%左右，并研究了适于综采的风力充填工艺和设备，保证了高效开采。风力充填技术在我国焦作、京西和辽源等矿区进行过试验，鸡西的城子河矿和淮北的袁庄矿也引进了风力充填设备。

2）风力充填工艺

风力充填按出料形式有侧向和正面充填方式。

1977年德国Hugo矿开采1.9~2.8 m厚的缓倾斜煤层，采用与工作面支架配套的正面排料装置。充填是在后探架掩护下进行的。充填管被架在充填墙上的带有油压缸的支撑架上。所以，充填管可作上下移动，以调节充填出口的高度。充填墙是分节互相搭接的，每节长度与支架宽一致，可用手动滑轮或液压装置来控制向前或上下移动。每次充填步距为1.6 m。充填从机头处开始，分段后退进行。由于是正面充填方式，充填体很密实，充填率约为86%。

充填与采煤工艺采用半工作面法。其实质是将工作面人为地划分为上下两部。滚筒采煤机第一刀采到工作面中部即空车返回输送机机头。支架随着采煤机采煤后及时跟进。采煤机回到输送机机头后开始移动输送机，然后进行下半部工作面的第二刀开采、向前移架、移输送机。此时，下半部工作面移架两次前进了一个充填步距。在采煤机开始上半部工作面开采时，下部工作面就由输送机机头开始充填；在采完上半部工作面采煤机又返回输送机机头开始第二循环开采时，充填工作便进入到上半部工作面了。采用这种采充工艺，日进 7 刀，日产煤 3300 t。

3. 粉煤灰水力充填技术

1) 粉煤灰材料特征

显微镜下平顶山姚孟电厂粉煤灰，大部分为圆球体，小部分为不规则球体和海绵状体，球体中心多数有空洞。在粒径上，0.1~0.01 mm 的颗粒占 63%，大于 0.1 mm 的粗粒约占 29%，小于 0.01 mm 的细颗粒占 8%。

粉煤灰含有一定数量的 CaO，且它本身有火山灰活性，所以具有自硬性。粉煤灰化学成分见表 5-2，它是一种质轻、粒小、渗透性较好的材料，除压缩率较砂子大外，不失为一种廉价的煤矿井下充填材料。

表 5-2 姚孟电厂粉煤灰化学成分

成分	SiO_2	Al_2O_3	Fe_2O_3	CaO	MgO	TiO_2	SO_3	P_2O_5	烧失量
百分比/%	58.17	21.55	5.44	2.12	0.40	1.09	0.55	0.05	3.63

2) 粉煤灰充填制浆滤排水工艺

粉煤灰颗粒小、含水量大时灰浆流动性极强，随采随充平行作业时机巷附近隔离困难，一有溃浆就会干扰正常的开采作业。针对细颗粒充填材料的这一特点，提出了条带隔离充填技术，每推进 50 m，留设 8~10 m 煤柱，平顶山十一矿粉煤灰分区隔离充填采空区如图 5-1 所示。

制浆时，电厂粉煤灰由输送机均匀地喂给搅拌筒，打开连接水塔的水管阀门，搅拌筒就可制备出所需浆液。搅拌筒采用特制的直径 2.5 m、高 2.0 m、产量 150 m³/h 的高浓度灰浆双筒搅拌机。在筒内装有搅拌桨叶，桨叶由电动机驱动，使灰水混合均匀。出浆口安装有灰浆浓度计、灰浆流量计和水流量计等仪表，可根据需要，及时调节水流或灰量，确保灰浆灰水质量比 1:1.6 左右。

粉煤灰粒小、质轻且含水量高、易流失，试验表明，塑料编织布滤水层优于山草片和泡沫，它强度高、质轻、不受井下湿度的影响，能起到良好的脱水作用，并在灰浆浓度 1:3 条件下，能使流失量低于 5%。图 5-1 中 $B—B$ 剖面，滤排水结构从排水巷起顺序为

5 煤矿充填减沉开采技术及其工程实践

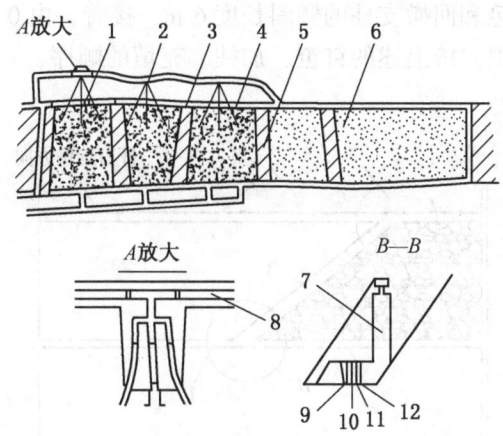

1—粉煤灰充填体;2—钻场;3—密闭;4—钻孔;5—隔离煤柱;6—冒落区;
7—滤水眼;8—充填管;9—木柱;10—木板;11—编织布;12—草袋

图 5-1 平顶山十一矿粉煤灰分区隔离充填采空区

木柱、板皮、编织布和草垫。木柱起支撑的作用;板皮用来夹紧编织布和草垫等滤水材料;草垫设在内侧,起初步滤排水的作用;编织布在外,过滤经草垫初滤后的水体,进一步减少了滤排水体中的含灰量。几个阶段的粉煤灰充填试验表明,采用上述滤水方法既可滤出所有多余充填水,又可保证安全,是简单方便、切实可行的。

3) 粉煤灰充填效果

条带隔离粉煤灰水力充填后,无论是充填体没有接顶,还是直接接顶,充填体的作用,一方面减小煤柱的垂直压力,另一方面还是起侧限作用,改善煤柱的应力状态,提高条带煤柱强度,减小了地表下沉。实际观测结果表明:与地质采矿条件完全相同的对比工作面的实测数据对应值,粉煤灰注浆充填率为47%时,受条带煤柱支撑影响后的地表移动减小率为40%。

粉煤灰水力充填避免了矿区的粉煤灰堆积占地和环境污染,把采空区作为井下粉煤灰灰库,同时防止了煤层的自然发火。

4. 矸石自溜充填技术

1) 矸石自溜充填工艺

矸石自溜充填适用于倾斜或急倾斜煤层。当矸石置于采场上部煤层底板时,均不同程度地产生向下的滑动和滚动效应,且其趋势随煤层倾角的增大而增加。为取得较好的充填效果,煤层倾角以不小于30°为宜。

广州二矿建筑物下压煤采用了矸石自溜充填开采。主采11号煤平均厚度1.2 m,倾角50°,平均采深200 m,覆岩由粉砂岩、细砂岩组成,岩性中硬。冲积层厚约9 m。采用短壁爆破落煤。工作面倾斜阶段高约30 m,走向长115 m。工作面伪倾斜布置如图5-2所示。工作面用木柱支护,最大控制距7排4.8 m,最小控顶距3排1.6 m,充填步距4排3.2 m。充填前在最小控顶线打密集支柱,用回柱绞车将最小控顶距外的一排支柱从下而上全部回收形成一个溜矸道;然后,在密集支柱外由下向上钉上竹笆,同时回收采空区侧的三排支柱，一次钉竹笆和回撤支柱的倾斜长度6 m。接着，由0.6 m³的翻斗车自上风巷翻倒矸石进行采空区充填。按上述的钉笆、加柱、充填的顺序，一直将矸石充填到回风巷为止。

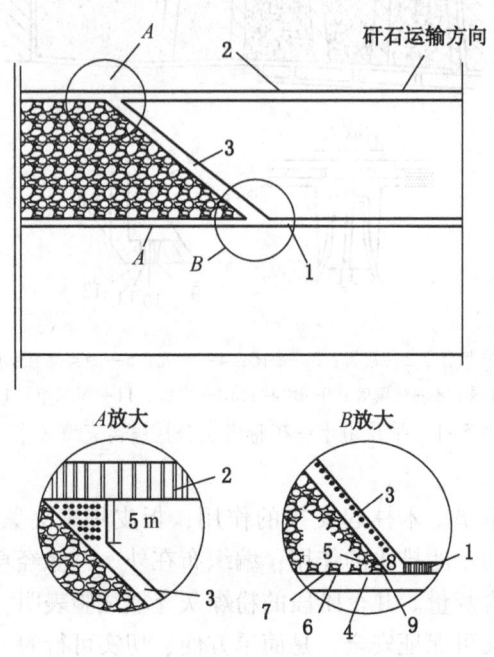

1—区段运输平巷；2—区段回风平巷；3—开采工作面；4—下区段回风平巷；
5—挡矸墙；6—底梁；7—竹笆；8—溜煤板；9—输送机

图5-2 伪倾斜布置工作面走向长壁矸石充填法巷道布置

2）矸石自溜充填开采效果

广州二矿矸石自溜充填开采自1985年6月开始到1987年4月结束，在北三、北四和北五采区共采出40561 t煤炭，充填矸石12887 m³，矸石充满率平均达70%。地表变形控制在Ⅰ级变形范围内，地面房屋完好无损，避免了村庄的搬迁，也回收了煤炭资源，增加吨煤成本1.45元。

5.3 21世纪我国充填开采技术发展

5.3.1 我国充填开采技术进步

1. 煤矿充填开采发展

进入21世纪以来，全社会环境保护意识增强，环保事业加快发展。2002年以后，煤炭形势从当时的低谷中走出，效益逐渐好转，并开启了"黄金十年"。在此背景下，煤矿充填技术得到快速发展。充填技术（充填材料和制备输送）也从过去的高含水水砂充填、高含水粉煤灰水力充填类型转化为低含水的膏体充填；从理念上，我国矿区开采沉陷控制和矿区生态修复，也从过去采煤沉陷区被动事后治理转变为岩层控制关口前移的事前防治，更加重视源头控制抓起的充填工作。

2003年，距邢台市区很近的邢台邢东矿率先探索应用了矸石巷式掘采充填，实现了矸石不上井，产生了积极的示范效应；2006年，长壁面矸石和膏体充填同时实现突破：新汶泉沟矿实现了普采面的矸石充填，新汶孙村矿试验成功综采面矸石似膏体自流充填，太平矿开始应用以泗河沙为骨料的膏体泵送充填开采；2007年，新汶翟镇矿实现了综采面矸石充填；2008年，峰峰陶一矿实现了综采面超高水充填。在2003—2008年6年时间里相继研发试验了固体、膏体、超高水3种不同类型充填材料和巷式掘采（连采）、综采充填工艺以及相应装备的可行性，并形成了工作面充填的主要模式，有力地促进了我国煤矿充填开采技术发展，多项研究成果达到矿山充填领域国际先进或领先水平。

2012年，山东全省已有35对矿井实施充填开采，完成开采工作面136个，累计充填矸石1720万t，充填开采煤炭1400万t。

2021年，河北邢东矿经过20年不间断充填开采和持续创新发展，实现了矿井矸石不升井，带动了充填工艺、材料、装备的革新进步，从根本上改变了先破坏后治理的采煤方法，实现了全域范围的地表沉降有效控制和地表环境保护，建成了采煤过程主动保护环境的技术生产体系。近两年建下充填采煤74.29万t，增加产值45645.68万元，增加利润11143万元。每年可节省地面处理矸石费用2016万元，同时还节约了村庄搬迁的费用超过20亿元。

2. 煤矿充填开采分类

在我国现有充填开采方法中，可按具体充填材料、充填材料含水量比例以及充填工作面采煤方法来分类。

按具体充填材料，充填开采分为沙（砂）子充填、粉煤灰充填、矸石充填、建筑垃圾充填和高水材料充填等。

按充填材料含水量比例，充填开采分为固体充填、膏体（似膏体）充填和高水（超高水）充填等。固体充填的充填材料含水量很少；膏体充填的充填材料为似膏体浆体，含水率质量百分比一般为12%~65%；高水充填的充填材料为以粉煤灰或尾矿等硅质材料为主巷料，延缓剂、速凝剂、固化剂和膨胀剂等为辅料，高水或超高水充填材料含水率百分比达到66%~97%。

按充填工作面采煤方法分为巷式掘采（连采）充填、长壁普采充填和长壁综采充填等。巷式掘采的采掘装备为巷道掘进机，巷式连采的采掘装备为连续采煤机。

河北、山东、河南、安徽、山西、陕西和内蒙古等省区，加强政策引导，强化充填开采监管，坚持保护性开采与稳产策略，煤矿企业积极探索应用充填开采技术，解决"三下"压煤开采、矸石处置、保水开采难题。表5-3列出了国内煤矿充填开采的23个工程实例，基本涵盖了我国煤矿所有充填开采类型。

表5-3 我国煤矿充填开采工程实例

序号	煤矿	充填-开采类型	充填目的	采厚/m	单位采煤量、充填量和吨煤成本	技术特色
1	冀中邢东	固体矸石-巷式掘采	工厂下采煤	3.5	—	以矸置煤，抛矸
2	太原东山	固体矸石-巷式掘采	建下采煤	6.5	—	以矸置煤，渐进式，抛矸

表5-3(续)

序号	煤矿	充填-开采类型	充填目的	采厚/m	单位采煤量、充填量和吨煤成本	技术特色
3	淄博许厂	固体矸石-巷式掘采	建下采煤	4.9	—	回收条带煤柱，抛矸
4	枣庄高庄	固体矸石混凝土-巷式掘采	建下和湖下采煤	4~6	年采15万~20万t，成本89元	桥拱式全采，抛矸
5	新汶泉沟	固体矸石-壁式普采	建下采煤	1.7	—	壁式普采，抛矸
6	新汶鄂庄	固体矸石-壁式普采	建下采煤	1.0~2.1	成本92.65元	壁式普采，抛矸
7	新汶协庄	固体矸石-壁式普采	掘进矸石处理	1.53	月采1.5万t，充80 t/h，成本102元	固体矸石风力
8	新汶翟镇	固体矸石-壁式综采	建下采煤	1.5~3.0	充150 m³/班，成本63.36元	综采带捣实
9	济宁花园	固体矸石-壁式综采	"三下"采煤	2.0	比条采增加成本249元	综采带捣实，全矿
10	兖矿济三	固体矸石-壁式综采	河堤下采煤	3.5	成本239元	综采带捣实
11	冀中邢台	固体矸石-壁式综采	建下采煤	2.5~3.0	年采60万t，成本55元	综采带捣实，并加强注浆
12	淄博岱庄	膏体-壁式综采	建下采煤	2.5~2.9	年采50万t，充150 m³/h，成本218元	回收条带煤柱，综采膏体
13	济宁太平	膏体-壁式综采	水体、河堤和建下	2.2	成本223元	综采膏体充填
14	榆林榆阳	膏体-壁式综采	含水层下	3.5	年产60万t，成本81.5元	风积砂膏体，自流
15	滕州级索	膏体-壁式开采	建下采煤	0.98~1.40	成本110元	建筑垃圾、膏体短壁全采
16	兖矿北宿	似膏体-壁式普采	建下采煤	0.7~1.2	成本160元	薄煤层、似膏体、泵送
17	新汶孙村	似膏体-壁式普采	工厂下采煤	2.1	月采1.7万t，充1.4万t，成本85元	似膏体、自流
18	肥城曹庄	似膏体-壁式普采	承压水上采煤	1.96	成本100元	似膏体、倾斜短壁前进
19	淄博王庄	高水膨胀-巷式和壁式普采	建下采煤	0.95~1.83	年采15万t	高水膨胀、自流

表5-3(续)

序号	煤矿	充填-开采类型	充填目的	采厚/m	单位采煤量、充填量和吨煤成本	技术特色
20	晋煤王台铺	高水-旺格维利	建下采煤	2.5	年采20万t	粉煤灰高浓度、自流
21	神州煤业	高水-壁式综采	垃圾场下采煤	1.7	年采15万t	粉煤灰高浓度、自流
22	临沂田庄	超高水-壁式普采	建下采煤	1.2	年采8万t，充5万m^3，成本127元	薄煤层、超高水，普采
23	冀中陶一	超高水-壁式综采	建下采煤	3.9	充60 m^3/h，成本87元	厚煤层、超高水、综采仰斜

5.3.2 充填材料性能及制备输送

充填开采岩层控制的原理是通过对采空区充填物料来实现对顶板的支撑，同时与地层形成共同体，参与系统的共同作用，达到上覆岩层结构的"永久"平衡。不同类型的充填材料在压力作用下的力学性能不同，对上覆岩层的控制效果起着重要影响。

1. 固体充填材料

1) 材料性能

固体充填是将满足一定粒径要求（一般≤150 mm）的固体块体或颗粒直接作为充填材料使用，目前应用最多的是矸石、粉煤灰、建筑垃圾等。固体充填材料的特点是块体或颗粒之间存在空隙，在覆岩压力作用下呈现独特的应力应变特征，多位学者对此进行了实验室研究。作者在对容器口径、施加载荷、颗粒直径和仿真内衬等几个方面进行较大改进，使实验尽量接近现场实际情况的基础上，对矸石散体颗粒级配及其抗压缩性能进行了更为深入的探讨。模拟特硬煤体时，直接采用无缝钢管；模拟坚硬煤体时，采用钢筋混凝土内衬；模拟中硬和松软煤体时，采用不同配比的环氧树脂内衬，如图5-3所示。以矸石为例，实验得出固体充填体的压缩大致可以分为3个阶段（图5-4）。第一阶段为初步压实阶段。在轴向应力的作用下，矸石块体间互相挤压，空隙减小，在较低的载荷作用下试样压缩量快速增加。第二阶段为破裂压密阶段。此阶段主要由于矸石块体的变形、破坏，压碎矸石对细小空隙进一步填充、压密。第三阶段为整体稳定压实阶段。矸石的压缩变形量随着应力的增大以线性方式逐渐趋于平稳。实验表明：矸石的变形特性由散体介质的特性逐渐向连续介质特性转换，大部分变形发生于前期，压缩变形幅度呈逐渐较小趋势；量值方面，在10~20 MPa应力作用下，矸石充填体的压缩变形量一般为30%~40%，矸石在初始较小应力（1~2 MPa）的作用下，其变形量约为总变形量的50%；仿真模拟四类煤体条件中，压缩值均随着煤体弹性模量的增加而减少，煤体强度对压实曲线和侧压曲线均有较大影响。实验也得出：相同压力下矸石压缩率与级配密切相关。在单一级别颗粒试验中，较细颗粒材料的压缩率低；在混合级配中，符合泰波理论压缩率最低。泰波理论（又称最大密度曲线 n 幂公式）认为矿质混合料组配的级配曲线应在一定的范围内波动，其公式如下：

(a) 环氧树脂　　(b) 环氧树脂　　(c) 混凝土　　(d) 无缝钢管

图 5-3 模拟不同类型煤体的内衬和加载容器

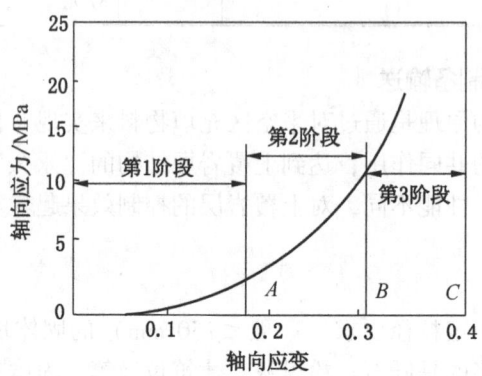

图 5-4 矸石充填材料压实曲线

$$P = 100 \times \left(\frac{d}{D}\right)^{1/n} \tag{5-1}$$

式中　n——级配指数；
　　　P——通过百分率，%；
　　　d——欲计算通过百分率的粒径，mm；
　　　D——混合料最大粒径，mm。

当 n 在 0.5 附近变化时，对密实度影响不大；$n=0.3\sim0.7$，密实度尚可；$n=0.35\sim0.45$，工作性好（工艺性能好）；$n=0.45\sim0.5$，密实度最大。

2) 材料制备和输送

一般选用井下掘进或洗选矸石及地面矸石山的矸石，采用破碎机破碎至要求粒径。井下矸石采用矿车或带式输送机（在适时位置设置矸石仓和破碎机）输送至充填地点；为实现地面固体物料合理运输至井下，研发了固体物料垂直投料系统，即从地面垂直开掘一条投料孔至井下，并安装投料管作为固体物料的输送通道，固体物料即可从地面直接投放。

2. 膏体充填材料

1) 材料性能

借鉴金属矿尾砂膏体材料制作方法，制成了充分利用煤矿固废的膏体充填材料。其是由骨料（一般粒径≤15 mm）、胶凝材料、外加剂和水按照一定配比制成，浓度可达到80%，在管路输送过程不沉淀、不离析，进入充填区域后几乎不泌水，相比水沙充填、低浓度充填，取消了井下排水环节。在膏体组成部分中，除采用矸石作为骨料外，还有建筑垃圾、细河沙、风积砂、炉渣等；胶结料一般采用水泥、粉煤灰等，近年来国内外关于利用工业废渣（尤其是利用钢渣、矿渣和粉煤灰）制备胶凝材料方面取得了重大的研究成果；外加剂对于充填材料性能的调节能力和种类也在日益进步。

膏体凝固后成为密实的固结体，相比固体充填材料，密实度和强度高，压缩率小，充填时容易接顶，因此在控制覆岩移动和地表沉陷方面具有明显优势。膏体的强度对充填效果起决定作用，是主要参数之一。合理的充填体强度不但控制着采矿成本，而且控制着充填体的力学行为。影响充填体强度的主要因素有胶结材料种类与加入量、料浆浓度、颗粒级配及骨料的化学成分等，即主要通过改变配比来实现强度的调整。煤矿长壁面全采全充法所需单轴抗压强度为2~4 MPa，相当于软弱岩石，膏体压缩率0.5%~1.0%，变形表现为明显的塑性破坏，如图5-5所示。

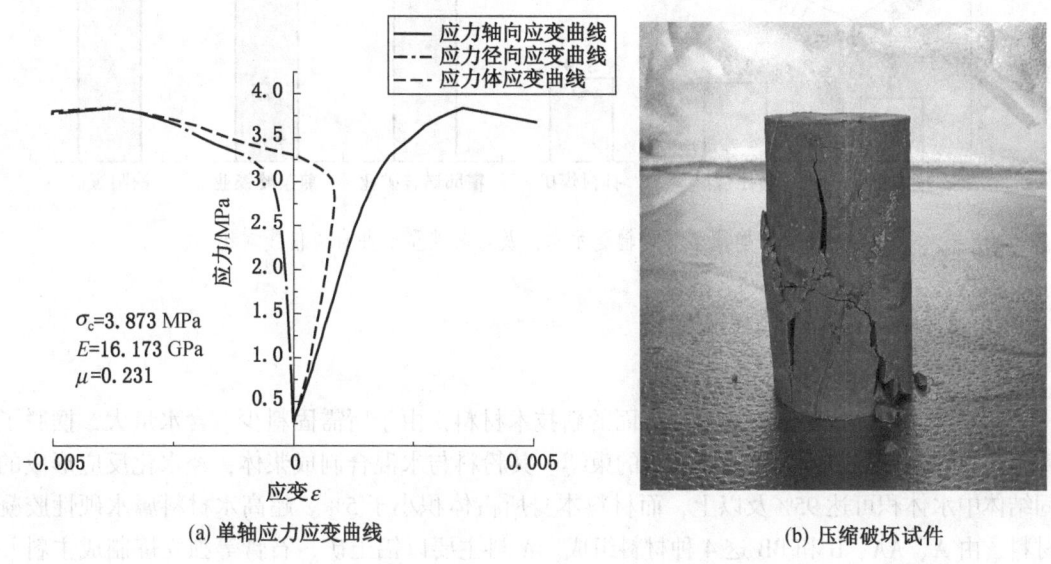

(a) 单轴应力应变曲线　　　　　　(b) 压缩破坏试件

图5-5　某配比膏体单轴应力应变曲线和压缩破坏试件

2) 材料制备和输送

制备膏体材料的充填站一般设置在地面，能力达到150~200 m³/h，满足工作面充填的需求。膏体制备和输送系统实现自动化，能够保障原材料合格、配比准确，并进行故障反馈和处置。以矸石膏体为例，包括：原料矸石供给、成品矸石制备、除尘、膏体配比搅拌、泵送、充填管道、充填专用控制阀、电气集中控制、附属设施及配套等。地面制备的膏体料浆通过管路输送至井下充填区域，按照输送动力分为泵送和自流两种方式。由于膏体料浆在管道输送中阻力损失较大，80%以上的充填矿井依靠泵送加压才能实现料浆输送。目前已实现充填工业泵的国产化，单台泵送能力达到250 m³/h，泵送距离3 km，满足矿井充填需要。

泵送设备使得充填系统设备投资增加，复杂性提高，应尽可能采用自流充填。作者及其团队2012年针对我国西北环境脆弱区煤炭资源大规模开采与生态环境保护的矛盾，开发了以当地地表广泛赋存的毛乌素沙漠风积砂为骨料的膏体充填材料，在榆阳矿设计建立了倍线14.9（管路总长度2350 m、垂深158 m）的自流输送系统，突破了膏体自流倍线不超过4~6的传统认识，为已公开文献世界矿山自流充填最大倍线，如图5-6所示。通过该实例深入研究物料构成对膏体管输阻力损失影响机制，有望解决矸石膏体管道输送阻力损失偏大的问题，扩大自流输送的应用比例。

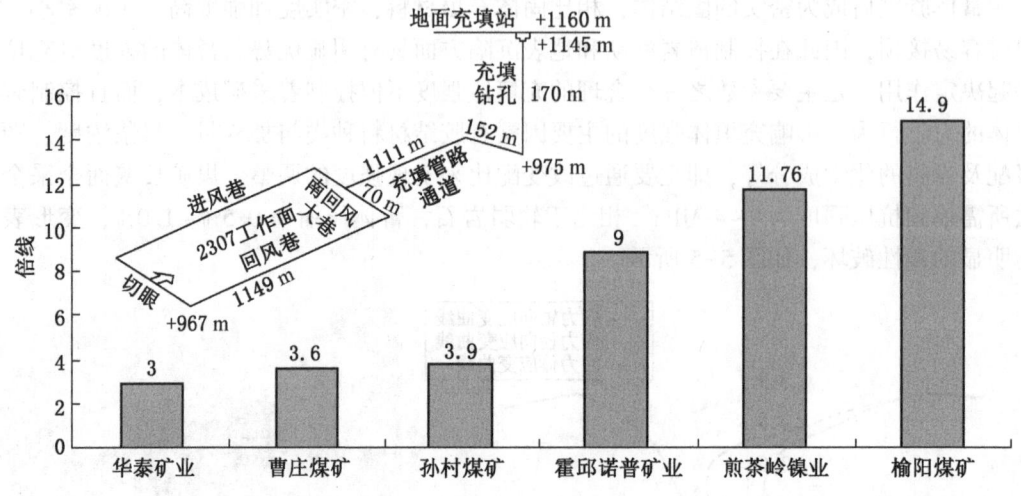

图5-6 榆阳矿管道输送示意图及与其典型矿井自流倍线对比

3. 超高水充填材料

1）充填材料性能

超高水材料是近年来充填材料方面的新技术材料，由于所需固料少、含水量大，摆脱了实施充填开采依赖传统大宗固体物料的束缚。其粉料与水混合制成浆体，经水化反应形成的固结体中水体积可达95%及以上，而材料本身所占体积小于5%。超高水材料属水硬性胶凝材料，由A、AA、B和BB这4种材料组成。A料主要以铝土矿、石膏等独立炼制成主料并配以复合超缓凝分散剂AA使用，加水制成A浆体；B料由石膏、石灰混磨成主料并配以少量复合速凝剂BB使用，加水制成B浆体；A，B这2种浆体以1:1比例在充填地点混合后使用。

超高水材料速凝早强，是工作面充填的有利因素。A、B两料单浆液可持续30~40 h不凝固，混合以后材料可在8~90 min之内快速水化并凝固。固结体初凝强度可达到最终强度的20%，7 h抗压强度可达到最终强度的60%~90%，后期强度增长趋势较慢，28 d强度可达到0.66~1.50 MPa。超高水材料固结体由钙矾石、铝胶和游离水等构成，钙矾石是其中的主要物质，因此，该材料不适于在干燥、开放、高温环境中使用。

2）材料制备及输送

超高水材料充填工艺系统一般由浆体制备、浆体输送、A与B浆体混合及充填4个部分组成（通常充填能力≥300 m³/h）。浆体制备子系统的构成由其工艺过程决定，包括来料接收后的储料、储水、水称量、料称量、混合搅拌、浆体储备等。浆体输送子系统实现从浆体制备点的储浆池（或桶）到使用点前混合处的连续传送。由于超高水材料充填工艺采用双浆输送系统，A、B这2单浆液在充填到目的地之前，必须实现充分混合，一般使用混合三通、混合器及混合管来完成。

5.3.3 工作面充填开采工艺

随工作面推进，在顶板冒落之前及时进行充填，相比冒落区或离层带充填，能实现最大的充填量，达到最好的岩层移动控制效果和固废处理量。因此，随工作面推进充填是当前煤矿主要的充填方式，并形成了以综采面充填和连采面充填为代表的工艺。

1. 综采面充填工艺

综采面充填的应用，实现了充填开采的机械化，提高了充填效率和充填效果，同时为无煤柱开采创造了有利条件。工作面推进按照"采煤-充填"交替循环的方式进行，即每推进一定距离，对产生的采出空间进行一次充填，如此交替前进。根据调研，充填能力达到 $(20{\sim}40)\times10^4$ t/a，有的突破 50×10^4 t/a，但距高产高效尚有较大差距。因此，有必要剖析影响工作面生产效率的原因，以提出相应的解决方案。

1）固体充填的特点及效率制约因素

固体充填液压支架是综采固体充填的关键设备。其后方增加了一条高度可以调节的底卸式刮板输送机，通过抽板溜槽的开启和关闭实现矸石的漏放，支架底座装置捣实机构，提高后方固体充填材料的密实度，如图5-7所示。综采固体充填面一般采用一刀一充的方式，充填工序：顺平后部底卸式刮板输送机→放矸→捣实→放矸→面前挂网→割煤→推移前部刮板输送机→移架→下一循环。

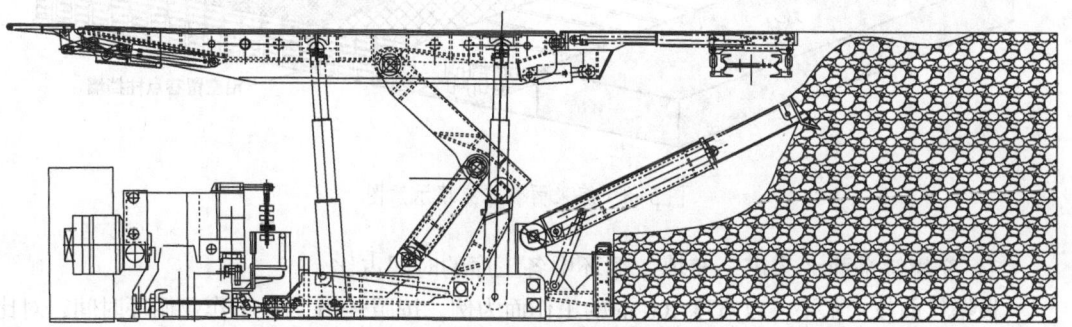

图5-7 综采面矸石充填示意图

固体充填液压支架自应用以来，几经改进，结构不断优化，适应性逐渐增强，充填效率和效果不断提高。但实践过程中发现目前仍面临以下问题：①矸石刮板输送机采用吊挂装置软联接于支架的后顶梁下部，空间受限，相对于安设在底板上工作的刮板输送机稳定性差；②运送矸石充填物时，矸石充填物与中板黏结，工作阻力加大，尤其是停机后物料不能清理，溜槽上黏附的物料固化，致使刮板输送机启动阻力增大；③矸石刮板输送机悬挂在支架后顶梁下的空间内，其工作环境比在工作面内要差，容易出现机电事故，由于空间小而使其维修难度大。

2）胶结（膏体、超高水）充填的特点及效率制约因素综采胶结充填面一般每采 2~3 刀煤实施一次充填。针对充填材料初始状态为浆体的特点，充填工序主要包括：充填空间的密封、充填作业及充填材料的凝固。其中，充填空间顶板的控制及密封对保证充填效果和提高充填效率意义重大。

（1）充填空间顶板的控制。每个循环的充填空间如同一条随工作面推进而移动的切眼，该范围内的顶板一般不发生冒落，但不可避免发生掉块。掉块对工人在该空间内实施作业造成安全威胁，同时掉块也可以将充填包砸破，造成充填漏浆。目前主要采用两种措施：一种是支架后方设置宽体后尾梁，工人在后尾梁下作业；另一种是采用锚杆对顶板进行临时支护。这两种措施缺点是：前者由于后尾梁厚度达 200~300 mm，降低充填率，后尾梁的长度（仅 1.5 m 左右）使充填步距受限；后者则增加了顶板工序和时间，增加了支护成本。

（2）充填空间的密封。充填空间是由上循环充填体外立面、两端头煤壁（或沿空留巷挡墙）、顶底板、支架后部挡墙构成的六面体。充填空间必须密闭而不透浆，且侧面能够承受浆体的侧压力，满足这两个要求的难点在于支架后部挡墙位置。针对密闭性，采用在充填空间吊挂充填袋（包）的形式，如图 5-8 所示，或在支架后部挡墙采空区一侧沿挡墙铺设土工布至顶底板，阻隔浆体向工作面流动；支架后部挡墙能够抵抗浆体充填过程的侧压力，但应保证较小的架间间距及两端头设置足够强度的侧挡装置。

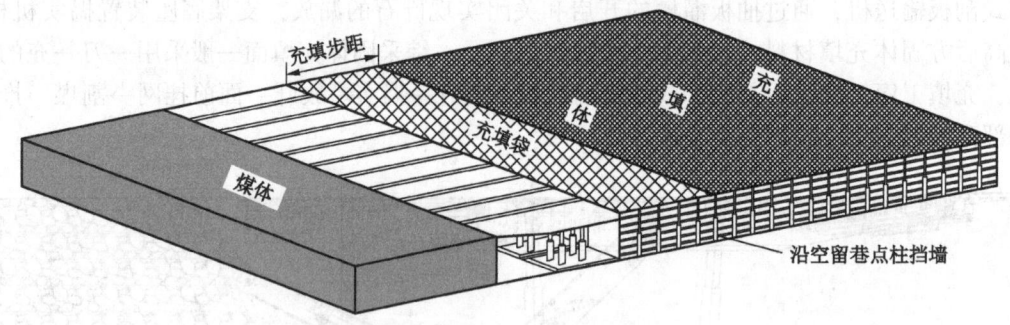

图 5-8　综采面膏体充填示意图

3）充填综采面"采煤—充填"循环中各工序的时间占比

根据目前技术水平，以宽度 100 m 的工作面为例，按照 24 h 为一个作业循环时间，对比普通综采和充填综采各工序时间占比，如图 5-9 所示。①普通综采条件下 2 班采煤、1 班检修，采煤 10 刀。②综采固体充填条件下，采煤 3 刀用时 4 h，充填 16 h，检修 8 h，用于充填的相关时间约为采煤的 4 倍。③综采膏体充填条件下，采煤 3 刀用时 4 h，密封 8 h，充填 4 h，凝固（检修）8 h，可以看出，充填相关时间约为采煤时间的 5 倍；若采用超高水材料，凝固时间缩短，采煤刀数可增加为 4 刀用时 5 h，充填相关时间也达到了采煤时间的 4 倍。

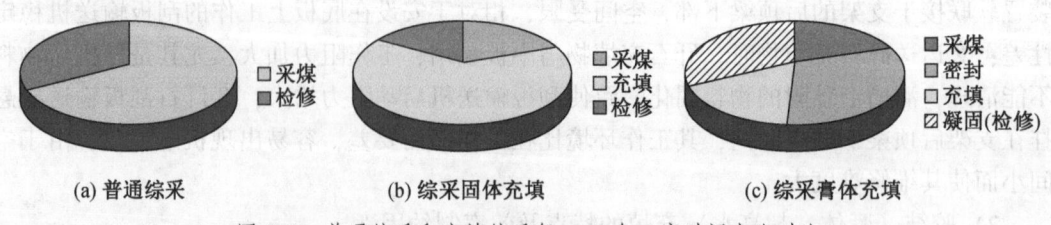

图 5-9　普通综采和充填综采每 24 h 各工序时间占比对比

5 煤矿充填减沉开采技术及其工程实践

通过分析可以看出,在充填综采中,充填相关工序的时间大大超过了采煤时间,使得采煤刀数由 10 刀减小至 3~4 刀,生产效率降低约 70%。因此,应针对充填工序的特点,综采固体充填应从优化底卸式刮板输送机结构等方面,综采胶结充填应从提高充填空间临时护顶和密封效率、减少材料早强凝固时间方面入手提高充填效率。

2. 连采面充填工艺

采用连续采煤机采煤形成的若干支巷为独立空间,实施充填不对采煤造成干扰,可实现采充平行作业,目前已在内蒙古裕兴矿业有限公司、晋煤王台铺矿等多个煤矿得到应用,工作面生产能力取决于采煤能力,可达到 40 万 t/a。巷式连采充填技术结合连采工艺分步骤进行:首先进行支巷的掘进、充填,待充填体满足强度要求后,将支巷间煤柱进行回收,根据需要对回收后的空间进行充填,如图 5-10 所示。技术特点与优势如下:掘、采、充 3 个工序分布在不同支巷,可实现自然隔离,采充互不干扰,平行作业;采充生产系统简单,设备人员投入少,生产管理简单,安全程度高;采用的充填材料包括固体、膏体、超高水材料等;适用于边角煤、保护煤柱等较小范围的不规则煤体开采。

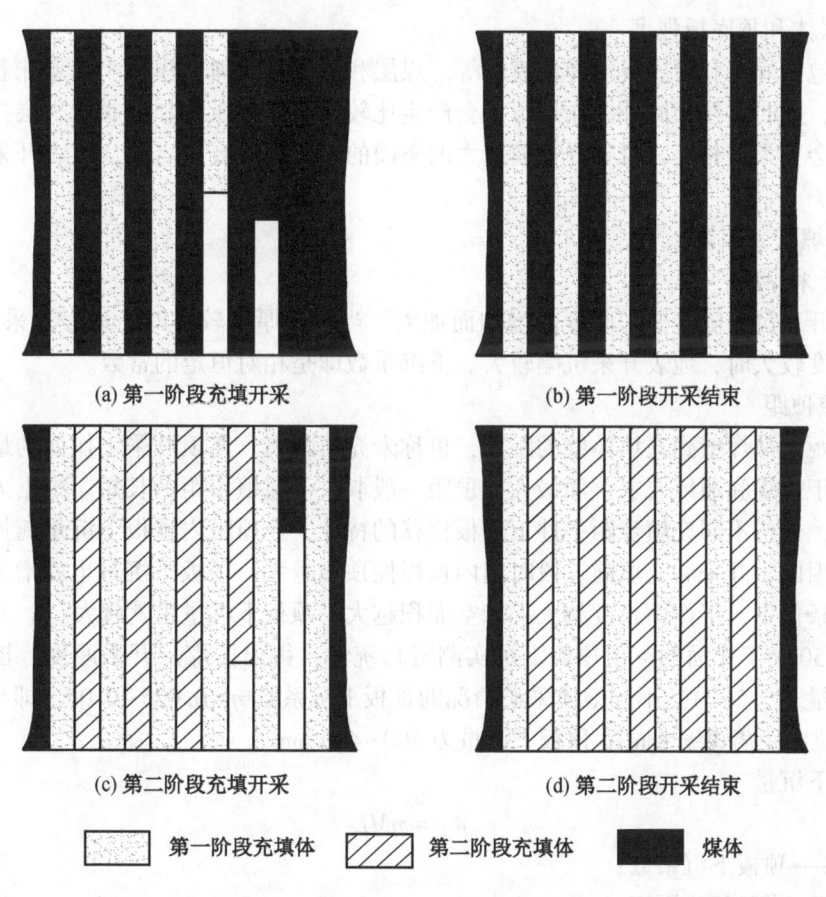

图 5-10 连采充填分阶段实施示意图

5.4 充填开采岩层控制研究

充填开采工作面作业空间是一种特殊围岩结构，相当于一个大巷道，它的一侧为实体煤壁，另一侧为充填的采空区。充填开采的过程，既是随着工作面推进采后岩体原始应力平衡状态受到破坏和应力重新分布过程，也是充填作业后充填体提供围岩支撑和侧限和达到新的平衡的过程。它产生的开采沉陷是一个较复杂的时间和空间变化过程。在这个特殊围岩结构中，影响地表开采沉陷的因素较多，主要分为原始地质条件因素，如原岩应力、煤体和顶底板强度等；开采强度因素，如开采厚度、控顶距和空顶时间等；充填体因素，如高度充填率和平面充填率以及充填体强度和沉缩率等。

5.4.1 充填开采岩层控制主控因素分析研究

1. 地质因素

1）原岩应力

一般地，原岩应力主要与开采深度相关。开采深度增加，上覆岩层压力加大，从而使得实体煤煤柱的压缩、空顶区顶底板移近量和充填体压实量增加，所以，在开采深度大的区域进行充填开采时，地表开采沉陷也会增大。

2）煤体和顶底板强度

它们包括煤层和顶底板的弹性模量等。煤层和顶底板的弹性模量小，意味着煤层和顶底板松软，此时，在相同外力作用下，会产生比较大的煤柱压缩和顶底板岩层挤压，地表开采沉陷会变大；相反，对于弹性模量大的坚硬的煤层和顶底板岩层，地表开采沉陷就会相应减小。

2. 充填开采因素

1）开采厚度

地表开采沉陷随着开采厚度的增加而加大。当采出厚度较小时，地表开采沉陷较小；而采出厚度较大时，地表开采沉陷较大。下沉系数即是相对恒定的常数。

2）控顶距

控顶距是从煤壁到充填体壁的距离，也称未充填距离。充填开采工作面的最小控顶距一般取决于采煤和通风要求，而最大控顶距一般取决于充填步距的长短。根据力学理论和数值计算，分析不同充填步距条件下顶板位移的特性，控顶距内顶板下沉量随控顶距增加而增加。因此，开采后充填前这段时间内顶板控顶距越大，顶板下沉量也就增大；而在相同控顶距条件下，工作面长度越大，悬空面积越大，顶板下沉量也就越大。

根据 50 个工作面的空顶顶板下沉实测资料统计，得出按煤层开采厚度、控顶距计算顶板下沉量式（5-2）。不同地质采矿情况的顶板下沉系数 $\eta = 0.025 \sim 0.05$，即当开采厚度为 2 m，位置距离煤壁 4 m 处顶板下沉量为 $200 \sim 400$ mm。

顶板下沉量

$$W_1 = \eta ML \tag{5-2}$$

式中　η——顶板下沉系数；

M——煤层开采厚度，m；

L——最大控顶距，m。

3) 空顶与充填时间间隔

在上覆载荷作用下，如果开采空间长时间没有得到充填，空顶顶板除了弹性的即时下沉变形外，势必还会出现缓慢而持续的蠕变。在相同控顶距条件下，采后充前的时间间隔越长，顶板下沉量也会增加，地表开采沉陷也就加大。

3. 充填体因素

1) 充填率

在此定义充填率为充填体积与可充填体积的比值。充填材料没有充满可分为充填高度上未接顶或者充填平面上没有全部充填这两种情况。采空区没有充满多是因为充填工艺限制、充填材料不足和降低充填成本等原因。采空区高度上未接顶高度，势必引起开采沉陷。

图 5-11 是在榆阳某矿开采深度 160 m、开采厚度 3.5 m 和充填体弹性模量 1 GP 条件下采厚充填率从 50% 增加到 100% 时地表最大下沉值数值模拟结果，地表最大下沉值从 1653 mm 减小到 177 mm，也即下沉系数从 0.47 减小到 0.05。它显示不同充填率条件下地表下沉值呈指数函数变化趋势，随着充填率的增加，地表下沉值呈非线性函数减小。

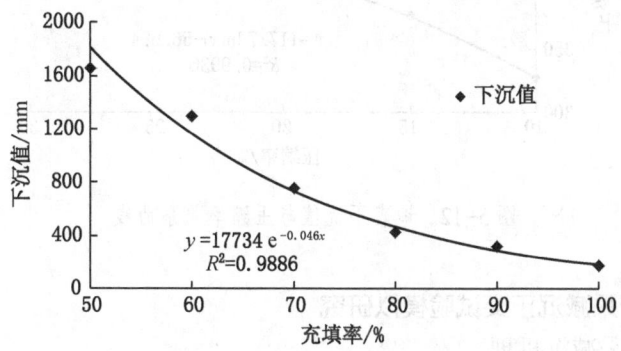

图 5-11 地表下沉值与充填率关系曲线

采空区平面上没有全部充填（比如条带充填等）引起的地表沉陷，可依据平面上充填率按照条带充填支撑理论计算。

总体来说，充填率高时，采空区内充填体支撑充分，顶板下沉潜在空间有限，地表下沉量值小，减沉的效果好；相反，充填率低时，在上覆岩层载荷作用下，会出现较大的下沉空间，减沉的效果差。

2) 充填体强度和压缩率

充填体强度和压缩率对控制顶板和地表下沉起着重要作用。在充填工作面中，实体煤壁、采空区充填体和空顶区支护各承担部分上覆岩层载荷。在上覆岩层压力作用下，坚固、刚性大、级配好、致密的充填材料的充填体支撑效果好，充填体压缩量也小；相反，充填体压缩量就大。充填体强度和压缩率对地表开采沉陷影响较大。

表 5-4 是在榆阳某矿开采深度 160 m、开采厚度 3.5 m 和充填率 90% 条件下充填体弹

性模量从 1 GPa 增加到 5 GPa 时地表最大下沉值数值模拟结果，地表最大下沉值从 325 mm 减小到 124 mm，也即下沉系数从 0.093 减小到 0.035，减小比例约为 62%。

表 5-4 不同充填体强度（弹性模量）条件下地表最大下沉值和下沉系数

弹性模量/GPa	1	2	3	4	5
下沉值/mm	325	263	199	159	124
下沉系数	0.093	0.075	0.057	0.045	0.035

图 5-12 是在榆阳某矿开采深度 160 m、开采厚度 3.5 m 和充填率 90% 条件下充填体压缩率从 10% 增加到 30% 时地表最大下沉值数值模拟结果，地表最大下沉值从 318 mm 增加到 452 mm，也即下沉系数从 0.09 增加到 0.13，增加比例约为 30%。

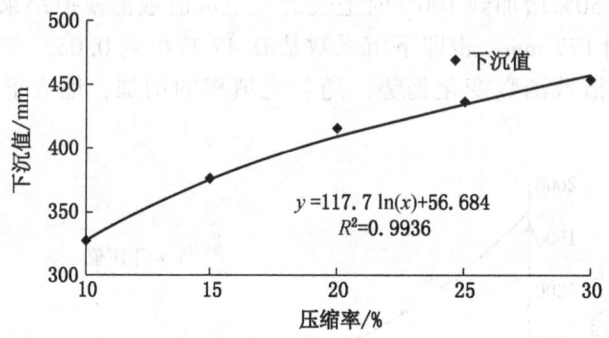

图 5-12 地表下沉值与压缩率关系曲线

5.4.2 充填条带开采减沉正交试验模拟研究

1. 充填条带开采减沉机理

条带开采对于"三下"压煤开采发挥着重要作用。而充填条带开采是在条带开采中将采出条带在进行充填；条带充填开采是在长壁工作面采空区进行条带（部分）充填，并非全部充填。因此，充填条带开采是控制地表下沉和处理地面废弃物等最有效措施之一。充填条带开采是条带开采加井下充填，既有利于岩层控制，又有利于地方环境。在此，基于条带开采中粉煤灰充填，研究充填条带开采减沉机理和各因素对充填减沉作用。

煤层一经采出，井下便形成了无支护的采空区，工作面周边的原始应力平衡被打破，岩体应力必定进行再分配。工作面围岩，特别是上覆岩层由于应力分布的结果必将产生采动影响。在开采后未进行充填时，上覆岩层仅由煤柱支撑；而把充填物填入采空区后，充填体充满或接近充满采空区，在充填体—煤柱—围岩系统中，充填体主要具有应力支撑、侧限作用功能，通过这两功能增强系统的稳定性。

1）支撑作用

条带充填开采中，充填体直接接顶或覆岩沉降被动接顶后，充填体均支撑受力，部分垂直压力转移到充填体上，充填体将与条带煤柱一起抵抗来自上覆岩层的垂直应力。充填体的支撑作用减少条带煤柱压力。

2) 侧限作用

条带充填开采中，充填体使煤柱侧向的自由面转变为约束面。在煤柱的水平方向，有两个力，一个是来自于充填体自重的静态压力，另一个是因煤柱的膨胀而引起的被动压应力。这两个水平应力构成了煤柱的侧向压应力。图5-13直观说明充填限制煤柱横向变形，增加侧向应力的作用。充填体的侧限作用提高了充填条带开采系统的稳定性。

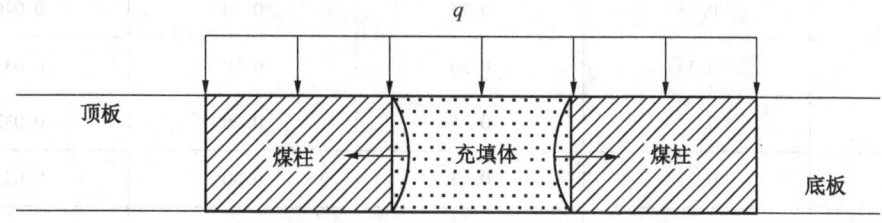

图5-13 充填体侧限作用

3) 充填条带开采减小地表下沉

条带开采地表下沉是由煤柱的压缩量、煤柱对煤层顶板的压入量和煤柱对煤层底板的压入量三者组成的。充填体支撑作用，减少了煤柱垂直应力；充填体侧限作用，改变了煤柱的受力状态，增强了煤体承受能力。煤柱强度和煤柱应力决定了煤柱的稳定性和地表沉陷。显而易见，充填体改变围岩应力分配，充填体和煤柱互相作用提升煤柱强度，从而控制了地表下沉。

2. 充填条带开采模拟分析

地表下沉主要取决于采出率、充填率和充填体的弹性模量。在模拟计算中，选取这3个独立的因素分析在条带开采中采矿因素与充填体诸因素对地表下沉的作用影响。采用正交试验方法，设计了三因素三水平多个方案。三因素是采出率、充填率以及充填材料与煤柱的弹性模量比，而因素的三水平取值和初始条件，见表5-5。

表5-5 因素的三水平取值和初始条件

水平	采出率 R_w	充填率 R_h	弹模比 R_e	初始条件
1	0.50	0.25	0.20	采宽6.1 m，采深60 m，采厚1.2 m，煤泊松比0.3，煤弹模103.5 MPa
2	0.33	0.50	0.50	
3	0.25	0.75	0.80	

采用二维线弹性的Algor计算程序进行模拟分析。为了真实地反映条带开采条件，在模型中，对4个煤柱和5个采宽的区域进行了计算，计算出来的下沉系数见表5-6。

表5-6 正交试验数据及其结果

方案	采出率 R_w	充填率 R_h	弹模比 R_e	下沉系数 q
1	0.50	0.25	0.20	0.148

表5-6(续)

方案	采出率 R_w	充填率 R_h	弹模比 R_e	下沉系数 q
2	0.50	0.50	0.50	0.085
3	0.50	0.75	0.80	0.060
4	0.33	0.25	0.50	0.046
5	0.33	0.50	0.80	0.033
6	0.33	0.75	0.20	0.033
7	0.25	0.25	0.80	0.023
8	0.25	0.50	0.20	0.024
9	0.25	0.75	0.50	0.017

3. 回归分析

在给定的地质采矿条件下，随着采出率的增加，其地表下沉一定随之增加，下沉系数也增大。下沉系数与采出率具有一个特殊函数关系。当采出率在较低范围变化时，下沉系数的增量不大；而当采出率在较高的范围变化时，下沉系数随采出率的增减梯度差异较大。因此，可以选取指数函数作为下沉系数与采出率的变化关系。

下沉系数也随着充填率的变化而发生变化。如果围岩和煤柱被充填材料紧密地充满，那么充填材料可以为围岩和煤柱提供侧应力。此时，围岩和煤柱的承载能力将提高。充填体越满，下沉系数愈小。

充填体强度是改善提高围岩和煤柱强度的又一个重要因素。如果充填材料具有相对高的弹性模量，那么充填体就能为围岩提供较大的阻力，限制煤柱的压缩、片帮和开裂。因而，下沉系数也具有随充填体弹性模量的增加而减小的规律。

经研究确定式（5-3）作为下沉系数与采出率、充填率、充填体对煤层的弹性模量比的回归拟合关系函数。通过取对数，式（5-3）变换为式（5-4）。而在 R_w、q 栏内的数值也转换成自然对数的数值，见表5-7。

$$q = C_0 \cdot R_w^{C_1} \cdot e^{C_2 R_h} \cdot e^{C_3 R_e} \tag{5-3}$$

$$\ln q = \ln C_0 + C_1 \cdot \ln R_w + C_2 R_h + C_3 R_e \tag{5-4}$$

表5-7 回归拟合分析数据

方案	$\ln R_w$	R_h	R_e	$\ln q$
1	-0.693	0.25	0.20	-1.910
2	-0.693	0.50	0.50	-2.465
3	-0.693	0.75	0.80	-2.813

表5-7(续)

方案	$\ln R_w$	R_h	R_e	$\ln q$
4	-1.100	0.25	0.50	-3.079
5	-1.100	0.50	0.80	-3.411
6	-1.100	0.75	0.20	-3.411
7	-1.386	0.25	0.80	-3.772
8	-1.386	0.50	0.20	-3.730
9	-1.386	0.75	0.50	-4.075

由回归分析，可求得所有4个系数，

$$C_0 = 0.65, \ C_1 = 2.0, \ C_2 = -0.85, \ C_3 = -0.45$$

所以，得出下沉系数计算式（5-5）：

$$q = 0.65 \cdot R_w^2 \cdot e^{-0.86 R_h} \cdot e^{-0.45 R_e} \tag{5-5}$$

式中 q——在条带开采中实行充填后的下沉系数；

C_0——常数，视煤矿所在地区的地质采矿条件有所变化。

4. 实例计算

为了验证方程的可靠性，按式（5-5）计算了东北地区条带开采条件下充填开采的抚顺矿务局胜利矿与不充填开采的阜新矿务局平安矿的下沉系数。抚顺矿务局胜利矿地质采矿条件为开采厚度16.6 m，开采深度505 m，条带煤柱宽度38 m，采宽28 m，采出率42.5%，实测的地表下沉系数为0.04，而充填率和弹性模量比均按80%计算；阜新矿务局平安矿地质采矿条件为开采厚度1.4 m，开采深度144 m，条带煤柱宽度20 m，采宽20 m，采出率60%，实测下沉系数为0.15。根据式（5-5）和实际地质采矿条件，分别计算得出了两矿的下沉系数，分别为0.041和0.234。

显然，按公式计算的地表下沉系数与实测地表下沉系数基本吻合，并略大于实测的地表下沉系数，说明了其回归方程是可靠的，计算方法偏安全。

同时发现，虽然地表下沉系数随充填率增加和充填体弹性模量增大而减小，但是即使开采后充填率为100%、充填材料弹性模量与煤层弹性模量相同，也不可能使地表下沉系数降低到零。这是因为采动达一定范围后，地表下沉是不可避免的，充填虽可减小地表下沉，但不可能消除所有下沉。

5. 重要性分析

重要性（即敏感性）分析中的因素敏感性取决于目标值的均值最大值与最小值的极差。根据数学观点，因素极差越大，越敏感，对目标值所起的作用愈重要。表5-8中列出了根据正交试验结果计算求出的敏感性分析数据。显然，在所研究范围内，最重要的因素为采出率，其次为充填率，最后，才是充填体的弹性模量。

表5-8 敏感性分析数据

因素	R_w	R_h	R_e
一水平总和(K_1)	-7.188	-8.752	-9.051
二水平总和(K_2)	-9.901	-9.606	-9.619
三水平总和(K_3)	-11.577	-10.299	-9.996
一水平均值(k_4)	-2.396	-2.917	-3.017
二水平均值(k_5)	-3.300	-3.202	-3.206
三水平均值(k_6)	-3.859 1.463	-3.433 0.516	-3.332 0.315

综上，通过充填体与煤柱的交互作用的机理分析明确，充填改善围岩的应力条件，提高了煤柱强度，减少煤柱压力，进而减少地表下沉。通过正交试验得出了下沉系数计算回归方程。经实例计算证明，计算结果与实测数据较吻合的，计算是可靠的。通过三因素的重要性分析排序可知，采出率对地表下沉的作用影响最大，充填率次之，而充填体弹性模量最小。

5.4.3 巷式掘采矸石充填数值模拟研究

1. 基本条件

邢东煤矿在邢台市三环内，是2001年11月投产的矿井，井田面积13.2 km²。建设时环保部门不允许地面设置矸石山。煤矿把工业广场等永久保护煤柱范围作为矸石充填条带开采试验区。主采煤层为2号煤层，煤层平均厚度3.85 m，倾角10°，采深842~975 m。基本顶属二级顶，来压明显，直接顶顶板岩石为浅灰砂岩，$f=4$~6，中等稳定。

2. 模型概化

岩层倾角10°，属于缓倾斜岩层，概化为水平层状结构，采用空间二维模型平面应变问题模拟充填开采效应。

根据地质条件，从上到下第四系冲积层厚度254 m，基岩厚度629 m，2号煤层厚度约4.0 m，下伏底板厚度113 m。通过对钻孔资料分析，将2号煤层与冲积层间覆岩划分为5个主要岩层。共概化为8个岩层。

研究区取走向2400 m，两侧煤柱900 m，中间开采区600 m，高983 m；底边界为位移固定边界；左右两边限制 X 和 Z 方向位移，即只能沿 Y 方向变形。

3. 力学参数确定

以冲积层、泥岩、野青灰岩、粉细砂岩、中砂岩、粗砂岩、灰岩、煤层和充填体的实测力学参数作为本模型模拟力学参数的基础数据。具体做法：以覆岩区分为泥岩、野青灰岩、粉细砂岩、中砂岩、粗砂岩和灰岩等岩性类型为类别，取其对层厚加权平均值，计算初始力学参数；之后，对各岩层力学参数和煤层的力学参数按实际观测沉降值进行反分析修正。修正后的模拟力学参数结果见表5-9。

表5-9 模拟力学参数

序号	层厚/m	内摩擦角/(°)	凝聚力/MPa	视密度/(kg·m⁻³)	弹性模量/GPa	泊松比
1	254	30	2	2000	0.2	0.3
2	103	35.1	7.79	2467	28.4768	0.349
3	117	34.5	8.42	2464	33.7416	0.361
4	109	31.8	8.97	2294	28.459	0.311
5	201	34.8	8.31	2455	31.432	0.361
6	99	54.7	7.19	2454	28.0022	0.345
7	4	33.4	3.62	1500	10.3	0.26
8	113	35.2	6.8	2218	25.894	0.349
9	充填体	43	0.2	2800	0.2	0.28

4. 模拟开采方案设计

首先基于邢东矿工业广场永久煤柱内充填条带开采（巷式掘采）采宽，确定4.5 m；然后，设计了不同留宽和不同采出率的4个开采方案，见表5-10。

表5-10 模拟开采方案

开采方案	A1	A2	A3	A4
采宽/m	4.5	4.5	4.5	4.5
留宽/m	4.5	6	7.5	9
采出率/%	50.0	42.8	37.5	33.3

5. 煤柱与充填体应力分析

根据设计方案，采用有限元软件模拟开挖时与充填后的煤柱与充填体应力最大值，见表5-11。A2方案充填前后煤柱和充填体垂直应力变化曲线如图5-14所示，A2方案充填前后煤柱和充填体水平应力变化曲线如图5-15所示。

表5-11 数值模拟煤柱与充填体应力最大值

类别	A1方案	A2方案	A3方案	A4方案	平均
充填前煤柱垂直应力/MPa	44.9	38.8	35.3	32.9	38.0
充填后煤柱垂直应力/MPa	38.1	34.1	31.8	30.2	33.6
充填前后减值/MPa	6.8	4.7	3.5	2.7	4.4
充填前后减幅/%	15	12	10	8	12
充填后充填体垂直应力/MPa	5.14	4.66	4.39	4.21	4.60
充填后充填体水平应力/MPa	3.02	2.76	2.49	2.39	2.67

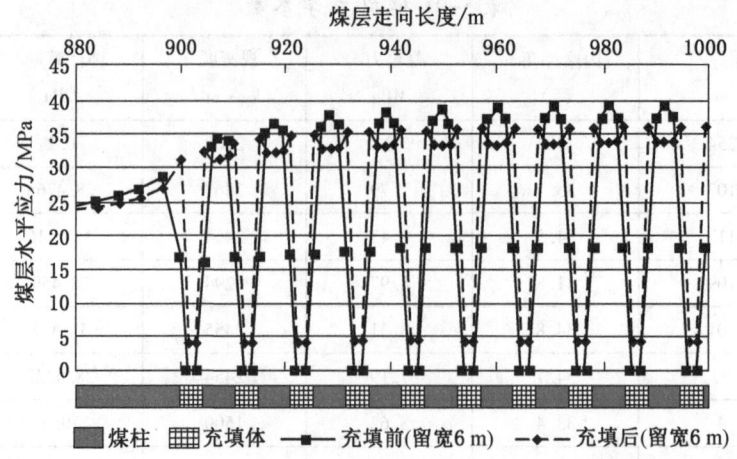

图 5-14 A2 方案充填前后煤层层位（煤柱）充填体垂直应力变化曲线图

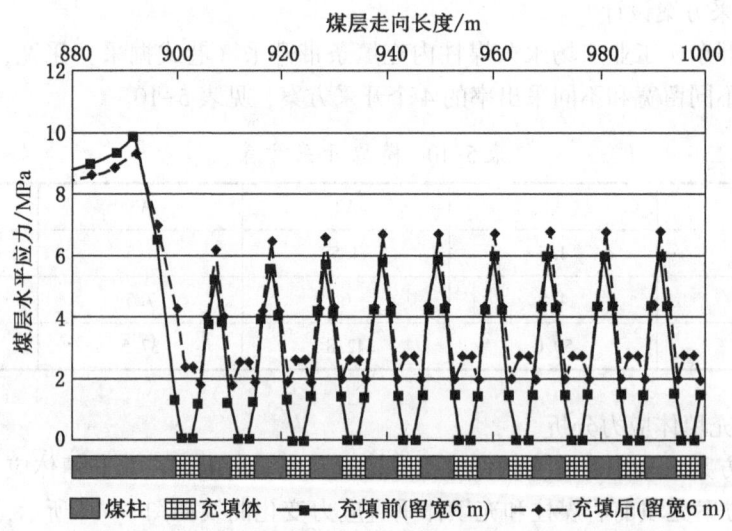

图 5-15 A2 方案充填前后煤柱和充填体水平应力变化曲线图

1) 垂直应力变化

从 4 个方案平均值看，开挖后充填前煤柱垂直应力 44.9~32.9 MPa，平均 38.0 MPa；充填后，煤柱垂直应力 38.1~30.2 MPa，平均 33.6 MPa。煤柱垂直应力减少数值 6.8~2.7 MPa，平均 4.4 MPa；减少幅度 15%~8%，平均 12%。

从 4 个方案平均值可知，充填体垂直应力为 5.14~4.21 MPa，平均 4.60 MPa。

2) 水平应力变化

从 A2 方案值看，开挖后充填前煤柱水平应力 6.0 MPa；充填后，煤柱水平应力 6.5 MPa。煤柱水平应力增加数值 0.5 MPa，增加幅度 8%。

5 煤矿充填减沉开采技术及其工程实践

从 A2 方案值可知,充填体水平应力 2.76 MPa。

3) 应力变化规律

从图中还可以看出,充填体还使煤柱所受垂直应力拱形分布状态转变为垂直应力马鞍型分布状态,于煤柱稳定有利。

通过 4 个方案比较发现,煤柱垂直应力、充填体垂直应力和充填体水平应力均随着采出率和留宽变化的趋势具有规律性。比如,充填后煤柱垂直应力减幅从 A1 方案（采出率 50%）的 15%,降到了 A4 方案（采出率 33.3%）的 8%;充填体垂直应力从 A1 方案的 5.14 MPa,降到了 A4 方案的 4.21 MPa;充填体水平应力从 A1 方案的 3.02 MPa,降到了 A4 方案的 2.39 MPa。充填改善应力作用与条带开采采出率相关。采出率大时,相对充填作用较显著;在采出率小时,相对的充填作用不明显。

6. 地表下沉分析

模拟充填开采前后地表下沉量见表 5-12。不充填时地表下沉 373~194 mm,平均 270 mm。充填后地表下沉 306~166 mm,平均 226 mm,充填后地表移动减少数值 67~28 mm,平均 44 mm,减少幅度 18%~14%,平均 16%。

表 5-12 数值模拟地表下沉最大值

类别	A1 方案	A2 方案	A3 方案	A4 方案	平均
充填前下沉值/mm	373	284	229	194	270
充填后下沉值/mm	306	238	195	166	226
充填后减值/mm	67	46	34	28	44
充填后减幅/%	18	16	15	14	16

4 个方案的地表下沉曲线如图 5-16 和图 5-17 所示。

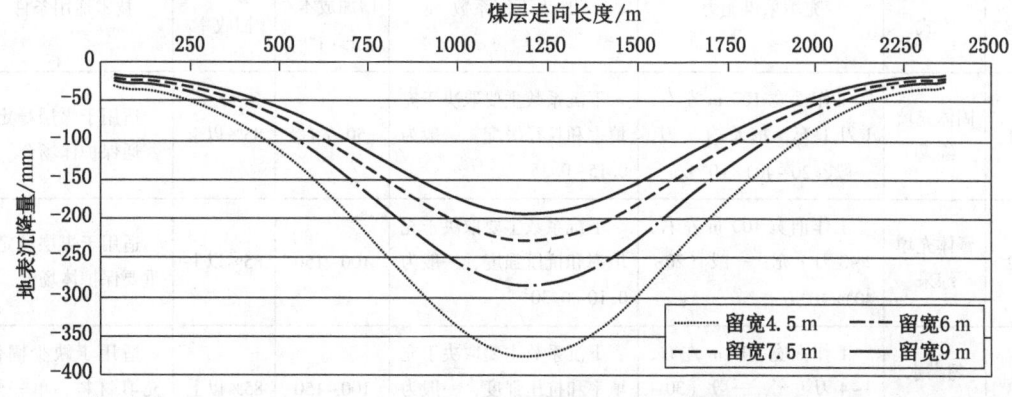

图 5-16 充填前不同采出率条件下地表沉陷量

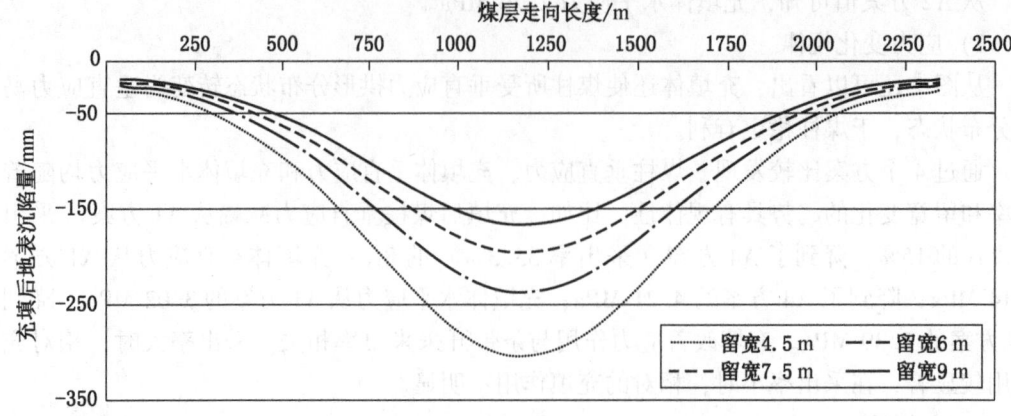

图 5-17 充填后不同采出率条件下地表沉陷量

充填后减沉幅度也随着采出率减少逐渐减小，如充填后地表下沉减幅从 A1 方案（采出率 50%）的 18%，减小为 A4 方案（采出率 33.3%）的 14%。充填减沉效果与条带开采采出率相关。采出率大时，相对充填作用较显著；采出率小时，相对的充填作用不明显。

5.5 充填开采设计指南

5.5.1 充填开采技术特点和适用条件

通过对不同充填技术进行对比，分析了固体充填（巷式掘采矸石充填、长壁普采矸石充填、长壁综采矸石充填）、膏体充填和高水充填的技术特点；结合实践效果，总结了不同充填技术的充填开采能力、地表下沉系数、充填开采增加成本、资源回收率和技术适用条件，见表 5-13。煤炭企业可结合地质采矿条件、充填开采目的等选择适宜充填开采方式。

表 5-13 现有 5 种充填开采方式的特点

序号	充填开采方式	充填采煤能力	地表下沉系数	充填开采增加成本/(元·t^{-1})	资源回收率	技术适用条件
1	固体充填综采	工作面宽 100 m 左右，1 刀 1 充，每天约 3 刀，一般（20~40）×10^4 t/a	下沉系数主要取决于充填率和粒径级配，一般为 0.15~0.35	50 左右	85%以上	适用于煤层稳定、普通保护体场合
2	膏体充填综采	工作面宽 100 m 左右，2~3 刀 1 充，一般（20~40）×10^4 t/a	下沉系数主要取决于充填率和抗压强度，一般为 0.10~0.30	100~150	85%以上	适用于煤层稳定、重要保护体场合
3	超高水综采充填	工作面宽 100 m 左右，3~4 刀 1 充，一般（30~50）×10^4 t/a	下沉系数主要取决于充填率和抗压强度，一般为 0.25~0.45	100~150	85%以上	适用于缺少固体充填材料、单一煤层、普通保护体场合

表5-13(续)

序号	充填开采方式	充填采煤能力	地表下沉系数	充填开采增加成本/(元·t^{-1})	资源回收率	技术适用条件
4	矸石充填连(巷)采	充填采煤能力取决于支巷掘进速度，可达到(20~40)×10^4 t/a	下沉系数主要取决于充填率、粒径级配和采留尺寸，一般为0.05~0.10	50以下	40%~50%	适用于边角煤、不规则煤体及重要保护体场合
5	膏体充填连采	充填采煤能力取决于支巷掘进速度，可达到(20~40)×10^4 t/a	下沉系数主要取决于充填率和抗压强度，一般为0.10~0.30	100~150	85%以上	适用于边角煤、不规则煤体及重要保护体场合

1. 固体矸石充填

1) 巷式掘采矸石充填

固体矸石充填中，巷式掘采充填关键设备为抛矸机和输送系统。主要技术特点是巷式开采，系统投资小，巷道布置灵活方面，采动影响可循序渐进，充填减沉效果易于控制，但产量相对较低。目前随着连续采煤机的发展，产量也有不断上升的空间。它适用于构造复杂、配采、重要保护体场合。

2) 长壁普采矸石充填

固体矸石充填中，长壁普采充填关键设备是抛矸机和输送系统。主要技术特点是壁式开采，系统投资小，普采产量相对较高，但充填减沉效果较难控制。它适用于一般保护体场合。

3) 长壁综采矸石充填

固体矸石充填中，长壁综采充填关键设备是充填支架、充填运输机和输送系统。主要技术特点是壁式开采，机械化程度高，综采产量高，带捣实装置后充填减沉效果较好，但系统投资较大。它适用于煤层稳定、主采、重要保护体场合。

2. 膏体充填

膏体充填的关键是膏体材料、地面搅拌站、输送系统和密闭封堵系统。它的技术特点是壁式开采，充填体强度大，充填效果好，综采产量较高，但充填与开采需要间歇作业，输送线路长时易堵管。它适用于煤层稳定、主采、重要保护体场合。

3. 高水充填

高水充填的关键是高水材料、井下搅拌站、输送系统和密闭封堵系统。主要技术特点是固体材料少，含水量高，可用井下废水，输送距离远、输送能力大，但材料投资大，充填与开采需要间歇作业，由于充填体流动性强，充填面最好是倾斜煤层工作面，以仰采为好，要求顶底板岩层较为完整。多次重复扰动开采影响其充填结晶体强度。它适用于缺少固体充填材料、单一煤层、配采场合。

5.5.2 充填开采设计流程体系

"三下"压煤充填开采设计是一个系统问题。它与保护体等级、地层赋存条件、煤炭开采方案和产量要求、充填材料来源和减沉效果要求等因素密切相关。

（1）确定保护体设防值。针对采动影响保护体特点，根据《建筑物、水体、铁路及主要井巷煤柱留设与压煤开采规范》和实际允许变形值，确定设防值。

（2）评价充填开采保护技术难度。根据地质采矿条件和水文条件等地层赋存条件，特别是覆岩深度、岩性和结构以及开采厚度等评价充填开采保护技术难度。

（3）选择充填方式与采出空间。根据煤炭开采方案和产量要求，选择用巷式连采连充方式、普采工作面充填方式，还是用综采工作面充填方式，并需确定工作面推进长度、开采宽度和开采厚度等采出空间参数。

（4）选择常规充填类型。根据充填材料来源和减沉效果要求等，选择充填开采类型，预测常规充填开采效果。许多地表移动观测站数据表明，在常规充填开采减沉效果方面，固体充填下沉系数较小，一般为 0.15~0.35；膏体充填下沉系数主要取决于充满率和抗压的压缩性，一般为 0.10~0.30；高水充填下沉系数主要取决于充满率和抗压的压缩性，一般为 0.25~0.45。

（5）优化设计。根据保护体设防值要求，基于地层赋存条件评价充填开采保护技术难度，选择充填方式与采出空间，比选固体、膏体和高水常规充填开采类型，并进行充填步距与开采步距协调、提高减沉效果措施与留设条带煤柱的充填开采方案的总体设计，推荐优化的充填开采设计方案。充填开采设计可按照图 5-18 流程体系进行。

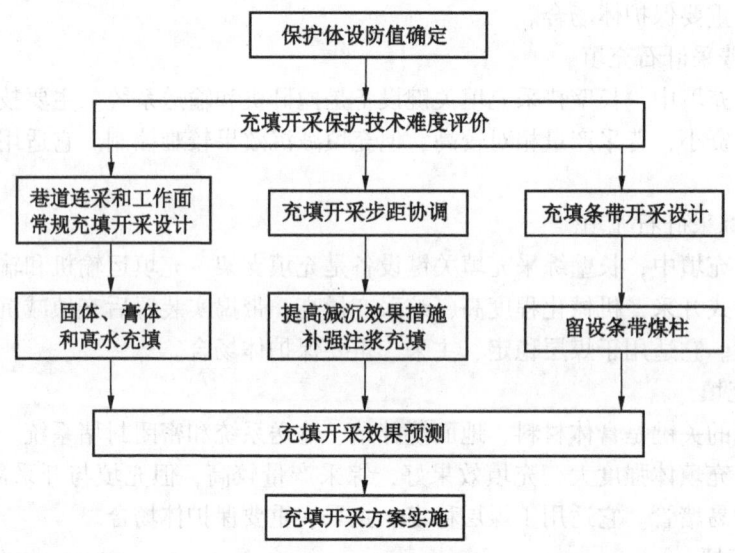

图 5-18 "三下"压煤充填开采设计体系

5.5.3 提高减沉效果技术措施

1. 充填开采沉陷组成

无论是固体充填，还是膏体充填或高水充填，充填开采地表开采沉陷主要是由以下 3 个量组成：采后充前顶板下沉量、充填体未接顶量和充填体沉缩量等，如图 5-19 所示。这 3 个量决定了充填开采控制开采沉陷的效果。

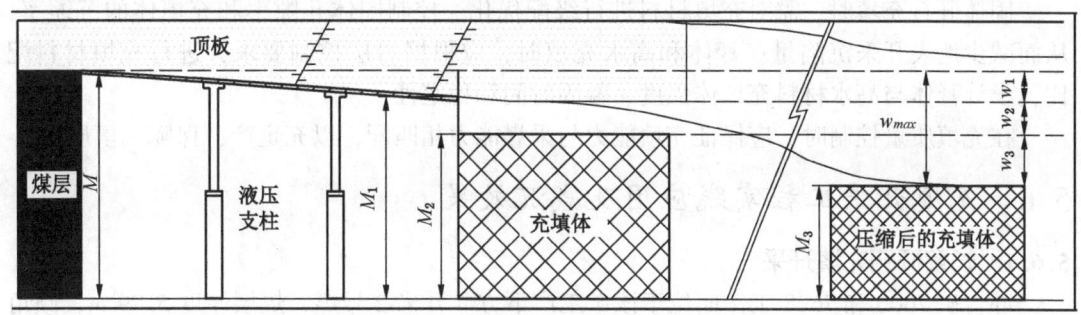

图 5-19 充填开采沉陷组成关系图

在充填开采中，若开采厚度 M，而采后充前顶板下沉量 W_1，充填未接顶量 W_2，充填体沉缩量 W_3，可充高度 M_1，实际充填高度 M_2，压实后充填体高度 M_3，顶板下沉率 K_1，充填率 K_2，沉缩率 K_3，那么，充填开采引起的地表沉陷最大值 $W_{\max}$ 可按式（5-6）计算。

$$W_{\max} = W_1 + W_2 + W_3 = K_1 M + (M_1 - M_2) + K_3 M_2 = K_1 M + (1 - K_2)M_1 + K_3 M_2$$

(5-6)

2. 控制采后充前顶板下沉量措施

采后充前顶板下沉量主要取决于覆岩载荷、围岩强度、采后充前时间间隔和顶板悬空面积等因素。因此，控制顶板下沉量可以从采后充前时间间隔和顶板悬空面积等两个方面进行。

在时间间隔控制方面，巷式掘采充填时，需要一条巷道掘进后才能充填；长壁普采充填时，单体支柱一般是见6充3，等一定控顶距后才封闭充填；长壁综采充填时，一般是架后充填。为了减少采后充前顶板下沉，对于巷道掘进充填，应快掘快充；对于长壁普采充填，应减少控顶距；对于综采充填，应采煤与充填平行作业。

在顶板悬空面积控制方面，不推荐为了高产高效而布置超长工作面。为了减少顶板悬空面积，增加减沉效果，应该适当限制工作面长度。

3. 提高充满率减少不接顶距措施

为了提高充填开采减沉效果，无论哪种充填，都应采取合理巷道设计，尽可能实行仰斜开采和俯斜充填。

在固体矸石抛射充填中，增加抛射部覆盖宽高范围，提高抛射速度和强度，使充填材料在采空区平面上全宽覆盖，在采空区高度上充满接顶。也可采用二次充填和灌浆，填满松散固体矸石充填体的空隙，对固体矸石充填的工作面进行注浆补强。

在膏体和高水充填中，要求不沉淀、不离析、不泌水。泌水率高的充填材料，难以达到充分接顶。在工作面充填时，由于顶板缓慢下沉，未接顶量较难发现。在巷道充填时，不接顶现象会很明显。为了提高充填率，首先要减少材料泌水率，减少水分流失所形成的空间；其次，加强充填空间封堵，提升充填浆体液面高度，提高充填率。

4. 提高充填强度减少充填沉缩率措施

从充填材料和充填质量两个方面来减少充填体沉缩率。

固体矸石充填时，需对充填材料进行级配优化，控制固体孔隙率和充填体的沉缩率，从而减少地表开采沉陷量；膏体和高水充填时，应根据岩层控制要求，进行充填材料配比，设计膏体与高水材料充填体强度、凝固时间和稳定性。

在充填质量控制时，应保证充填能力与采煤能力相匹配，以充定产，保障充填质量。

5.6 充填开采工程实践应用及减沉效果

5.6.1 长壁矸石充填开采

邢台矿7606和7608工作面位于该矿工广下方。开采2号煤，煤层厚度5.79 m，倾角9°。7606工作面采深295~335 m，倾斜长55 m，走向长460 m，采厚2.5~3.0 m。7608工作面采深364~444 m，倾斜长88 m，走向长659 m，采厚平均2.79 m。均采用厚煤层分层综采方法。

长壁综采矸石充填的自夯式液压支架和刮板输送机。输送机溜槽中板设置卸料孔500 mm×400 mm，孔间距3 m；溜槽内设插板插口和推拉插板的液压缸；可调高挂链悬挂溜槽。在完成割煤和移直支架后进行充填。充填由机尾向机头进行。前卸料孔充填到一定高度后开启后卸料孔，同时对前卸料孔充填料顶推夯实，直至整个工作面全部充满。然后，将输送机拉至支架尾梁前部，用夯实机构把机下充填料上推接顶并压实之后，关闭所有卸料孔。最后，对输送机机头进行充填，并将输送机推至支架尾梁后部。此时，完成了第1轮充填，依次进行第2轮充填。

邢台矿在7608工作面实现了采煤与充填工作平行作业，达到综采充填高产高效目标。该工作面在2010年4月还进行了注浆补强。采用粉煤灰、高水材料和水配置成浆体，对松散充填体进行空隙加固。

根据7608工作面岩移观测站数据分析，铁路专用线最大下沉206 mm，最大倾斜1.05 mm/m，最大拉伸水平变形0.53 mm/m，最大压缩水平变形-1.35 mm/m。救护队楼、南办公楼、招待所、食堂和副井绞车房地表最大下沉分别为112 mm、7 mm、10 mm、19 mm和136 mm。根据现场测量，采后建筑物墙体出现微小裂缝，裂缝宽度均小于2 mm。建筑物损坏极轻微。

5.6.2 膏体充填开采

1. 岱庄矿膏体充填开采工程

岱庄矿地面村庄稠密，村庄下压煤占80%。主采3上煤层。在2351工作面进行了充填试验。该面采深平均440 m，倾角平均6°，走向长1074 m，倾斜长95 m，煤厚平均2.6 m。采煤机割煤4刀充填一次，即充填循环进尺为2.4 m。

采用ZC4000/17/32充填支架，4柱支撑式，整体顶梁，顶梁前设护帮板，顶梁后铰接尾梁。尾梁靠液压缸的伸缩实现尾梁支护顶板或作为上隔离板，尾梁的中部设有布料管连接孔；底座后部整体高起形成下隔离板。尾梁（上隔离板）和下隔离板相互搭接，构成隔离墙。支架宽度中心距1500 mm，顶梁长度4700 mm，尾梁长度1800 mm。支架总质量15 t。

在充填空间密封时，首先，调整后挡板与待充填区隔离；其次，采用单体柱和木板使上下两巷与待充填区隔离；最后，为了防止漏浆，架后吊挂塑料编织帘，顶板方向固定在支架顶部与顶板间，底板方向固定在支架底座部与底板间，上山方向与轨道巷煤帮相连，下山方向与皮带巷煤帮相连。

在开始充填前首先打水，其作用是排净管内空气，检查管路密封情况。其次，灰浆推水。水满后打灰浆，其作用是润滑管路，隔离水和矸石浆，防止水与矸石浆混合造成离析致使堵管。最后，石浆推灰浆。达到设定灰浆量后，开始打矸石浆。灰浆和矸石浆通过轨道巷中三通，进入工作面充填干管，到充填点布料管。充填工作从第一根布料管开始，由轨道巷向皮带巷依次进行，两个相邻的布料管每次都轮流进行充填。结束充填前，程序相反。首先灰浆推矸石浆，其次水推灰浆，最后，打进风。

2009 年 2 月在 2351 工作面进行充填试验，采出率大于 70%，充满率大于 90%。采后村庄建筑物受损 90% 在Ⅰ级以内，10% 在Ⅱ级。

2. 榆阳矿风积砂膏体大倍线自流综采充填

榆阳矿主采 3 煤，煤厚 3.0~3.6 m，倾角平均 1°，埋深 190~230 m。矿井地处毛乌素沙漠南缘，水资源贫乏，生态环境脆弱。垮落法开采导水断裂带极易沟通含水层，对煤层安全开采和脆弱的毛乌素沙漠生态环境构成极大威胁。因此，采用了充填保水开采技术。

项目研发了以西北地区风积砂为骨料的膏体充填材料。该材料具有流动性好、强度适宜、结石率高等特点，实现倍线 15 条件下自流输送，达到充填材料的各项性能指标要求。项目研究了综采充填液压支架结合柔模实现充填密闭空间的构筑技术，2012 年在榆阳矿 2307 工作面开展了机械化充填开采，工作面生产能力 60 万 t/a。同时，项目在榆阳矿 2301 连采面实施充填开采。实测地表最大下沉量 38 mm，实现了规模化生产条件下对地表生态和建（构）筑物的保护。

5.6.3 高水充填开采

1. 神州煤业粉煤灰高水综采自流充填

神州煤业 4 煤为优质主焦煤，经过多年开采，可采资源仅为六采区垃圾场及村庄下压煤。采用粉煤灰高水自流综采充填技术进行压煤回收。

以粉煤灰为主料制备浓度 55%~57% 的充填料浆，系统能力 150 m³/h。料浆以自流方式输送至井下工作面。充填管路总长度为 2058 m，其中钻孔管路长度为 270 m，井下管路长度 1788 m，自流倍线 7.6。4604（1）工作面为充填试采面，倾斜长 90 m，走向长 890 m，推进距离 426 m，位于垃圾场保护煤柱范围内，平均埋深 290 m，采厚 1.7 m，倾角 5°。采用综采充填工艺。工作面每割 2~4 刀煤，在后方采空区进行一次充填，按照"采煤–充填"的工序交替进行。

根据工作面持续地充填循环测量，充填体泌水率 3%~5%，充填体顶面距顶板平均 15 cm，工作面充填率约 91%。地表最大下沉 120 mm，不影响地面垃圾场及建（构）筑物的安全正常使用。

2. 王台铺矿粉煤灰高水旺格维利充填开采

王台铺矿剩余储量多为建筑物下压煤，采用粉煤灰高水旺格维利充填开采方式进行压煤回收。试采面 XV2317（南）工作面，埋深 235 m，采厚 2.5 m，倾角 2°，走向长 290 m，倾向长 134~180 m。

充填材料采用以粉煤灰为主料的高浓度材料，料浆以自流方式输送至井下工作面。管路总长736 m，内径139 mm，垂高235 m，倍线3.13。XV2317（南）工作面支巷宽4 m，长度134~180 m，采用窄条带两阶段充填采煤法，形成了"一采、一充、一备充"的充填采煤模式。2012年6月—2013年9月，工作面分两阶段共采出采场巷道57条，充填采场巷道54条，充填浆液量9.32万 m³，实际采出量15.09万 t，回采率90.2%，平均月产9073 t/月，采场巷道充满接顶率95%以上。

之后，采用相同工艺进行了XV2214、XV2308与XV2309工作面的充填回采。地表沉降监测表明，地表最大沉陷控制在300 mm以内，满足地表建筑物的保护要求。

6 采煤沉陷区建设用地综合治理技术及其工程实践

6.1 概况

6.1.1 我国采煤沉陷区基本情况

煤炭资源大规模、高强度开采，导致我国采煤沉陷区存量巨大，采煤沉陷造成地面建筑物、道路和良田损毁，生态环境遭受破坏，严重制约了矿区经济和社会可持续发展。

我国矿业城市426座，其中煤炭城市150座。矿区土地资源日益紧张，对沉陷区土地的再利用至关重要。截至2017年，我国采煤沉陷区涉及城乡建设用地4500~5000 km²，涉及人口2000万左右，其中，山西省采煤沉陷区受灾人口为230万人。

国家重大建设工程（如西气东输、南水北调、高速铁路、高速公路、特高压输电线路）都涉及在采煤沉陷区上建设问题，且难以回避。许多地方的大型工程（如发电厂、水泥厂、选煤厂）也同样涉及在采煤沉陷区上建设问题。

采煤沉陷问题已经成为我国城镇化建设和重大基础工程建设的制约因素。国家为推动采煤沉陷区综合治理作出一系列重大决策部署，已初见成效。采煤沉陷区建设用地治理工程已有许多案例，例如河北唐山矿区万达广场、安徽淮北矿区淮北矿业集团办公中心、辽宁南票矿区建筑物和山东济北矿区任城建筑群。这些工程，以科技创新实现采煤沉陷区土地再利用，解决了可持续发展土地资源瓶颈难题，并已形成包括采空区勘查、地基稳定性评价、采空区治理设计和抗采动变形设计等四维一体的采煤沉陷区建设用地综合治理成套技术。

6.1.2 淮北矿业办公中心工程背景

淮北矿区是国内大型煤炭生产基地，已生产煤炭7亿t，沉陷区分布广泛。由于企业经济发展需要和土地资源短缺，淮北矿业集团计划在相城矿采空区上方建办公中心大楼和高层住宅楼。拟建办公中心、住宅用地位于相城矿一水平七采区上方，根据煤矿技术资料，开采时间为1977—1979年，在建设场地下方有7个采空区，为571~577工作面采空区，开采5煤层，开采深度为80~130 m，煤层开采厚度约为2.5 m，走向长壁炮采，开采结束已超过30年。采空区垮落及上覆岩层裂隙发育及压密情况不清。拟建办公中心大楼用地约153318 m²（长约400 m，宽约380 m），拟建住宅楼用地约46662 m²（长约400 m，宽约120 m）。建设场地与井下工作面采空区位置关系如图6-1所示。

之前，采空区上方新建建筑物多为小型、中低层建筑，地基面积小，建筑载荷小，对地基的抗变形要求低。而相城煤矿采空区拟建建筑物多为高层建筑，尤其淮北矿业办公中心大楼是一栋大型高层特殊建筑，长宽高分别为100 m、90 m、100 m，地基横跨

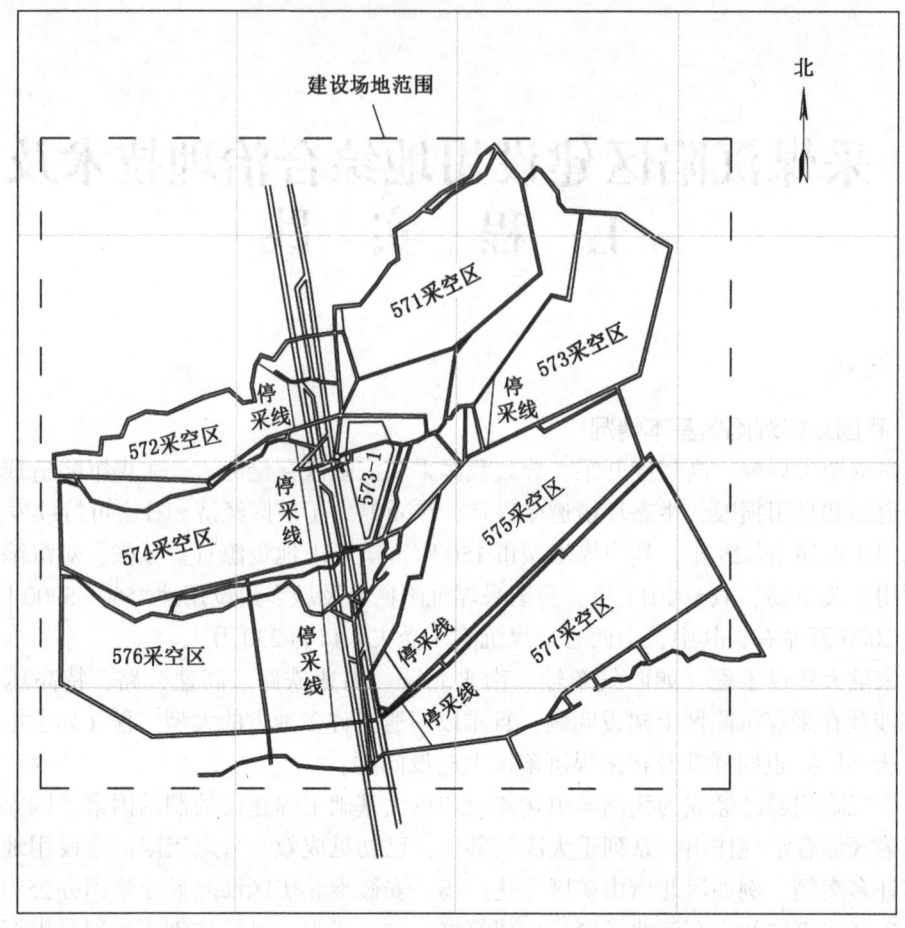

图 6-1 建设场地与井下工作面采空区位置关系

在三个采空区上方，楼层高，建筑载荷大，采空区埋深 90~115 m，建筑载荷附加应力容易传递到垮落带和裂缝带岩体，因此地基容易产生不均匀移动和变形，对建筑地基产生不利影响。采空区直接进行办公中心大楼建设存在高风险，因此对采空区进行注浆加固。

目前，学者已提出多种房屋稳定性评价方法，例如，综合评价法、数值模拟法、非线性评价法，方法集中于理论研究，实测研究分析较少。通过钻探、物探的采空区探测与建筑地基空间稳定性分析研究，进行采空区注浆治理与效果实测检验，对办公中心大楼安全建设有重要作用，有助于加强采空区与建筑地基稳定性的理论研究，对类似沉陷区工程建设也有借鉴意义。

6.1.3 研究区地质采矿条件

5 煤层上方基岩厚度平均 30 m，基岩薄，以泥岩和砂岩为主，基岩上方为第四系松散层，上部为细-中砂层，其下为黏土；中部为细-中粒流砂层，其下部为砂质黏土；底部为黏土及黏土夹砾石层，平均 70 m，松散层厚。场地下方地下水主要为第四系砂层孔隙水、风化带裂隙水、5 煤层砂岩裂隙水等。由于第四系底部为黏土层，是良好的隔水层，第四系砂层含水层与其他含水层无水力联系。风化带裂隙含水层与砂岩裂隙含水层是井下充水的主要补给来源之一，富水性取决于基岩岩性及裂隙发育程度。抽水试验单位涌水量 $q=0.0035\sim0.0304$ L/s·m，渗透系数 $K=0.0235\sim0.151$ m/d，富水性弱。总体上水文地质条件中等。

离建设场地最近的构造主要有 F5 正断层和 F5-1 正断层，如图 6-2 所示。F5 断层位于拟建场地的西边，该断层倾角 80°，F5 断层露头与拟建场地最近距离约 140m；F5-1 断层位于建设场地的西南方向，该断层在该处走向基本与 F5 断层一致，F5-1 断层与建设场地最近距离也约 140 m。2 个断层详细参数情况如下：

F5 正断层：位于井田中部，走向变化较大，在 12 线 74-2 导向孔与 10 线 66-10 孔之间圆滑转折，向北近于 SN 向，向南呈 S40°W 方向。断面倾向 W~NW，倾角 68°~80°，落差 20~110 m。

F5-1 正断层：位于 F5 中段东侧，走向与 F5 北段一致，倾向相反，倾角 75°，延伸长度约 350 m，落差 22 m，为 F5 的派生断层。

根据 11 剖面线，建设办公中心与采空区、断层的位置关系剖面图如图 6-3 所示。

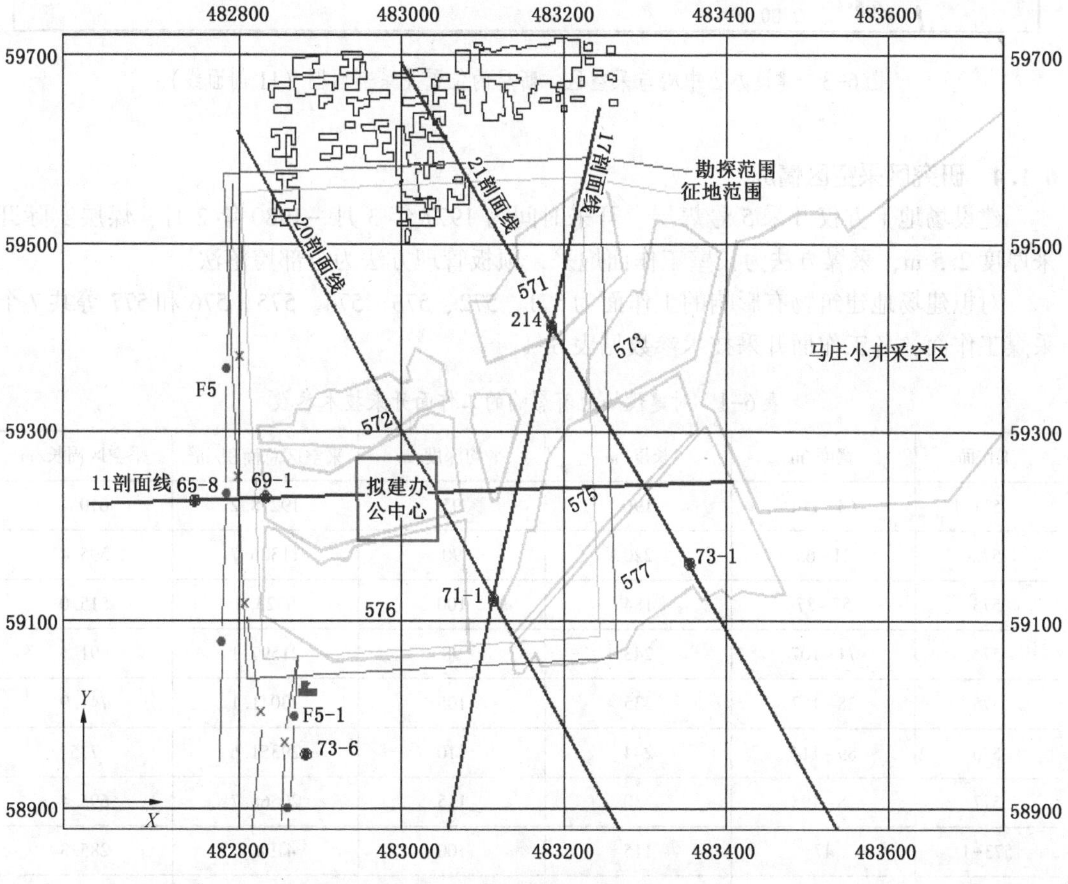

图 6-2 建设场地附近断层分布

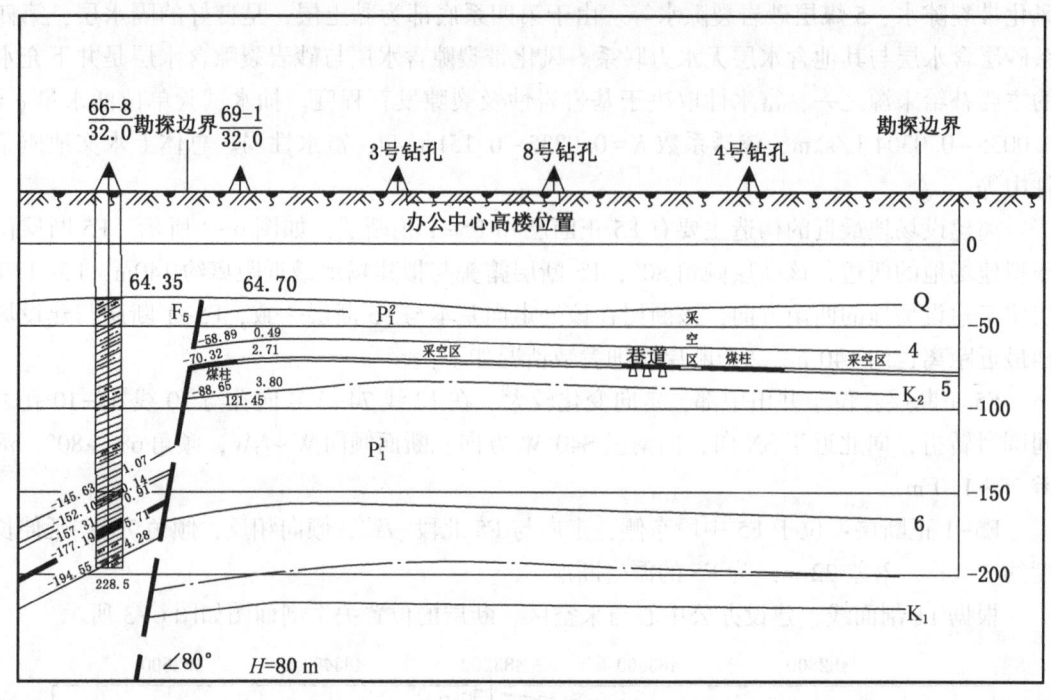

图 6-3 建设办公中心与采空区、断层的位置关系剖面图（11 剖面线）

6.1.4 研究区采空区情况

建设场地下方仅开采 5 号煤层。开采时间为 1977 年 3 月—1980 年 2 月，煤层实际开采厚度 2.5 m，采煤方法为长壁工作面炮采，顶板管理方法为全部垮落法。

对拟建场地建筑物有影响的工作面为 571、572、573、574、575、576 和 577 等共 7 个采煤工作面，各工作面开采技术参数见表 6-1。

表 6-1 对建设场地有影响的工作面开采技术参数

工作面	宽度/m	长度/m	平均深度/m	采空区总面积/m²	采空区周长/m
571	64~114	196	95	19278.2	610.1
572	21~65	220	90	11366.7	595.4
573	57~87	184	100	9323.4	515.0
574	71~107	243	98	21597.1	691.1
575	28~107	335	105	23041.1	741.9
576	89~114	244	110	29351.6	775
577	28~198	330	115	20568.7	695.4
573-1	47	115	100	4198.1	285.3
合计				138724.9	

6.2 采空区勘查

6.2.1 采空区勘查方案

为充分了解建设场区采空区分布及上覆岩层裂隙发育和充填情况,于2010年5—8月对建设场区进行了采空区专项勘查,建设场地勘查区与采空区位置关系如图6-4所示。勘查采用"物探(瞬变电磁法和EH-4电导率成像系统)+钻探+彩色钻孔电视观测+井间地震+岩石力学试验"的综合勘查技术。

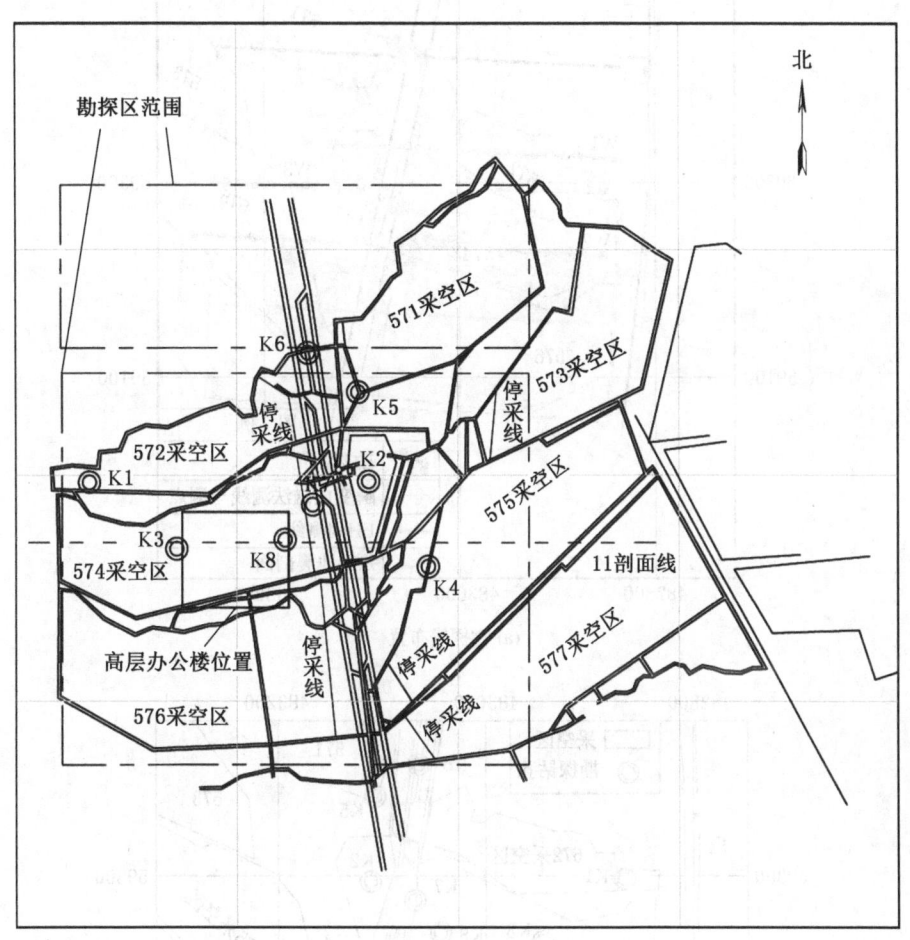

图6-4 建设场地勘查区与采空区位置关系图

采空区专项勘查共完成钻探勘查孔8个,共进尺891.81 m;完成瞬变电磁法测点132个,完成测线1835 m;完成EH-4测点58个,完成测线845 m;完成8个钻孔的钻孔电视观测;完成3对井间地震勘探,并进行了钻孔岩芯的力学强度试验。勘查工程物探线布置如图6-5a所示。

6.2.2 钻孔探测

1. 钻孔施工概况

施工8个勘查孔(K1~K8孔),钻孔位置分布如图6-5b所示。K1、K2、K3和K8孔位于

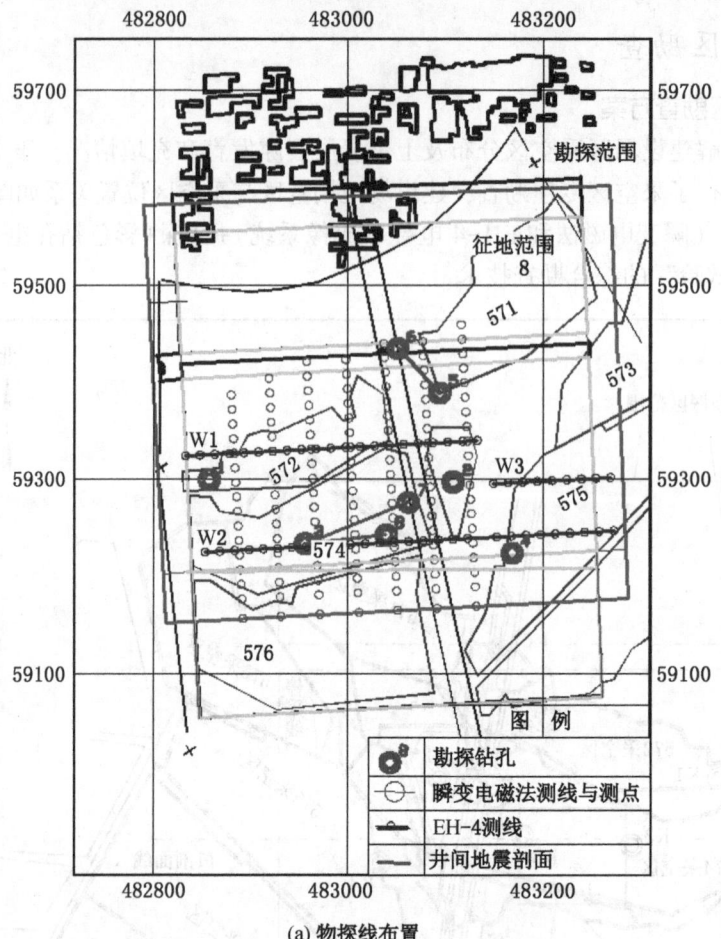

(a) 物探线布置

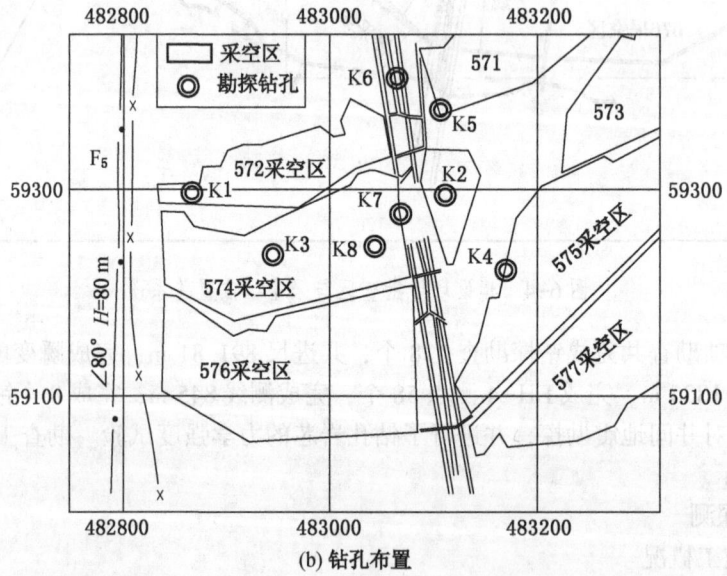

(b) 钻孔布置

图 6-5　瞬变电磁法测线、EH4 测线、井间地震勘探钻孔布置图

采空区中心部位；K4、K5和K7孔位于采空区边缘；K6钻孔位于采区上山巷道。从各孔施工过程中出现的特殊情况看，8个孔都在严重破碎带范围内发生掉钻和孔内吸风现象，钻孔观测采空区或巷道与图中位置是相符的，说明了建设场地下方采空区分布范围大。

2. 钻孔岩芯地层特征

根据钻孔资料显示，8个勘查孔揭露松散层厚度（基岩面深度）66.0~73.9 m，平均70 m。基岩界面到5煤底板之间岩层的岩性自上而下依次为：风化泥岩、粉砂岩、砂岩、泥岩、岩浆岩、泥岩等。大体可划分3个层段。

基岩上段（70~85 m）：岩层较完整，隔水性较好，裂隙不甚发育，主要岩性为风化泥岩、粉砂岩，岩芯采取率较低。K4孔基岩上段岩芯样品如图6-6所示。

图6-6 K4孔基岩上段岩芯样品

基岩中段（85~97 m）：岩层裂隙、裂缝或洞穴较发育且一般无充填物，岩体不完整，稳定性较差；主要岩性为砂岩和岩浆岩。K4孔基岩中段岩芯样品如图6-7所示。

基岩下段（97~110 m）：岩体破碎，空隙较多，岩性混杂，岩石呈块状、棱角状或为各种岩石的堆积物，并伴有掉钻、卡钻、吸风现象，推断为垮落带或未被压实的残留巷道。97 m以下基岩段基本上无法采取到岩芯。

3. 钻孔电视观测

通过彩色钻孔电视成像系统（GD3Q-A/B型仪器）对K1~K8钻孔进行全孔壁成像观测，观测主要结果见表6-2，并选取K3、K6孔的部分观测结果图。从图6-8可以看出K3孔94~95 m竖向裂缝发育，从图6-9可以看出K6孔98~99 m空洞发育、岩体破碎。综合观测结果，可以得到采空区上方基岩破碎，裂隙发育，采空区的稳定性差。

图 6-7 K4 孔基岩中段岩芯样品

图 6-8 K3 孔 94~95 m 观测结果

图 6-9 K6 孔 98~99 m 观测结果

表6-2 彩色电视录像主要情况表

K1	孔深78.0 m处井壁破碎，裂隙发育，92.27~97.27 m井壁破碎
K3	孔深84.4~90.2 m岩体比较完整，裂隙比较少；90.2~102.2 m岩体裂隙发育，底部较破碎
K6	孔深75.1~90.1 m岩体比较完整，裂隙比较少；90.10~98.66 m岩体裂缝发育；98.66~104.5 m处岩体垮落
K7	83 m、102 m处掉块堵塞探头，102 m孔壁坍塌为空洞

4. 钻孔冲洗液漏失量"两带"高度观测

垮落带与裂缝带采空区的不稳定区域，采用钻孔冲洗液漏失量法来观测其范围。8个孔共观察漏失量变化90次，记录数据汇总见表6-3。通过水源箱往钻孔持续注冲洗液，冲洗液在垮落带与裂缝带的空洞、裂隙处的漏失量会增大，以冲洗液漏失量显著增加的地方为裂缝带顶点，以掉钻次数频繁、钻孔有明显吸风、冲洗液全部漏失的地方为垮落带顶点。通过8个勘查孔漏失量观测裂缝带与垮落带高度结果见表6-4。建设场地区域裂缝带深度一般为76.25~94.00 m；垮落带深度一般为78.44~101.54 m。实测裂缝带最大高度为21.38 m，实测裂缝带平均高度为13.35 m，由理论计算裂缝带高度19.61 m，为工程安全起见，在进行岩层稳定性分析时取采空区裂缝带高度为21.38 m。

表6-3 淮北矿业办公中心勘查孔冲洗液观测情况表

孔号	漏失层位	冲洗液漏失情况	全漏失孔深/m	全漏失岩性
K1	5煤上	从76.24 m开始漏水，漏失量为10.84 m³/h，从78.44 m开始至终孔全漏，漏失量>15 m³/h	78.44	粉砂岩
K2	5煤上	从85.49 m开始漏水，至90.90 m漏失量为10 m³/h，从97.60 m至终孔全漏，漏失量>15 m³/h	97.60	破碎带
K3	5煤上	从94 m开始漏水，漏失量为6 m³/h，从99.50 m至终孔全漏，漏失量>15 m³/h	99.50	破碎带
K4	5煤上	从88.31 m开始漏水，至96.70 m全漏，漏失量>15 m³/h，至105.58 m时有少量返水，漏失量12.80 m³/h，从107.27 m至终孔全漏，漏失量>15 m³/h	107.27	破碎带
K5	5煤上	从83.83 m开始漏水，至92.70~93.44 m漏失量为10 m³/h，从93.64 m至终孔全漏，漏失量>15 m³/h	93.64	粉砂岩
K6	5煤上	从87.21 m开始漏水，至87.31m全漏失，漏失量>15 m³/h	87.31	泥岩
K7	5煤上	从89.91 m至终孔全漏失，漏失量>15 m³/h	89.91	岩浆岩
K8	5煤上	从92.45 m始漏水，漏失量9.6 m³/h，至101.28 m漏失量为14 m³/h，在101.54m至终孔全漏，漏失量>15 m³/h	101.54	砂岩

表6-4 淮北矿业办公中心场址采空区裂缝带与垮落带高度观测分析

孔号	煤层深度/m	裂缝带顶部深度/m	裂缝带高度/m	垮落带顶部深度/m	垮落带高度/m
K1	97.27	76.25	21.02	92.27	5
K2	99.0	85.49	13.51	97	2
K3	102.0	94.0	8.0	99	3
K4	109.69	88.31	21.38	108	1.69
K5	96.0	83.83	12.17	93.64	2.36
K6	92.51	87.21	5.3	87.31	5.2
K7	103.58	89.8	13.78	97.20	6.38
K8	104.09	92.45	11.64	101.54	2.55

说明：1. 裂缝带高度实测最大值21.38 m，平均值13.35 m，理论计算值19.61 m。
2. 垮落带高度实测最大值6.38 m，平均值4.43 m，理论计算值5.04 m。

6.2.3 瞬变电磁物理勘探

1. 勘探布置

采用瞬变电磁物理勘探（GDP-32Ⅱ型多功能电法仪）对建设场地下方地层情况进行探测，设计勘测线7条，测线方向为南北方向，测线间距40 m，测点间距15 m。测线自西向东，编号依次为S1~S7测线，共布置测点132个，测线布设位置可如图6-5a所示。

2. 勘探结果

瞬变电磁测线视电阻率观测结果如图6-10所示。由图可以看出，在垂深80~110 m，横向较大区域内视电阻率值为20~80 Ω·m，电性上为相对低阻，推断为采空区反映，说明该处地层裂隙较发育或是岩体较破碎；而在剖面垂深80 m以上，视电阻率值为150~450 Ω·m，电性上为相对高电阻，推断为第四系反映。各测线剖面图上视电阻率低阻区的范围见表6-5，由表可以看出，测线下方采空区范围大，采空区视电阻率为低阻，说明采空区垮落带和裂隙带岩体较破碎，裂隙较发育。由瞬变电磁勘探结果可以说明拟建场地地下采空区面积大，岩体破碎与裂隙发育严重，采空区岩层的稳定性差。

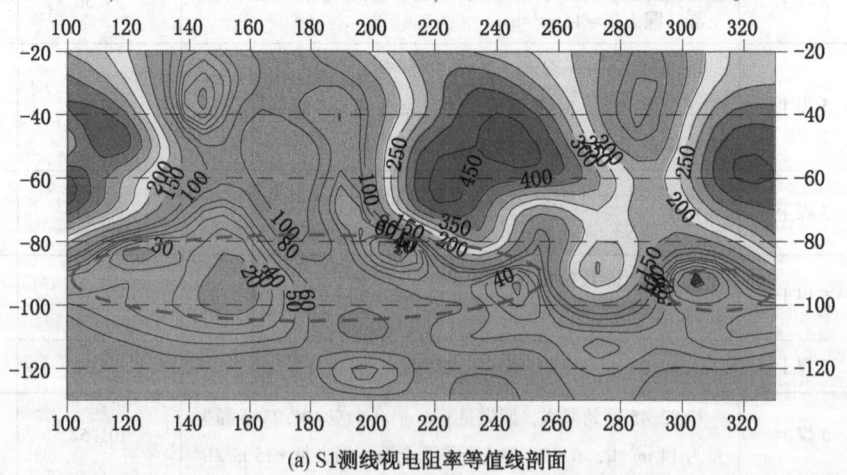

(a) S1测线视电阻率等值线剖面

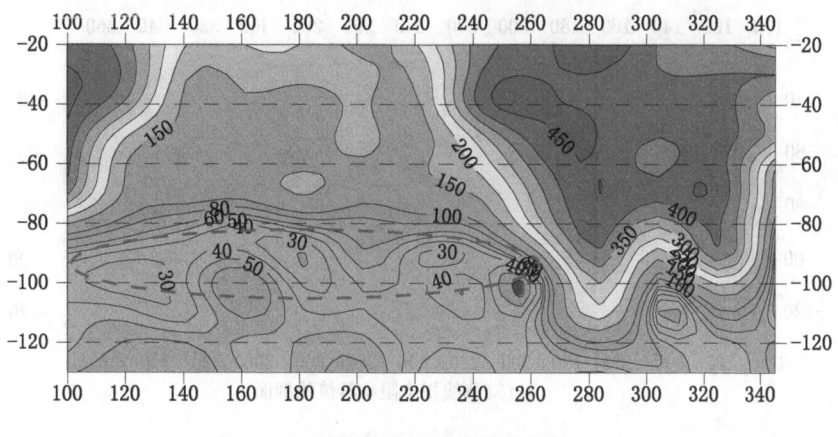

(b) S2测线视电阻率等值线剖面

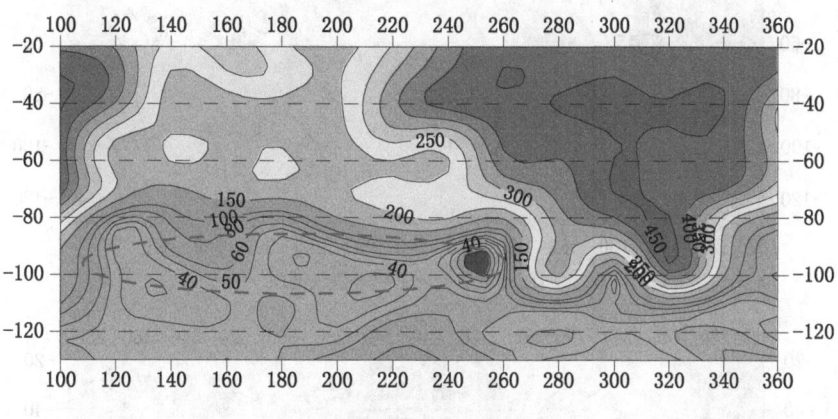

(c) S3测线视电阻率等值线剖面

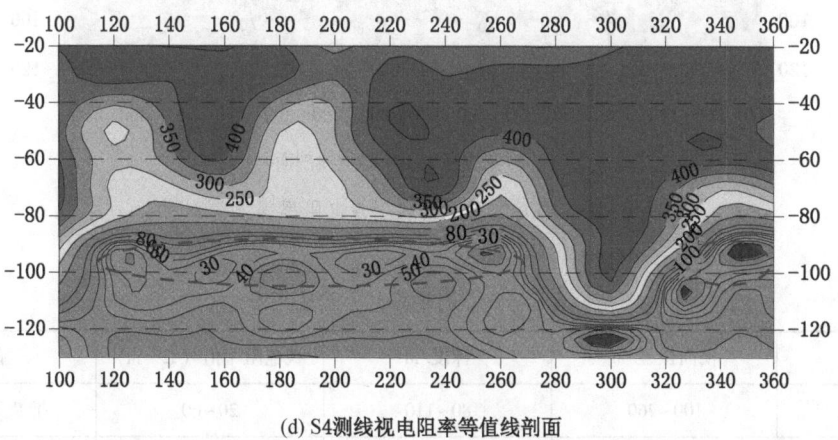

(d) S4测线视电阻率等值线剖面

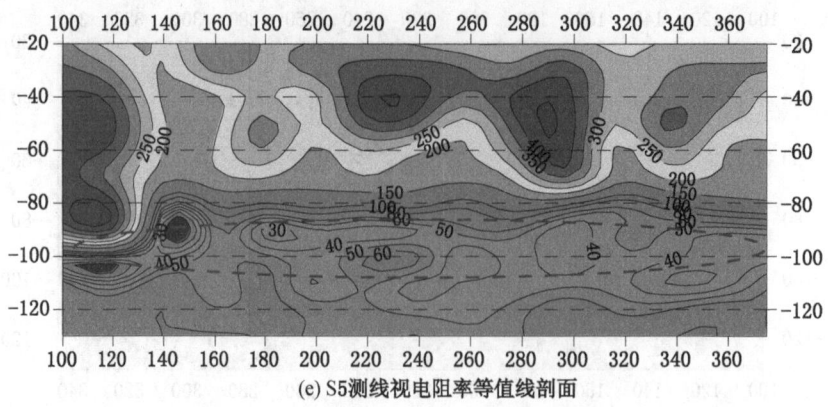

(e) S5测线视电阻率等值线剖面

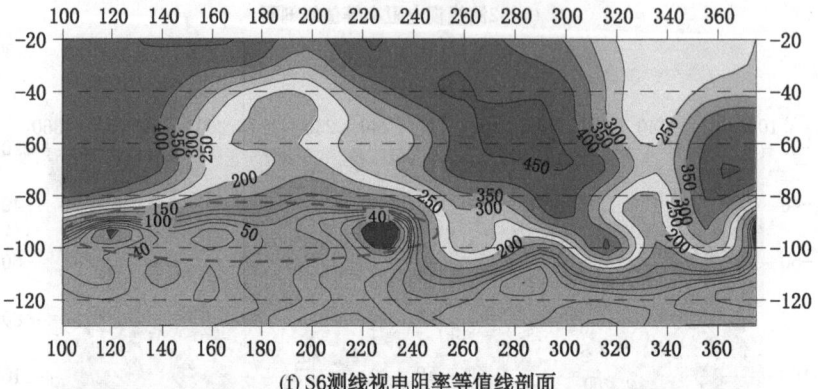

(f) S6测线视电阻率等值线剖面

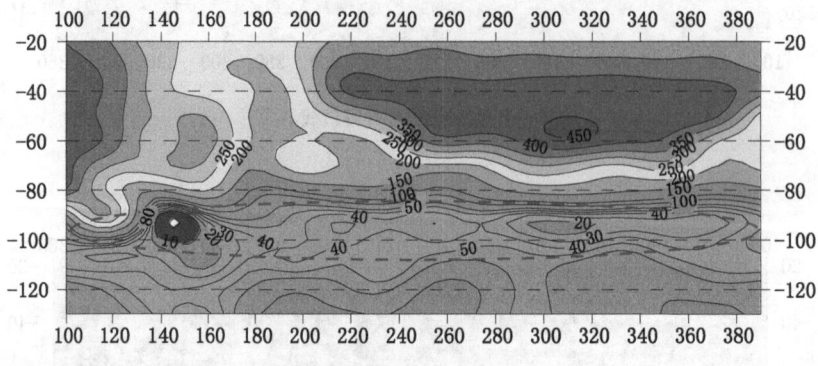

(g) S7测线视电阻率等值线剖面

图 6-10 瞬变电磁测线观测视电阻率等值线剖面

表 6-5 各测线推断异常区范围

测线	横向位置/m	深度/m	视电阻率值/(Ω·m)	备注
S1	100~260	80~110	20~60	推断为采空区
S2	100~260	80~110	30~80	推断为采空区

表6-5(续)

测线	横向位置/m	深度/m	视电阻率值/(Ω·m)	备注
S3	100~260	80~110	30~80	推断为采空区
S4	100~280	80~110	30~60	推断为采空区
	330~360	85~105	20~60	推断为采空区
S5	100~375	80~110	30~80	推断为采空区
S6	100~250	85~110	30~80	推断为采空区
S7	100~390	85~110	20~60	推断为采空区

6.2.4 EH-4电法物探

1. 勘探布置

采用EH-4电导率成像系统仪器对建设场地下方地层情况进行探测,设计勘测线3条,编号为W1~W3测线,测线方向为东西方向,测点间距15 m。

2. 勘探结果

EH-4直流电法测线视电阻率观测结果如图6-11所示。W1测线在剖面垂深85 m以上,视电阻率值为80~450 Ω·m,电性基本呈相对高电阻反映,推测主要为第四系的反

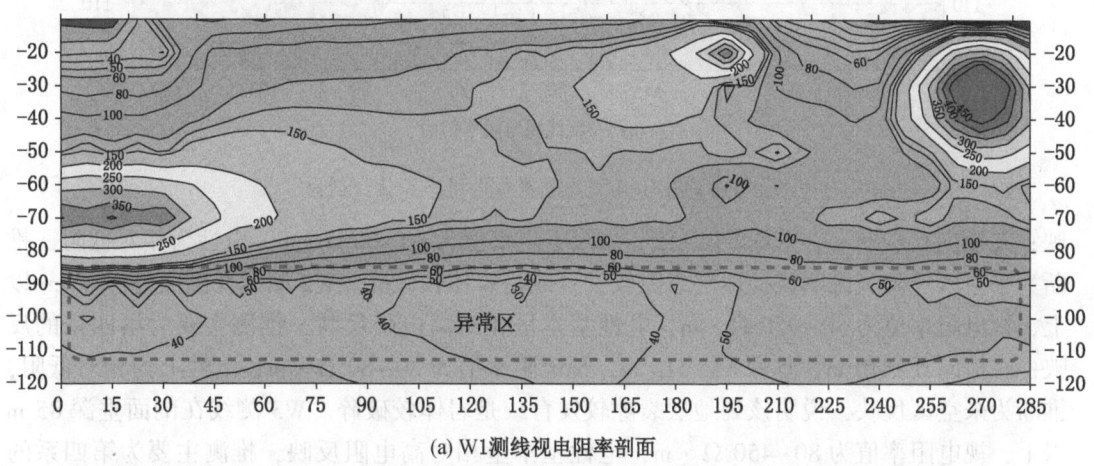

(a) W1测线视电阻率剖面

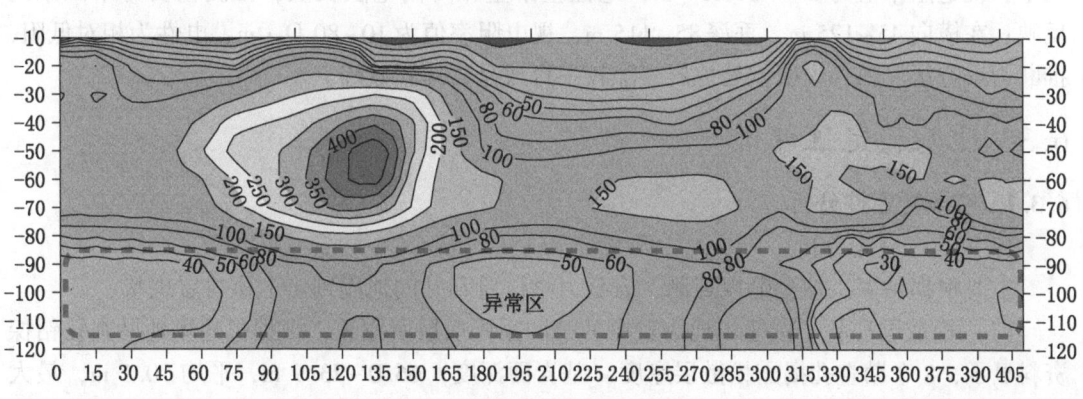

(b) W2测线视电阻率剖面

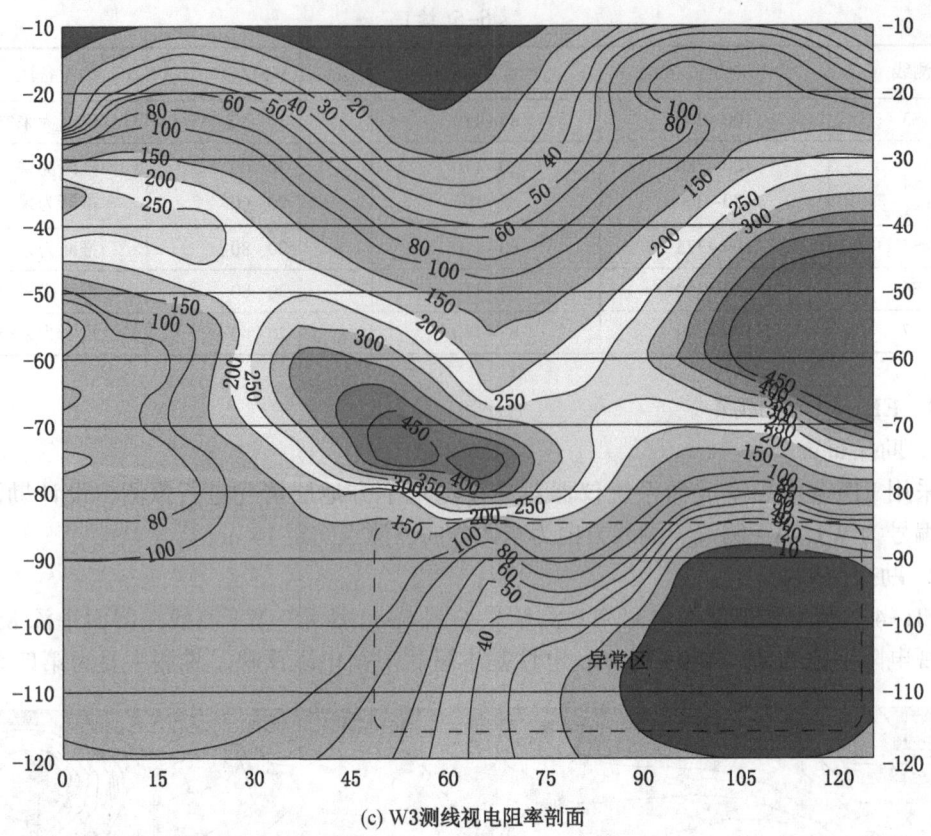

(c) W3 测线视电阻率剖面

图 6-11 EH-4 测线观测视电阻率等值线剖面

映；在横向 0~285 m，垂深 85~115 m，视电阻率值为 30~60 Ω·m，电性为相对低阻，推断为采空区反映，说明该处地层裂隙较发育或是岩体较破碎。W2 测线在剖面垂深 85 m 以上，视电阻率值为 80~450 Ω·m，电性基本呈相对高电阻反映，推测主要为第四系的反映；在横向 0~410 m，垂深 85~115 m，视电阻率值为 30~80 Ω·m，电性上为相对低阻，推断为采空区反映，说明该处地层裂隙较发育或是岩体较破碎。W3 测线在剖面垂深 85 m 以上，视电阻率值为 80~450 Ω·m，电性基本呈相对高电阻反映，推测主要为第四系的反映；在横向 45~125 m，垂深 85~115 m，视电阻率值为 10~80 Ω·m，电性为相对低阻，推断为采空区反映，说明该处地层裂隙较发育或是岩体较破碎。

6.3 地基稳定性评价

6.3.1 空间稳定性分析

1. 采空区覆岩分析

主要根据钻探、钻孔电视观测、岩石力学试验和井间地震判定上覆岩层现状。

（1）松散层现状。拟建场地为较厚的第四系松散层所覆盖，根据拟建场地勘查孔钻探资料显示，8 个勘查孔揭露松散层厚度（基岩面深度）66.0~73.9 m，平均 70.1 m，最大高差 7.9 m，勘查区基岩面起伏较大，总体变化趋势是从西北向东南、东北向西南方向逐渐增厚。第四系松散层上部为2~4 m厚的细-中粒砂层，其下为黏土；中部为细-中粒流砂层，厚度9~24 m，其下部为砂质黏土，并有薄层细砂；底部为12~24 m的黏土及黏土夹砾石层。

（2）上覆基岩现状。从揭露基岩地层看，自界面~5煤之间岩性依次为风化泥岩、粉砂岩、砂岩、泥岩、岩浆岩、泥岩、5煤层、泥岩等。大体可划分3个层段：上段（70~85 m）岩层较完整，稳定性较好裂隙不甚发育，裂隙中有白色方解石脉充填；中段（85~97 m）岩层裂隙、裂缝或洞穴较发育且一般无充填物，岩体不完整，稳定性较差，即裂缝带使冲洗液少量或部分漏失；下段（97~110 m）岩体破碎，岩性混杂，空隙较多，岩石呈块状、楞角状并为各种岩石的堆积物，即采空区（垮落带）或未被压实的残留巷道，使冲洗液全部漏失及有掉钻、卡钻、吸风现象。

通过瞬变电磁法探测和EH-4探测结果见6.2节。

井间地震分析认为：K3钻孔反映基岩面深度约为69 m；K8钻孔反映基岩面深度约为72 m，基岩厚度约17 m，上覆岩层受采动影响较为松动，裂隙发育，采空垮落带深度范围为96~100 m；K7钻孔反映基岩面深度约为68 m，基岩厚度约25 m，孔间基岩受采空影响较为松动，裂隙较为发育，覆岩垮落严重，垮落带深度范围为93~100 m；K5钻孔反映基岩面深度约为65 m；K6钻孔反映基岩面深度约为70 m，基岩厚度约28 m，孔间基岩受5煤所在工作面采空影响较小，有裂隙发育现象，岩体完整性总体较好。

从基岩取芯困难与岩芯试验可以看出，除火成岩的抗压强度大于40 MPa，所取的泥岩与砂岩抗压强度都小于20 MPa，说明建设场地受5煤采动影响，上覆基岩的岩体比较破碎、裂隙发育，岩体抗压能力较弱。

2. 采空区层位分析

（1）工作面采空区现状。本次8个勘查孔在5煤采空区内钻进时，进尺快、全漏水，还有井壁掉块、掉钻具、卡钻和孔口吸风现象，结合物探与井间地震结果认为虽然经过30多年的下沉，采空区仍没有被压实、固结。

（2）工作面巷道现状。本次K6和K7孔专门探测采空区下皮带上山和轨道上山巷道受破坏情况，在钻进至巷道时，不仅冲洗液全漏失，而且还有明显的掉钻、卡钻和孔口吸风发生，表明采空区下的两条上山巷道垮落很不充分。

3. 空间稳定性计算

建筑物荷载影响深度与采空区裂缝带发育高度之间存在以下3种关系（图6-12）：①建筑物荷载影响深度与裂缝带顶部之间有一定的安全距离，此时建筑物附加荷载不会影响裂缝带的稳定性；②建筑物荷载影响深度达到裂缝带顶部，此时建筑物附加荷载处于影响裂缝带稳定性的临界状态；③建筑物荷载影响深度进入裂缝带内部，此时建筑物附加荷载会影响裂缝带的稳定性，建筑物会受到较大不均匀沉降的影响。

通过建设场地裂缝带高度观测与办公中心大楼载荷影响深度计算，裂缝带高度为21.38 m，建筑物载荷影响深度为80 m，而采空区最小深度为96 m，办公中心大楼地基的载荷影响深度已进入到裂缝带，会影响采空区上覆岩层的稳定性，因此建筑地基不稳定。

1）建筑荷载影响深度计算

地面建筑物荷载对采煤沉陷区地基的扰动是地基失稳的重要原因之一。地面建筑物的

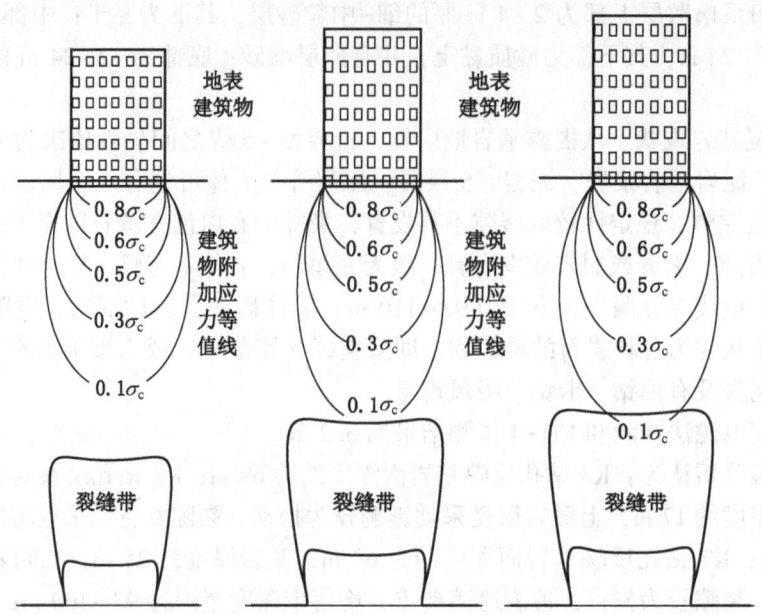

图 6-12 建筑物荷载影响深度与裂缝带空间关系（σ_c 表示岩土层自重应力）

类型、基础型式、荷载大小不同，其作用于地基上的附加应力的分布形式、地基沉降量和地基扰动深度也不同。

在工程实践中作用在地基上的荷载很少有集中力的形式，往往是通过基础分布在一定的面积上。假设基础底面的形状为规则的矩形，则可以根据叠加原理利用积分的方法求解得地基中的附加应力分布。

矩形面积均布荷载作用下，矩形面积中点下深度 z 处的附加应力 σ_z 按式（6-1）计算：

$$\sigma_z = \frac{p}{2\pi}\left[\arctan\frac{m}{n\sqrt{1+n^2+m^2}} + \frac{mn}{\sqrt{1+m^2+n^2}}\left(\frac{1}{m^2+n^2}+\frac{1}{1+n^2}\right)\right]$$
$$= K_s p \tag{6-1}$$

式中，$m = \dfrac{l}{b}$，$n = \dfrac{z}{b}$，b 为建筑物基础底面宽度的一半（m）；l 为建筑物基础底面长度的一半（m）。

通常将系数 K_s 称为附加应力系数，可通过查表得到。

根据项目区建筑物的实际尺寸，住宅楼地面最高 32 层、地下 2 层，地面高度 100 m，多层建筑物地面 6 层，地下 1 层。取单层建筑物平均面积荷载 20 kPa/层。矿业集团办公中心大楼为双子楼结构，单个楼建筑底面长为 85.33 m，宽为 38.67 m，地面层数为 19 层，总高度 100 m，地下为 2 层。取单层建筑物平均面积荷载为 33 kPa/层。

计算中，考虑了住宅楼 3 种形式的长宽比（1∶1、2∶1、3∶1）和办公中心大楼实际尺寸，表土层厚度 70 m、容重取 20 kN/m³，基岩平均容重取 25 kN/m³。根据《建筑地基基础设计规范》,当土层中有高压缩性土或其他的不稳定因素时,取计算附加应力等于相应位置处自重应力的10%作为建筑物荷载的影响深度计算标准。

不同长宽比、32层高层住宅楼房（底部宽度30 m）荷载的最大影响深度见表6-6～表6-8。长宽比为1∶1的高层住宅楼房荷载的最大影响深度为60 m；长宽比为2∶1的高层住宅楼房荷载的最大影响深度为75 m；长宽比为3∶1的高层住宅楼房荷载的最大影响深度为80 m。不同长宽比、6层建筑物的荷载最大影响深度见表6-9～表6-11。长宽比为1∶1的6层建筑物荷载的最大影响深度为17.5 m；长宽比为2∶1的6层建筑物荷载的最大影响深度为18.5 m；长宽比为3∶1的6层建筑物荷载的最大影响深度为18.5 m。办公中心大楼的高层住宅楼房荷载的最大影响深度为85 m,见表6-12。

表6-6 32层高层住宅楼荷载影响深度计算（长宽比为1∶1）

基础下深度 z/m	系数 n	系数 K_s	附加应力/kPa	自重应力/kPa	10%自重应力/kPa	载荷影响深度/m
0	—	—	680	100	—	10
10	0.67	0.211	573.9	300	30	20
20	1.33	0.141	383.5	500	50	30
25	1.67	0.105	285.6	600	60	35
30	2.0	0.084	228.5	700	70	40
35	2.33	0.069	187.7	800	80	45
50	3.33	0.0381	103.6	1100	110	60

表6-7 32层高层住宅楼荷载影响深度计算（长宽比为2∶1）

基础下深度 z/m	系数 n	系数 K_s	附加应力/kPa	自重应力/kPa	10%自重应力/kPa	载荷影响深度/m
0	—	—	680	100	—	10
10	0.67	0.225	612	300	30	20
20	1.33	0.173	470.5	500	50	30
25	1.67	0.141	383.5	600	60	35
55	3.67	0.0539	146.6	1200	120	65
60	4	0.0474	128.9	1300	130	70
65	4.33	0.0423	115.1	1400	140	75

表6-8 32层高层住宅楼荷载影响深度计算（长宽比3∶1）

基础下深度 z/m	系数 n	系数 K_s	附加应力/kPa	自重应力/kPa	10%自重应力/kPa	载荷影响深度/m
0	—	—	675	100	—	10
60	4	0.0603	162.8	1300	130	70
65	4.33	0.0540	145.8	1400	140	75
70	4.67	0.0473	127.7	1525	152.5	80

表6-9 6层建筑物荷载影响深度计算（长宽比1∶1）

基础下深度 z/m	系数 n	系数 K_s	附加应力/kPa	自重应力/kPa	10%自重应力/kPa	载荷影响深度/m
0	—	—	175	50	—	2.5
10	0.67	0.211	36.925	250	25	12.5
15	1	0.1752	30.66	350	35	17.5
20	1.33	0.141	24.675	450	45	22.5

表6-10 6层建筑物荷载影响深度计算（长宽比2∶1）

基础下深度 z/m	系数 n	系数 K_s	附加应力/kPa	自重应力/kPa	10%自重应力/kPa	载荷影响深度/m
0	—	—	175	50	—	2.5
10	0.67	0.225	39.375	250	25	12.5
15	1	0.1999	34.98	350	35	17.5
16	1.067	0.1938	33.915	370	37	18.5
20	1.33	0.173	30.275	450	45	22.5

表6-11 6层建筑物荷载影响深度计算（长宽比3∶1）

基础下深度 z/m	系数 n	系数 K_s	附加应力/kPa	自重应力/kPa	10%自重应力/kPa	载荷影响深度/m
0	—	—	175	50	—	2.5
10	0.67	0.228	39.9	250	25	12.5
15	1	0.2034	35.595	350	35	17.5
16	1.067	0.1979	34.63	370	37	18.5
20	1.33	0.183	32.025	450	45	22.5

表6-12 办公中心大楼荷载影响深度计算

基础下深度 z/m	系数 n	系数 K_s	附加应力/kPa	自重应力/kPa	10%自重应力/kPa	载荷影响深度/m
0	—	—	693	100	—	10
50	2.59	0.091	252.2	1100	110	60
60	3.10	0.073	202.3	1300	130	70
70	3.62	0.059	163.5	1525	152.5	80
75	3.88	0.052	144.1	1650	165	85

综合上述分析，住宅高楼荷载的最大影响深度为80 m，多层建筑物荷载的最大影响深度为18.5 m，办公中心大楼荷载的最大影响深度为85 m（表6-13）。

表6-13 不同长宽比的建筑物荷载影响深度计算

建筑物平面尺寸		建筑物载荷影响深度/m
32层高层住宅	长宽比1:1	60
	长宽比2:1	75
	长宽比3:1	80
6层楼房	长宽比1:1	17.5
	长宽比2:1	18.5
	长宽比3:1	18.5
办公中心	长85.33 m，宽38.67 m	85

2）覆岩裂缝带高度以及空间稳定性计算

要保证裂缝带破裂岩体不受建筑物荷载的影响，保持地基的空间稳定性，建筑物场址要求的开采深度根据式（6-2）计算：

$$H_0 = H_{max} + h_{max} + a \tag{6-2}$$

式中　　a——建筑物荷载影响深度和裂缝带的发育高度之间安全保护层厚度，m；

　　　　H_{max}——采空区裂缝带高度，m；

　　　　h_{max}——建筑物荷载影响深度，m。

a的取值目前尚没有具体的规范和规程给出明确的要求，一般取值10~20 m。考虑到拟建场区冲积层较厚，为了保证建筑物的安全可靠，安全保护层的厚度取20 m。

根据以上裂缝带高度和荷载影响深度的计算结果，就可以判断地基的空间稳定性：如果某区域下方煤层的实际开采深度 H_s 小于保持地基稳定的要求开采深度，则会引起地基的不稳定；如果煤层的开采深度大于保持地基稳定的要求开采深度，则可以认为在该采空区上方兴建的建筑物地基是稳定的。即 $H_s < H_0$，采空区不稳定；$H_s > H_0$，采空区稳定。

表6-14 淮北矿业集团办公中心建设场地地基空间稳定性评价

建筑物类型	建筑物载荷影响深度/m	建筑物稳定最小要求采空区深度/m	实际采空区最小深度/m	稳定性评价
办公中心大楼	85	126.38	96	不稳定
高层住宅	80	121.38	85.4	不稳定
多层建筑物	18.5	59.88	89.9	稳定

由表6-14可知,高层建筑的载荷在地基中的影响深度已经能够达到采空区垮落裂缝带位置,拟建建筑物载荷会对采空区上覆岩层的稳定性产生不利影响。多层建筑物如果不考虑桩基等深部基础影响,采空区能够保持稳定。

6.3.2 地表移动期分析

淮北矿区相城矿建设用地区域工作面煤层开采时间为1977—1980年,开采深度为90~110 m,煤层开采厚度为2.5 m,开采方法为爆破开采,工作面开采宽度为20~100 m。

根据第3章煤矿上覆地层采动影响时间关系规律,综合考虑各方面的地质采矿因素,本矿区地表移动延续时间不超过5年。而拟建场区下方煤层开采结束时间已经超过30年,远大于本矿区采煤沉陷地表移动持续时间。因此,在不考虑外界载荷影响的条件下,拟建场区地表移动已处于相对稳定状态。

6.3.3 采空区残余沉降与变形预计

据淮北矿区地表移动规律研究成果分析,本区地表移动规律基本符合概率积分模型,因此本区的地表移动和变形预计采用概率积分法预测模型。

采空区虽然经过了长时间的自然压实,但开采后形成的采空区、岩体中的离层、裂缝带和垮落带岩块的未充分压密、孔隙中饱水等现象仍将长期存在。在受到外力扰动时,仍有可能打破上覆岩层重新稳定后形成的岩层结构的稳定性,使上覆岩层再次产生压缩和下沉,导致地面出现新的移动和变形,对地面建筑物安全构成危害。因此,在采空区上方进行建设时,准确预测采空区引起的地表残余变形量,对于建筑物抗变形结构设计、保障建筑物安全是非常必要的。

根据部分矿区的现场实测研究结果分析,采煤沉陷区残余移动变形有以下3个规律。①残余移动变形的大小与覆岩性质有关,在其他条件相同的情况下,覆岩性质越坚硬,整体性越好,地表的残余移动变形越大。②残余移动变形的大小与采煤方法和顶板管理方法有关,长壁自然垮落法开采的残余移动变形较小,残余移动变形的延续时间也较短;条带、刀柱等部分采煤法的残余移动变形较大,残余移动变形的延续时间也较长。③残余移动变形的大小与工作面采宽采深之比有关,采宽采深比越大,残余移动变形越小。

在确定淮北相城矿采煤沉陷区地表残余变形的计算参数时,可根据拟建场区采空区勘查的实测结果,在确保建筑物的安全可靠的前提下,综合考虑淮北相城矿区的岩性条件和煤层开采条件,确定地表残余变形计算参数。

地表移动变形参数有地表下沉系数 q、主要影响角正切 $\tan\beta$、开采影响传播角 θ、水平移动系数 b 和拐点偏移距 S。

地表下沉系数 q：地表下沉系数主要与上覆岩层的性质、开采深度等因素有关。地表下沉系数随煤层上覆岩层岩性硬度增加而减小，随开采深度增大而减小。本矿区煤层上覆岩层一般为灰—深灰色泥岩，局部为粉砂岩和砂岩，易破碎，开采深度为 80~130 m。根据《建筑物、水体、铁路以及主要井巷煤柱留设与压煤开采规范》对地表移动参数进行修正，本矿属于浅部软弱覆岩条件下的长壁开采，受流砂层影响，地表下沉系数较大，实际计算中取地表下沉系数为 1.0。在地表移动期结束后，在一定因素作用下地表仍然可能发生残余移动变形。特别是当新建建筑物载荷影响深度达到采空区垮落裂缝带时，地表残余移动变形将会更加明显。根据拟建场区采空区残留空间现状及地表建筑物的实际情况，在预计地表残余变形时，对于地表建筑物载荷影响深度达到裂缝带位置的采空区，其残余下沉系数取 0.12，其他区域采空区残余下沉系数取 0.05。

主要影响角正切 $\tan\beta$。地表沉陷区内的移动变形主要集中在采空区边界上方宽度为 2 倍主要影响半径范围之内，该范围称为主要影响范围。连接主要影响范围边界点与开采边界的直线与水平线所成的夹角 β 称为主要影响角。基于主要影响角正切与覆岩岩性的关系，鉴于本矿区为软弱覆岩条件，确定主要影响角正切 1.9。

开采影响传播角 θ。在充分采动条件下，计算开采边界（考虑拐点偏移距的影响）与地表移动盆地拐点的连线与水平线之间在采空区下山方向的夹角称为开采影响传播角。本矿区开采影响传播角依据淮北矿区经验数值，为 $90°-0.5\alpha$。

水平移动系数 b。充分采动时，走向主断面上地表最大水平移动值与地表最大下沉值的比值称为水平移动系数。根据淮北矿区多年积累的地表移动实测资料，确定本区的地表水平移动系数为 0.35。

拐点偏移距 S。地表移动盆地边缘区内正负曲率的转折点在地表的投影称为拐点，拐点与采空区边界的水平距离称为拐点偏移距。为了安全起见，本矿的拐点偏移距采用 0。

本区域地表移动计算参数以及残余变形参数见表 6-15。

表 6-15 地表移动计算参数

计算参数	长壁开采量值	残余变形量值	
		载荷影响深度达到裂缝带区域	其他区域
下沉系数	1.0	0.12	0.05
主要影响角正切	1.9	1.9	1.9
水平移动系数	0.35	0.35	0.35
开采影响传播角	$90°-0.5\alpha$	$90°-0.5\alpha$	$90°-0.5\alpha$
拐点偏移距/m	0	0	0

根据给出的计算参数，对地表残余下沉以及残余水平变形值进行了计算。拟建场区地

表残余变形影响的最大值见表 6-16。由此可见，受采空区影响，拟建场区地表残余沉降和残余变形较大。

表 6-16 拟建高层建筑物位置地表残余变形影响的最大值

地表移动变形	最大值自然状态	加载后
下沉/mm	125.66	295.8
水平变形/(mm·m^{-1})	-1.15/1.2	-2.84/0
倾斜变形/(mm·m^{-1})	1.3	4.1

6.3.4 断层影响分析

断层处于基础应力影响范围之内，应评价其稳定性，确定治理方案。

地震可能使地层内发生断裂或已有的断层复活，这对地基稳定性是有影响的。对于勘察和设计人员而言，必须关心与查清下列问题：断层是活动的还是非活动的；断层的类型及其活动方式；断层形成的时间；断层活动和破碎带对工程的影响等。

非活动断裂对建筑的影响较小。经过国内外多次的震害调查，已弄清非活动断裂附近建筑物的震害大多并不比其他地方明显加重，因此，没有必要专门避开这一地区。但断层破碎带如果出现在距地表不远的深度，则带来地基上均匀性差的问题，要求对跨越破碎带的房屋地基与基础设计按不均匀地基来对待，以避免地震时的不均匀震陷和上部结构的地震反应复杂化等不利影响。如有可能，则不应将建筑物跨越断层破碎带。

拟建区域主要受 F5 断层影响。F5 断层为正断层，在拟建场区附近走向近于 SN 向，倾角 68°～80°，落差 80 m。F5 断层为非活动断层，断层受第四系冲积层覆盖，距地表深度 70 m，距拟建办公中心楼水平距离超过 150 m，处于拟建办公楼附加载荷影响范围之外，建筑物载荷不会对断层产生活化影响。断层对拟建建筑物的地基稳定性无影响。

6.3.5 地下水影响分析

相城矿地处相山脚下，地下水主要为第四系砂层孔隙水、煤系地层砂岩裂隙水、石炭系太原组灰岩裂隙溶洞水等。煤层与地表水无水力联系。矿井充水因素为煤系地层砂岩裂隙水和灰岩裂隙岩溶水。目前，受相城矿和朱庄矿井下开采的影响，拟建区 5 煤采空区以上基岩层较少有地下水积存。但朱庄矿开采结束矿井关闭后，由于对相关采空区进行封闭处理，可能引起拟建区基岩层内地下水位上升。

根据拟建区地质采矿资料及拟建区内采空区勘查钻孔资料分析，拟建区冲积层厚 66.0～73.9 m，平均 70.1 m，采空区上方基岩层厚 30～40 m。基岩层的岩性自基岩界面到 5 煤底板之间自上而下依次为：风化泥岩、粉砂岩、砂岩、泥岩、岩浆岩、泥岩、5 煤层、泥岩等。

在采空区上方基岩层的上段（70～85 m），主要岩性为风化泥岩、粉砂岩，岩芯采取率较低。在基岩层的中段（85～97 m），主要岩性为砂岩和岩浆岩，岩层较坚硬，岩芯采取率较高。在基岩层的下段（97～110 m），岩体破碎，岩性主要为泥岩。

根据对拟建场区岩芯测试，泥岩浸水 20 min 成糊状，说明拟建区泥岩存在浸水软化现象。且泥岩的强度较低，根据岩芯测试，试样单向抗压强度为0.49~19.26 MPa，为软弱岩性。

根据拟建区岩层分布及地下水变化情况，在5煤层采空区附近存在厚度10 m左右的泥岩层，该泥岩层强度较低，在干燥状态下遇水易软化和泥化。在对拟建区采空区处理前，由于采空区内裂隙发育，采空区附近岩层水力通道联系畅通，当拟建场区地下水位变化时，将会对采空区地层稳定性产生不利影响。

6.4 采空区治理注浆设计与施工

6.4.1 注浆设计

拟建场区冲积层平均厚度70 m，基岩平均厚度30 m，建筑物外围围护带宽度20 m。根据淮北矿区的地表沉陷规律，取冲积层移动角40°、基岩移动角70°，确定了基本治理区的范围，如图6-13所示。

根据建设场地采空区的特征，可将治理区岩体空隙分为两种类型：一是采区主要大巷巷道或采空区周边顺槽顶板未充分垮落的区域，该类区域具有明显的残留空间；二是采空区上覆垮落及压实岩体，在该区域内空隙较小，但浆液扩散的方向性不受限制。

采空区巷道具有明显的线性分布特征，巷道与巷道之间具有一定的连通性，可根据巷道长度的剩余横截面积估计所需的注浆量，具体根据式（6-3）计算：

$$Q_1 = \frac{LM}{\beta} \quad (6-3)$$

式中 Q_1——巷道浆液注入量，m³；

L——治理区残留巷道长度，m；

M——治理范围内残留巷道的横截面积，m²；

β——浆液结石率，取0.8。

根据相城矿采空区及巷道分布图，在治理区域内工作面巷道长4907 m，采区巷道长1592 m，其他巷道长1902 m，取工作面巷道残余面积2 m²，采区巷道残余面积5 m²，其他巷道残余面积3 m²，代入式（6-3）中并求和可得残留巷道所需的注浆量为29350 m³。

采空区加固注浆的注入量与采空区的高度、地层性质、采空区垮落状况及覆岩破坏情况有关，根据浆液有效扩散半径、采空区上覆岩层残余空隙率等参数，可以估计各注浆孔需要的最大注入量。原则上注浆形成的结石体应充满注浆孔扩散半径范围内的可注空间。最大注浆量可根据式（6-4）进行估算：

$$Q_2 = \frac{kSm}{\beta} \quad (6-4)$$

式中 Q_2——采空区浆液注入量，m³；

S——治理区采空区总面积，74953 m²；

m——煤层的开采厚度，2.5 m；

k——采空区剩余空隙率，0.1；

β——浆液结石率，0.8。

根据式（6-4），预计总的最大注浆量为23423 m³。

设计注浆孔的开孔孔径为130 mm，终孔孔径不小于91 mm，变孔深度为进入未风化基岩以下 8~10 m。冲积层护壁套管直径 127 mm，注浆孔止浆套管直径 110 mm。注浆孔深度为采空区底板岩层以下 2~3 m。注浆孔间距为 30~50 m，在治理范围内共布置注浆孔 37 个，其中有 5 个孔利用原采空区勘查孔作为注浆孔，如图 6-13 所示。

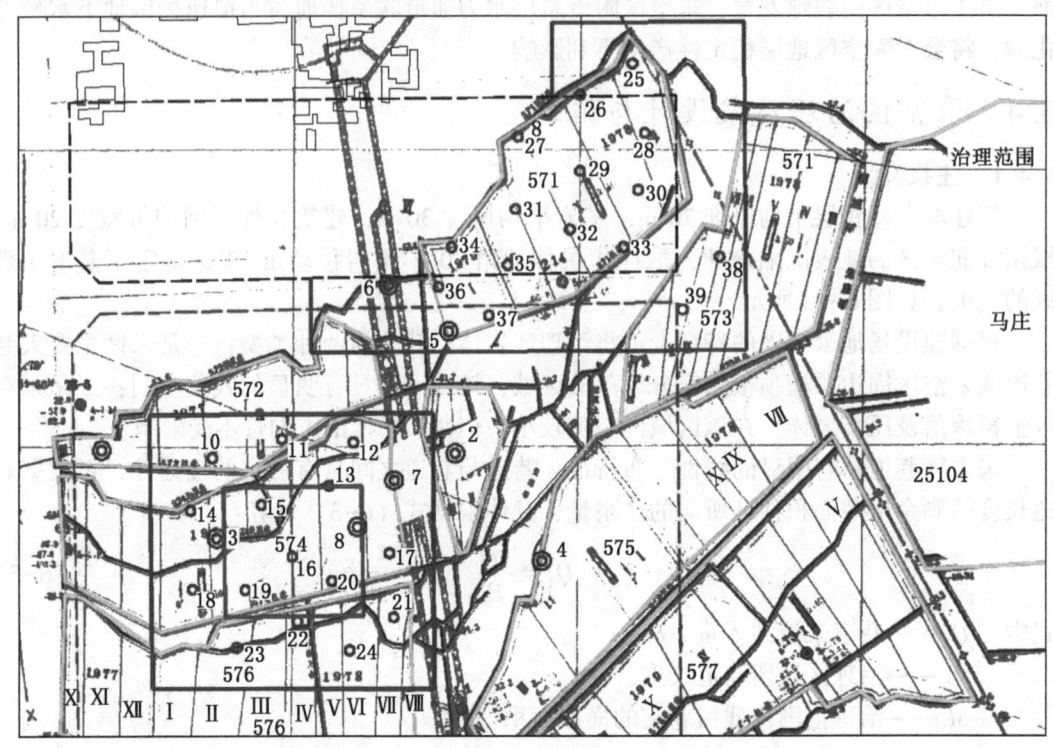

图 6-13　采空区基本治理范围和注浆孔布置图

各注浆孔注浆段的范围为孔深 75 m 以下至钻孔底部，注浆最大压力为 1.0~1.5 MPa。注浆材料主要选用 P.S.A32.5 号矿渣硅酸盐水泥和粉煤灰，水泥和粉煤灰的固相比为 1:4~1:9。根据以上研究，设计采用 2 个级别的浆液水固比，分别为 0.8:1、0.6:1。初期注浆以稀浆为主，以利于浆液扩散，待掌握特点后，逐渐提高浆液浓度。

采空区注浆时，对于在注浆孔钻进中发现底部有较大空洞的孔或有吸风现象的孔，在注浆前应进行充填骨料处理。骨料采用中粒砂子，用清水送入孔底。

6.4.2　注浆施工

2010 年 12 月 31 日开始对原采空区勘查孔进行试注浆。截至 2011 年 3 月 27 日，拟建办公中心区域共进行 20 个注浆孔的注浆施工，累计钻进工程量 1932.16 m，累计注入粉煤灰 20584.4 m³、水泥 4619.35 t，投入瓜子片 304.3 m³、黄沙 109.28 m³。

2011 年 3 月 31 日至 5 月 10 日先期施工了 3 个检测孔并进行了相关检测试验，2011 年 5 月 15 日，甲方、设计单位和施工、检测单位根据先期施工的 3 个检测孔及检测结果，研究决定对场地进行补注浆。随后，施工单位于 5 月 18 日开始对 6 个孔扫孔延深后进行补注浆，截至 6 月 4 日，共补注粉煤灰 1584.5 m³，水泥 243 t。

6.5 注浆后采空区治理效果检测

6.5.1 检测方案及标准

本工程采用钻探取芯、钻探速度观测、钻探冲洗液消耗量观测、孔内静止水位观测、浆液结石体岩芯无侧限压强度试验、注（压）水试验、钻孔成像检测、孔间CT成像等方法进行该采空区治理工程的质量检测。

在办公中心主楼部位共布置检测孔4个（J1、J2、J3、16），并利用原注浆孔及补注浆孔扫孔延伸共5孔（3、14、15、J1、16），各检测孔具体位置如图6-14所示；检测工作量表6-17。

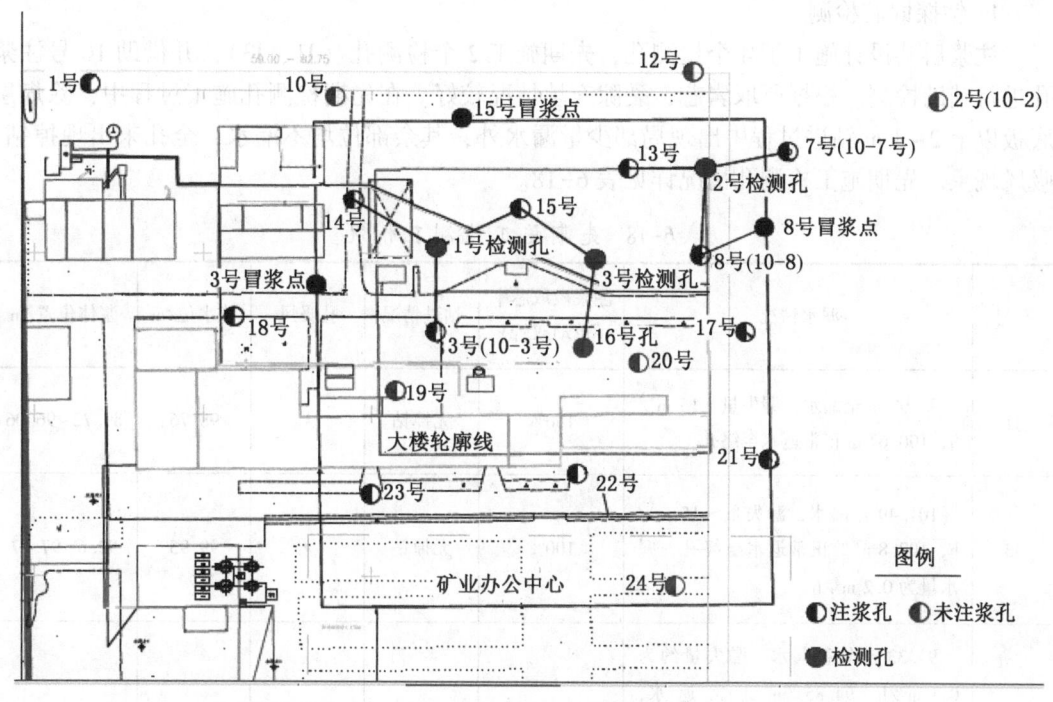

图6-14　检测工作布置图

表6-17　检测工作量表

检测项目	检测孔数/个	检测工作量
钻探孔取芯	4	58.86 m
钻孔成像	5	70.8 m
注（压）水试验	3	3孔
注浆体的强度检测	3	4组
孔间CT成像	6	5对
注浆孔扫孔检测	5	548.75 m

本次注浆效果检测的主要技术指标：

（1）压水试验。检查孔成孔过程中冲洗液不大量漏失，成孔后注水压力不低于1.0 MPa，泵量不大于200 L/min。

（2）钻孔电视观测。利用钻孔电视对检查孔壁裂隙充填情况进行观测，要求检查孔孔壁不能出现未充填的空洞，并能在孔深75~100 m范围内的孔壁裂隙内观测到明显的浆液充填痕迹。实测裂隙充填率在80%以上。

（3）在检查孔深度75~100 m范围内均能采取到浆液结石体；在检查孔底部采空区位置采取的浆液结石体单轴抗压强度≥0.3 MPa。

6.5.2 检测结果

1. 钻探取芯检测

注浆后共设计施工了4个检测孔，先期施工2个检测孔（J1、J3），并借助16号注浆孔进行辅助检测。根据所取岩芯，裂隙充填情况较好。在先期检测孔施工过程中，除煤层底板以上2~3 m钻进过程中出现局部少量漏水外，其余部位均不漏水，全孔未出现掉钻、吸风现象。先期施工检测孔情况详见表6-18。

表6-18　先期施工检测孔情况

孔号	漏水情况	注浆段取芯率（单动双管）	钻进情况	孔吸风	静水位/m	浆体位置/m
J1	98.97 m全漏水，漏失量>15 m³/h，100.67 m正常返水至终孔	100%	无掉钻	无	98.76	89.72~96.06
J3	101.49全漏水，漏失量>15 m³/h，102.8 m处正常返水至终孔，漏水量为0.2 m³/h	100%	无掉钻	无	99.95	92.6~97.27
16	94.33 m处稍漏水，漏失量约为0.1 m³/h，94.85 m正常返水，102.37 m至终孔处全漏水，漏失量>15 m³/h，103~106 m处进尺较快，103 m有卡钻现象	100%	无掉钻	无	102.73	96.23~100.00

由于先期施工的检测孔中部分注浆段存在漏水现象（如16号孔94.33 m处稍漏水，94.85 m处返水），且静水位位置较深，显示煤层底板以上2~3 m范围内仍有少量空隙未被完全充填，故对场地进行补注浆施工。在补注浆完成后，施工检测孔J2号孔并抽取补注浆孔J1、16号孔进行补注浆效果检查，在钻进孔过程中，J2孔裂隙充填情况较好（取芯可见图6-15），J1、16号孔全孔均未再出现漏水。后期施工检测及补注浆孔情况见表6-19。对照采空区勘察时施工的钻孔（表6-20），在钻进时全漏水，部分钻孔有掉钻和孔口吸风现象，注浆以后以上现象全部消除，说明注浆对采空区空洞及裂隙充填效果较好。

图 6-15 J2 孔岩石裂隙内充填的浆体

表 6-19 后期施工检测及补注浆孔情况

孔号	漏水情况	注浆段取芯率（单动双管）	钻进情况	孔口吸风	静水位/m	浆体位置/m
J2	94.03 m 至终孔稍漏水，漏失量约为 0.54 m³/h	72%（有一回次岩心管出水孔堵塞导致取芯率低）	无掉钻	无	102.00	98.03~108.30
J1	全孔不漏水	未取芯	无掉钻	无	98.06	81.60~109.70
16	全孔不漏水	未取芯	无掉钻	无	89.00	84.50~105.3

表 6-20 注浆前钻孔情况

孔号	漏水情况	取芯率	钻进情况	孔口吸风	静水位/m	浆体位置/m
K3	从 94 m 开始漏水，漏失量为 6 m³/h，从 99.50 m 至终孔全漏，漏失量 >15 m³/h	低	无掉钻	有	104.50	无
K7	从 89.91 m 至终孔全漏失，漏失量 >15 m³/h	低	101.58 掉钻 2.0 m	有	无	无
K8	从 92.45 m 开始漏水，漏失量 9.6 m³/h，至 101.28 m 漏失量为 14 m³/h，在 101.54 m 至终孔全漏，漏失量 >15 m³/h	低	101.54~104.09 m 进尺极快	有	102.0	无

2. 钻孔成像检测

本场地注浆孔在注浆前后均进行了孔内电视成像工作，通过钻孔电视可以清晰地发现，注浆前钻孔内裂隙极发育、孔壁掉块、漏水、吸风等现象明显，孔壁坍塌严重，而全部注浆完成后，孔壁基本完整、较光滑，裂隙可见充填物，未出现漏水、吸风、掉钻等现象，说明注浆效果明显。

在 3 个检测孔及 2 个补注浆孔内对基岩段全段连续钻孔成像。在成像图片中，水位以上的水泥粉煤灰体及岩石颜色均为原有颜色,呈浅灰色、灰色,其切面较岩石稍光滑均匀,页岩呈深灰色、浅灰黑色,火成岩呈灰绿色,略黄色;岩石多发育节理裂隙等结构,水泥粉煤灰充填体较均匀光滑,岩体中未充填的裂隙及空洞呈黑色。J1检测孔成像图片如图6-16所示。

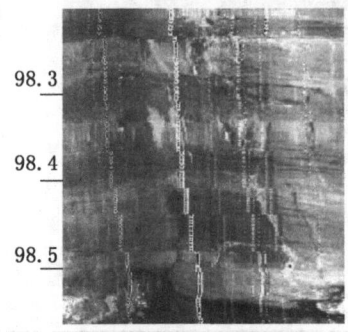
灰白色为水泥粉煤灰体

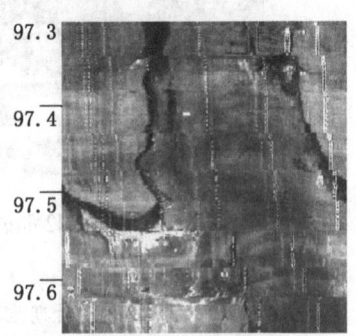
黑色为未充填裂隙

图6-16 J1号检测孔成像图片

由于孔内岩石特性、干湿条件等均对成像质量有不同程度的影响,很难仅根据单一特征识别岩体与水泥粉煤灰体,本次识别还应结合钻探成果及岩体、水泥粉煤灰体在不同条件下呈现的不同特征综合辨识水泥粉煤灰体和岩体,在识别基础上,对孔内裂隙充填情况进行统计,统计结果见表6-21。根据裂隙统计结果及钻孔成像可见,各检测孔孔壁完整,残余的裂隙及空间较少,充填率较高且均大于85%,注浆对裂隙充填效果明显。对比注浆前采空区勘查孔钻孔电视观测岩层裂隙极发育、孔壁掉块坍塌严重,说明注浆对岩层裂隙充填效果好。

表6-21 裂隙面积及充填率统计

孔号	已充填裂隙面积/m²	未充填裂隙面积/m²	孔壁面积/m²	未充填裂隙占孔壁面积比例/%	裂隙充填率/%
J1	0.75	0.12	5.75	2.09	86.21
J3	0.47	0.02	5.63	0.36	95.92
16	0.73	0.06	9.07	0.66	92.40
总计	1.95	0.2	20.45	0.98	90.70

3. 注(压)水试验

参照《水利水电工程压水试验规程》(SL345—2007)标准对J1、J2、16检测孔进行水柱压水试验(参见表6-22),试验结果J1、J2、J16孔的透水率分别为0.072 Lu、9.92 Lu、0.378 Lu。J1、J16孔透水率均小于1,属于微透水,说明两孔内补注浆后岩体完整;J2孔透水率大于1但小于10,属于弱透水,但该孔位于煤柱附近,裂隙中可见水泥粉煤灰充填,岩体较完整。

表6-22 注(压)水试验成果表

序号	孔号	透水率/Lu
1	J1	0.072
2	16	0.378
3	J2	9.92

通过注浆治理压水试验可知，冲洗液在钻孔不漏失或漏失缓慢，与建设场地周边水力联系差，采空区上方岩层内能够保持一定水位，当周边地下水位升高时，场地内泥岩层不会受其影响。

4. 注浆体的强度

由于主楼地基下注浆施工结束时间较短（16号孔钻探施工时距其前最后一次注浆施工仅4 d），且该区域地下水充沛，裂隙内充填的水泥粉煤灰体未完全失水固结，呈可塑-硬塑状态，导致本次所取结石体试样较软，单轴抗压强度试验结果较低。单轴饱和抗压强度试验数据见表6-23，平均抗压强度0.45 MPa。

表6-23 单轴饱和抗压强度试验数据

序号	岩石编号	岩性	取样深度/m	试样尺寸/mm		试验状态	破坏荷载/kN	抗压强度/MPa
				直径 D	高度 H			
1	16-1	水泥-粉煤灰	96.6~96.7	61	102	饱和	1	0.34
2	16-2	水泥-粉煤灰	50.0~50.5	64	104	饱和	1.5	0.51
3	16-3	水泥-粉煤灰	54.5~54.7	61	103	饱和	1.6	0.55
4	16-4	水泥-粉煤灰	63.5~63.8	60	101	饱和	1.2	0.41
平均值								0.45

从取出的浆液结石体在地面晾干后的强度看，结石体干强度高，由此可以推测：随着注浆工作结束后时间的推移，充填浆液析水凝结后强度将大幅度提高，使得采空区的充填强度也可以大幅度提高。

5. 跨孔CT法

本次勘探目的是检测各孔之间岩体的完整程度，探明孔间采空区注浆之后的密实程度，评价孔间的注浆效果，根据现场地层情况及特征，建立简易数值模型，通过数值模拟、反演，分析电阻率分布情况，等值线走势形态。最初剖面解释时参考钻孔资料，总结电阻率与岩性之间的关联性，以钻孔周围3~5 m为参考值，追踪剖面电阻率等值线，达到整个剖面地质解译。

该场地检测范围内岩层倾角较小、起伏较缓，空间及裂隙内充填的水泥粉煤灰体尚未失水固结，呈可、硬塑状，含水量较高，相对其周围岩体，电阻率值相对较低，易于水泥粉煤灰体充填区及岩体划分。

由于钢套管的存在及各剖面的地层差异,使得反演计算出来的电阻率值略有不同,这对应用此方法探测采空区注浆充填范围,划分岩面并无大碍。孔间 CT 成像结果表明,孔间注浆充填体明显,注浆充填效果较好。

6. 检测结果综述

采用钻探、钻孔成像、注(压)水试验、注浆体的强度检测、跨孔 CT 法等方法对场地进行综合检测,不同检测方法依据不同原理,优势互补、相互印证,可更准确地反映注浆效果。根据各检测方法成果资料,结合场地具体情况进行综合分析,获得以下检测成果:①钻探施工时,每个检测孔取芯均见水泥粉煤灰体,煤层底板以上钻进过程不漏水,也无掉钻、吸风现象,仍有少量小裂隙未被完全充填;②对所取的芯体进行力学强度试验,其天然单轴抗压强度大于 0.34 MPa,结石体晾干后干强度高,随着浆液的凝固,未来结石体强度将大幅度提高;③对 3 个检测孔进行的钻孔成像结果表明,浆液对裂隙及空间的充填率较高,大于 85%,充填效果好;④由简易注(压)水试验结果可知,J1、16 两孔内岩体在补注浆后岩体完整,J2 孔内岩体较完整;⑤孔间 CT 成像结果表明,孔间注浆充填体明显,注浆充填效果较好。

综上所述,本场地注浆充填处理效果好,通过注浆处理,已经基本消除采空区地面塌陷灾害的影响,同时起到减少采空地面沉降残余变形的作用。

6.6 治理后采空区稳定性评价

6.6.1 治理后地表沉降与变形预计

当达到结石体的设计强度后,充填体的可压缩量将大大降低,采空区的残余变形将得到较好控制。经过检测,浆液对裂隙及空间的充填率大于 85%,达到了预期要求。根据采空区治理经验,结合本区域地层条件、办公中心实际载荷条件及注浆治理效果检测情况,确定注浆后地表移动计算参数见表 6-24。

表 6-24 注浆后地表移动计算参数

计算参数	计算量值	
	建设场地区	非建设场地区
下沉系数	0.025	0.05
主要影响角正切	1.6	1.9
水平移动系数	0.30	0.35
开采影响传播角	90°−0.5α	90°−0.5α
拐点偏移距/m	0	0

根据给出的参数,对治理后地表残余沉降及残余变形值进行了计算,并做等值线图,如图 6-17~图 6-19 所示。基于本区域采空区水位变化和采空区充填体达到充分固结后,办公中心位置地表残余沉降和残余变形最大(极限)值见表 6-25。

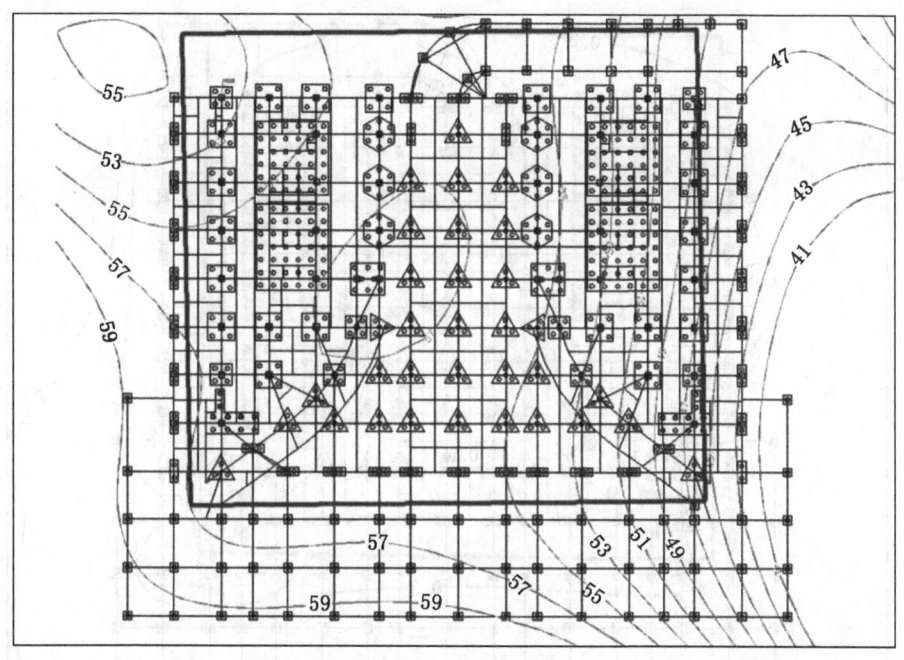

图6-17 治理后办公中心地表残余下沉等值线图（单位：mm）

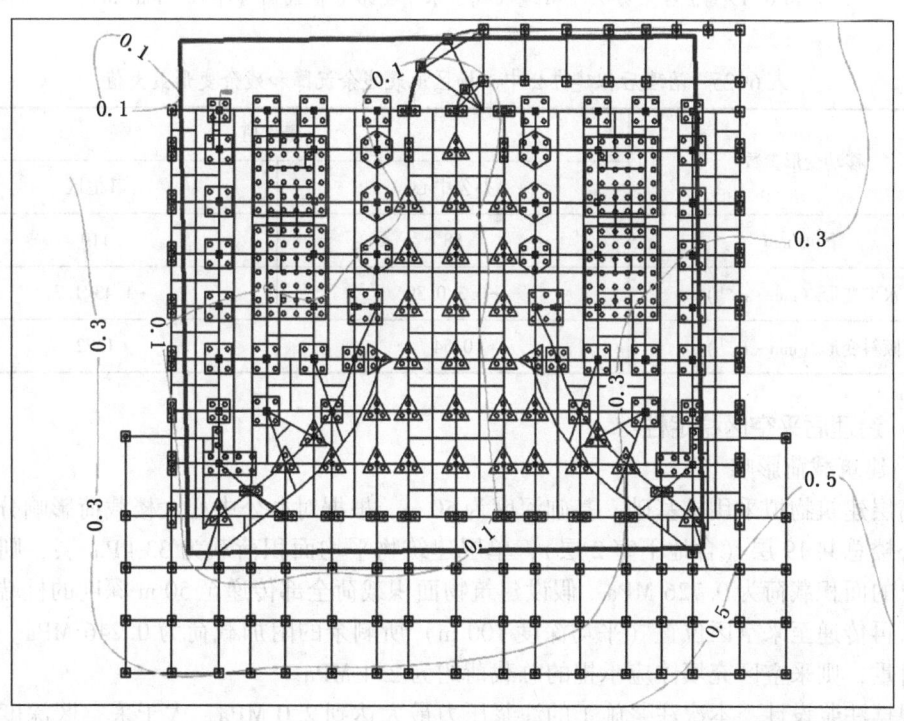

图6-18 治理后办公中心地表残余倾斜变形等值线图（单位：mm/m）

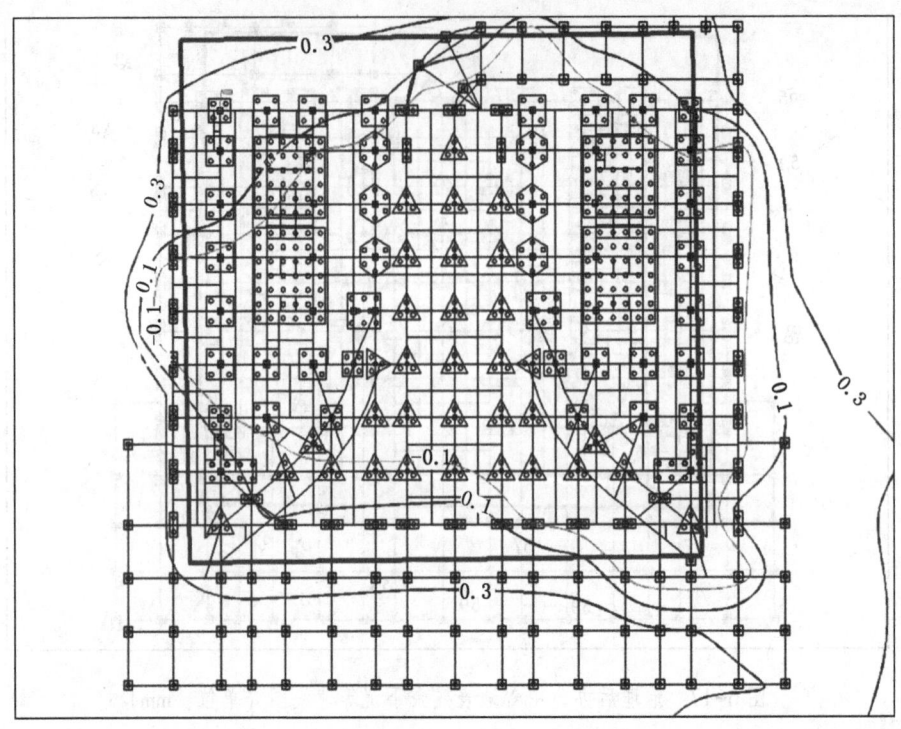

图 6-19 治理后办公中心地表残余水平变形等值线图（单位：mm/m）

表 6-25 治理后拟建办公中心场区地表残余沉降和残余变形最大值

移动变形参数	最大值	
	办公中心	其他区
下沉/mm	58	119
水平变形/(mm·m^{-1})	−0.3/0.39	−1.43/1.37
倾斜变形/(mm·m^{-1})	0.54	1.72

6.6.2 治理后采空区稳定性

1. 建筑载荷影响

高层建筑物拟采用桩基础，基础深度为 50 m。根据对办公中心大楼载荷影响分析，办公中心楼总共 19 层（含地下室 2 层），单层建筑物平均面积荷载为 33 kPa/层，则办公中心楼总的面积载荷为 0.726 MPa。假设建筑物面积载荷全部传递至 50 m 深度的桩端，则这些载荷再传递至采空区位置（平均深度 100 m）所剩余的附加载荷为 0.246 MPa。考虑岩层的自重，则采空区充填体应承担的总载荷约为 2.4 MPa。

根据注浆设计，本次注浆施工的注浆压力最大达到 2.0 MPa，大于采空区深度位置岩层自重所产生的地层压力，浆液充填体在采空区裂隙岩体间隙中能够得到密实压缩，在原采空区位置形成密实充填体。经过注浆充填后，采空区位置的裂隙岩体的受力状态也得到了改善，原岩石骨架所处的单向或双向受力状态变为三向受力状态，采空区内岩体的稳定性得到加强。

对所取的芯体进行力学强度试验，其天然单轴抗压强度大于 0.34 MPa，结石体晾干后干强度高，随着浆液的凝固，未来结石体强度将大幅度提高。经过检测，浆液对裂隙及空间的充填率大于 85%。经过严格的注浆治理效果检测，注浆治理后建筑物载荷不会影响采空区的稳定性。

2. 地震载荷影响

拟建场区采空区埋藏深度较浅，拟建高层建筑物载荷影响到采空区裂缝带位置。建筑物载荷和地震载荷叠加可能加剧采空区地基的不稳定性。

对采空区进行注浆充填治理后，采空区及其上覆岩层中的空间和裂隙得到了充填，采空区周边岩体的受力状态由二维变为三维受力状态，岩体的整体强度得以提高，采空区岩体的变形能力受到抑制，从根本上消除了采空区在地震载荷影响下发生再次塌陷的可能性。经过检测，浆液对裂隙及空间的充填率大于 85%，消除了地震对采空区塌陷的影响。

3. 地下水影响

对采空区进行注浆治理前，根据采空区钻孔勘查，拟建场区目前地下水位在 100 m 深度以下。在临近区域矿井关闭后，未来存在地下水位上升的可能。

采空区顶板岩层中存在约 10 m 厚度的泥岩层。该泥岩层强度较低，在干燥状态下遇水易软化和泥化。在对拟建区采空区处理前，由于采空区内裂隙发育，采空附近岩层水力通道联系畅通，当拟建场区地下水位变化时，对采空区地层稳定性产生不利影响。

对采空区进行充填治理后，封闭了采空区附近岩层与外界联系的水力通道，地下水的流动能力大大减弱。注浆后 J1、16 号孔的透水率（Lu）均小于 1，说明两孔内岩体在补注浆后岩体完整；J2 孔透水率为 9.92 大于 1 但小于 10，说明该孔内岩体节理较发育，该孔位于煤柱附近，全孔未见采空区，孔壁微裂隙较发育，裂隙中可见水泥粉煤灰充填，岩体较完整。

通过注浆治理后检查孔内压水试验可知，拟建区内钻孔冲洗液在采空区附近已经能够不漏失或很缓慢的漏失，拟建区采空区上方岩层内已经能够保持一定水位，不会使采空区附近泥岩层处于失水状态，当地下水位升高时不会引起泥岩层物理力学性质的急剧变化，不会影响拟建区采空区的稳定性。

根据注浆效果检测与分析，注浆后，采空区及其上覆岩层中的空洞和裂隙充填效果好，岩体较完整，采空区周边岩体的受力状态由二维变为三维受力状态，岩体的整体强度提高，采空区稳定性增强，办公中心大楼载荷不会影响采空区稳定性，因此可以进行办公中心大楼建设。

根据采空区治理经验，结合本区域地层条件、办公中心实际载荷条件，通过概率积分法对注浆后地表残余变形进行计算，得到办公中心大楼位置处地表最大下沉值为 58 mm，最大倾斜变形值为 0.54 mm/m，小于规定的高层建筑基础允许值（允许下沉值 200 mm，允许倾斜值 2 mm/m），因此进行办公中心大楼建设是可行的。

6.7 工程治理质量和运行情况

6.7.1 工程治理质量情况

淮北矿业集团办公中心大楼工程，通过采用采空区勘查（彩色钻孔电视观测与瞬变电磁物探）、地基时空稳定性评价、场地治理注浆设计施工以及注浆效果检验（钻探、钻孔成像、注压水试验、注浆体的强度检测、空间 CT 成像）等四位一体技术，累计注入粉煤灰 22169 m^3、水泥 4862 t。建设场地注浆治理后，检测孔无漏水、掉钻、孔口吸风现象，电视成像结果统计显示孔壁完整、残余的裂隙及空洞较少，充填率大于 85%，综合说明注浆对采空区裂隙充填效果好。注浆治理后，消除了采空区地面塌陷灾害的影响，同时起到减少采空区地面沉降残余变形的作用，已达到注浆设计要求。

6.7.2 大楼运行情况

1. 大楼监测情况

淮北矿业集团办公中心大楼施工时和竣工后，一直使用徕卡 DNA03 电子水准仪进行沉降和变形监测。监测两期，第一期（2012 年 10 月 26 日—2015 年 5 月 13 日）从办公大楼主体施工七层时开始，到竣工 209 天结束，有效监测 19 次；第二期（2017 年 3 月 13 日到 2018 年 8 月 1 日）共监测 6 次。由于办公大楼施工，第一期部分监测点损坏，导致测点不全。第二期布置 28 个测点，如图 6-20 所示，这些测点是在第一期测点基础上进行修复和增加的。鉴于监测点设立时间不同，两期数据的起始点高程不连续，因此分别对两期观测进行分析。办公大楼为东西对称结构，选取两期数据较全和较有代表性的位置处的测点进行分析，西侧测点 B1、B3、B28、B7、B9、B11（逆时针方向），东侧测点 B24、B22、B27、B18、B16、B14（顺时针方向），两侧测点对应。根据两期测点沉降数据，作出两期测点监测沉降曲线，如图 6-21 和图 6-22 所示。由图 6-21 可以看出，第一期监测的 929 天，测点沉降不断增大，但观测的最大沉降为 B27 测点的 15.3 mm，地基沉降值较小，说明地基稳定，采空区沉降和土体沉降小。根据沉降变化情况，第一期监测可以分为

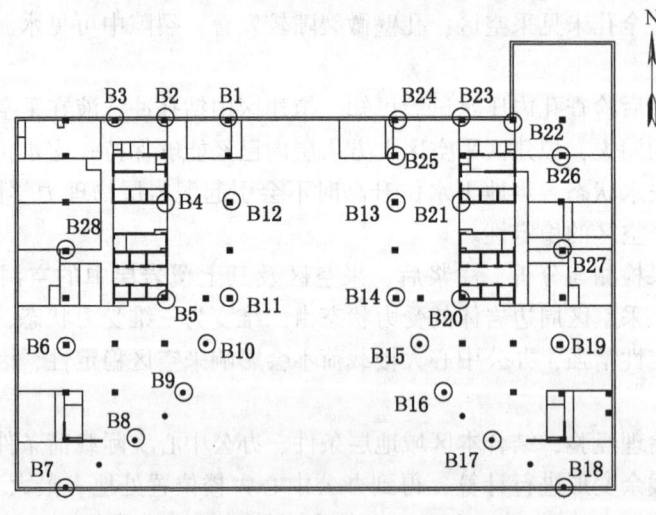

图 6-20 淮北矿业集团办公中心大楼测点布置

快速沉降阶段1、上下波动阶段2、缓慢沉降阶段3等3个阶段。阶段1（0~60天）内建筑物从七层建到十七层，建筑物载荷不断增加，对土体的影响范围不断增大，导致土体沉降增加迅速，该阶段的沉降占到第一期累计沉降的一半以上，主要为建筑物载荷影响下的土体瞬时沉降。阶段2（60~360天）内建筑物在封顶、砌墙和外挂幕墙，本阶段测点损坏较多，施工影响导致监测数据上下波动无规律。阶段3（360~930天）内建筑物已竣工，各测点沉降变化较一致，相比于阶段1沉降速度明显减小，稳定建筑物静载使得土体发生缓慢压缩沉降，阶段3累计沉降4.8 mm。由图6-22可以看出，第二期监测506天，测点沉降幅度较第一期减小，但整体仍然增加，测点最大沉降为B7测点的8.4 mm。在第5次和第6次观测，部分测点沉降减小，并出现小幅抬升。总体上，测点表现为稳定趋势。

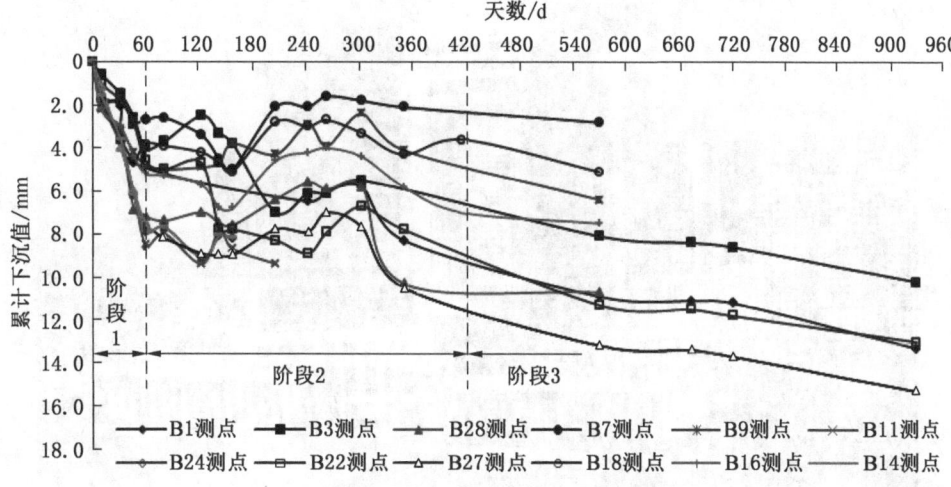

图6-21 第一期测点监测沉降曲线

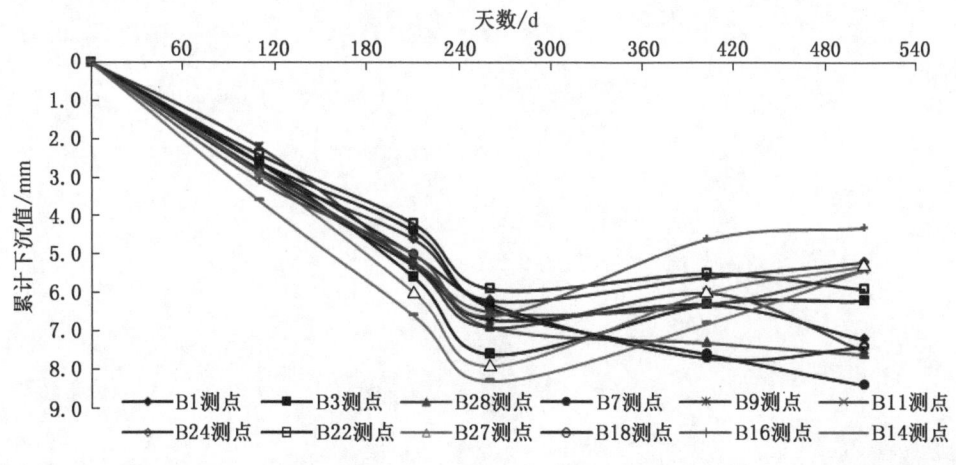

图6-22 第二期测点监测沉降曲线

综合测点沉降分析，建筑物加载阶段沉降快速增大，下沉速率最大，地基沉降与变形程度最大；稳载阶段下沉速率降低，沉降缓慢增加。两期建筑物倾斜观测最大值分别为 0.054 mm/m 和 0.142 mm/m，明显小于高层建筑物沉降允许值 200 mm 和倾斜允许值 2 mm/m。监测结果表明办公中心大楼沉降与倾斜变形很小，大楼地基稳定性好，未发现任何异常情况，建设场地注浆治理效果显著。

2. 大楼和住宅楼运行情况

从实际使用来看，办公中心大楼和高层住宅群从开始建设竣工到 2022 年，已安全运行 7 年，一直正常使用，未出现地基和主体破坏现象。图 6-23 为淮北矿业集团办公中心大楼和住宅楼照片。

图 6-23　淮北矿业集团办公中心大楼和住宅楼照片

7 采动影响理论在煤层气抽采工程中应用

7.1 煤层气抽采的背景

煤炭在我国国民经济发展中具有重要的战略地位，煤矿安全一直是我国煤炭生产关注的焦点。近年来，我国煤炭安全开采取得了显著成就，2018年全国煤矿百万吨死亡率降至0.1以下，其中，2019年全国煤矿瓦斯事故死亡人数与2010年相比减少了81.1%。随着我国煤炭开采深度的不断增加，瓦斯成为煤矿生产中突出的安全隐患。瓦斯（煤层气）作为一种优质的清洁能源，一直受到人们的青睐。煤层气开采具有提升资源利用率、减小环境污染，同时从根本上扭转煤矿安全被动局面的作用。而煤层气抽采技术和工程与煤层采动影响理论的关联结合，可以促进煤和煤层气的协调、高效、安全开发。

煤层气抽采，首先是有利于消除煤矿重大瓦斯事故，保障煤矿安全生产，变高瓦斯突出危险煤层为低瓦斯无突出危险煤层；其次是解决矿井仅靠通风难以解决的难题，降低矿井通风成本，使工作面风流中（进风、回风、上隅角、尾巷）的瓦斯浓度不超限；最后变害为利，在保护环境的前提下，开发利用煤层气这一高效洁净能源。

两淮矿区将煤矿区划分为规划区、开拓准备区、生产区和采空区等4个区域。图7-1为两淮矿区煤与煤层气一体化开发技术体系图，图7-1和图7-2为煤层群条件下保护层卸压井上下立体抽采煤层气开发模式布置图和开发模式图。针对新井田或者区块，首先应进

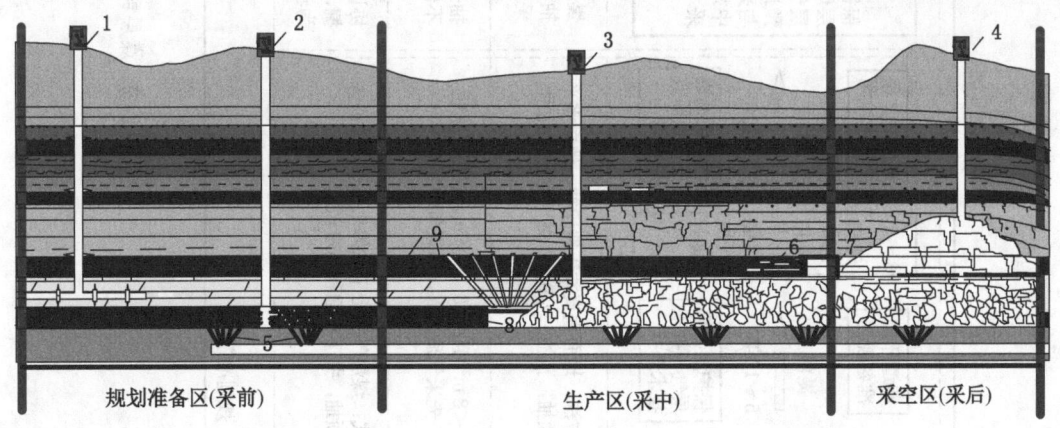

1—地面水平分段压裂井；2—准备区地面压裂井；3—地面采动区井；4—地面采空区井；
5—穿层钻孔；6—顺层钻孔；7—采空区埋管；8—保护层（首采层）；9—被保护层（卸压层）

图7-1 煤层群条件下保护层卸压井上下立体抽采煤层气开发模式布置图

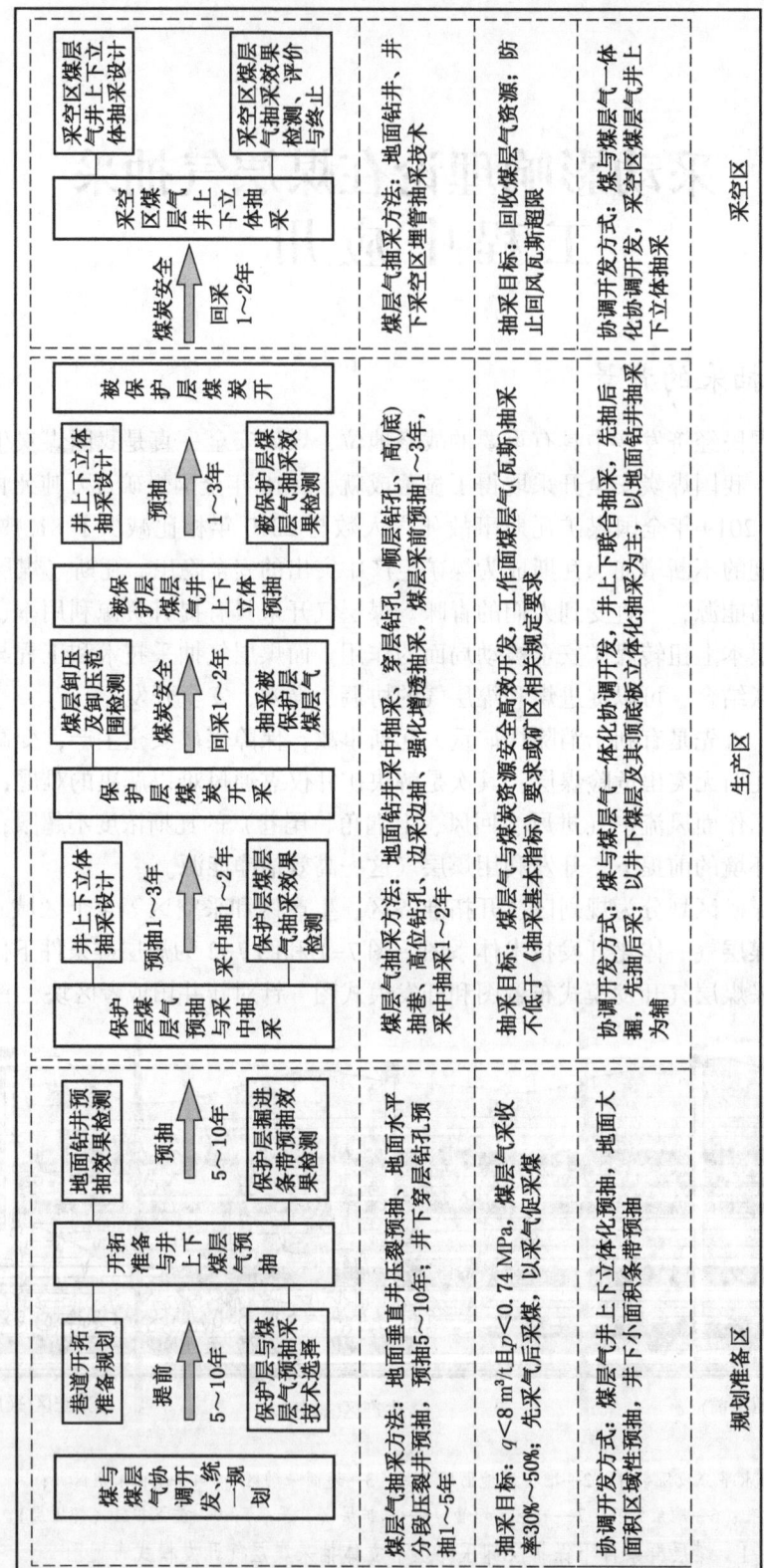

图 7-2 煤层群条件下保护层卸压井上下立体抽采煤层气开发模式

行统一协调开发规划，该规划比煤炭生产提前至少10~15年，提前开拓准备5~10年，研究区域煤层气的可采性，做到科学开发。规划和准备区提前进行预抽采。

7.2 煤层气抽采技术

7.2.1 规划区抽采技术

规划区一般指未涉及采掘活动的区域，该区完全没有采动影响，采用地面开发方式进行煤层气原位预抽。

1. 地面垂直井抽采技术

地面垂直井是从地面井口开始，全长井眼设计轨迹为一条铅直线的垂直井。它是目前国内外地面煤层气勘探开发应用时间最早、范围最大、最成熟的一种主力井型。根据储层揭露方式的不同又包括垂直压裂井、垂直洞穴井、垂直裸眼井等。垂直井主要用于煤层气勘探阶段和高瓦斯、突出煤层的煤层气开发阶段。利用地面钻井在采前、采中和采后3个阶段的不同作用，采前压裂预抽煤层中的煤层气、采中抽采卸压煤层气、采后抽采采空区煤层气，做到规划准备区、生产区和采空区3个阶段的抽采。

2. 地面"U"形井抽采技术

地面"U"形井由1口排采直井和1口水平对接井组成。地面水平井技术是最近研发的新技术。它与煤层"线"接触，产量显著提高。在水平定向井技术取得突破后，地面U型井具有广泛的应用前景。

7.2.2 开拓准备抽采技术

开拓准备区指3~6 a内即将采掘的区域，该区没有工作面开采，但有巷道掘进工程，该区采动影响极小，采取地面或井上下联合方式抽采煤层气。

顶/底板穿层孔抽采技术是通过在突出煤层顶/底板岩石巷道施工下/上向穿层钻孔（包括煤巷条带和工作面开采区域穿层钻孔），预抽突出煤层瓦斯，降低突出煤层工作面瓦斯含量和瓦斯压力，消除煤与瓦斯突出危险性，实现巷道掘进和工作面安全开采。采用穿层钻孔预抽煤层瓦斯，需要煤层或煤层群具备顶/底板巷，在顶/底板巷内施工钻场，在钻场向煤层或煤层群施工穿层钻孔，每个钻孔均穿透整个煤层或煤层群。顶/底板抽采巷一般布置在岩性较好、距煤层顶/底板20~30 m的岩层中，在顶/底板煤层气抽采巷内每隔20~30 m布置钻场，抽采钻孔直径94~100 mm，钻孔间距5 m，钻孔间距以煤层中厚面为准，钻孔终孔进入煤层顶/底板0.5 m，预抽时间1~1.5 a。

7.2.3 生产区抽采技术

生产区指3 a内将要开采的区域，该区受采动影响极大，是煤与瓦斯协调开发的关键区，采取地面、井下或井上下联合方式进行瓦斯抽采。

1. 地面采动井抽采技术

地面采动井是指工作面开采前在地面施工的钻井，以抽采工作面开采期间的卸压瓦斯。采用地面钻井抽采采空区瓦斯时，钻井一般布置在距工作面回风巷30~50 m位置，钻井间距120 m左右。

2. 高位钻孔瓦斯抽采技术

高位钻孔是在开采煤层上方一定高度的岩层中布置钻孔，以抽采采动裂缝带内卸压瓦斯。顶板走向钻孔主要解决高瓦斯工作面开采时回风瓦斯超限和上隅角瓦斯集聚问题。每个钻场布置 3~6 个孔，绝大部分矿井采用此种抽采方式。

3. 保护层卸压瓦斯抽采技术

保护层卸压瓦斯抽采是指煤层群条件下选择首采层和邻近层作为保护层开采，对被保护层进行卸压，从而实现瓦斯高效抽采的技术。煤层群条件下瓦斯开发的最有效方法是保护层卸压开发方法，围绕保护层卸压这一核心，选择首采层和邻近层的瓦斯抽采技术，高效抽采瓦斯，最终实现煤炭和煤层气的安全高效开发。

4. 顺层钻孔抽采技术

顺层钻孔是指利用在开采煤层的机巷或风巷沿煤层倾斜方向施工的倾向钻孔，也可指由采区上下山、工作面煤壁沿煤层走向施工的水平钻孔。在采煤工作面上、下风巷沿煤层施工顺层钻孔，间距 5~10 m，孔深 30~40 m，部分块段孔深达到 50 m，孔径 73 mm。单孔瓦斯纯流量 0.03~0.08 m³/min，对降低煤壁瓦斯涌出量及防止煤与瓦斯突出起一定作用。

5. 顺层定向长钻孔抽采技术

顺层定向长钻孔是在煤层中施工的、预抽煤层煤巷条带瓦斯、降低突出煤层掘进工作面瓦斯含量和瓦斯压力、消除煤与瓦斯突出危险性，以实现煤巷快速准备的定向长钻孔。对于赋存稳定、地质构造简单、煤层硬度大、倾角小（煤层倾角原则上小于 20°）的单一突出煤层，采取倾向顺层长钻孔递进掩护区域性瓦斯预抽技术治理煤层瓦斯，区域性降低煤层瓦斯含量和压力，消除突出煤层的突出危险性，实现突出煤层的安全快速掘进和高效开采。由浅部向深部、由低瓦斯区向高瓦斯区，由上阶段工作面机巷（腰巷）施工倾向顺层长钻孔预抽煤层瓦斯，区域性消除下阶段工作面腰巷（机巷）及以上区域突出危险性，保证下阶段工作面腰巷（机巷）的安全快速掘进和工作面高效开采。钻孔终孔位置距所掩护巷道下帮的距离不小于 10 m，预抽瓦斯时间不得低于 3 个月，且该区域内煤层瓦斯含量或煤层瓦斯压力应达到区域性消除突出危险性要求。

6. 穿层钻孔抽采被保护层瓦斯抽采技术

穿层钻孔抽采被保护层瓦斯抽采是指保护层开采后，在被保护层顶底板施工穿层钻孔，抽采被保护层卸压瓦斯的技术。一般配合卸压层开采，施工穿层钻孔拦截抽采被卸压层卸压的瓦斯，终孔位置为进入临近被卸压煤层顶板 0.5 m，钻孔间距为 20~40 m。最佳抽采范围为随卸压层开采推进走向 200~300 m。顶板定向长钻孔抽采技术，它是指在煤层上部采动裂缝带岩层中，迎向工作面推进方向施工的定向长钻孔，用以抽采工作面采空区上方裂缝带内的卸压瓦斯，可替代高抽巷。

7.2.4 采空区抽采技术

1. 采空区埋管抽采技术

工作面开采过后，采空区顶板岩层冒落，在采空区倾向上部由于区段煤柱的支撑作用，在一定时期内形成一个三角形空间。这些空间为采空区瓦斯流动及汇集提供了条件。在 U 型通风作用下，该空间内的瓦斯有向工作面上隅角运移的趋势，给工作面的安全生产带来一定的安全隐患，因此需要对该空间内的瓦斯进行抽采。

常用的采空区埋管瓦斯抽采，一般为低负压大流量抽采。主要采用上隅角埋管或采空区尾部埋管抽采技术。在工作面上风巷单独敷设抽采管路进行上隅角埋管抽采，埋管分为浅埋（3~5 m）和深埋（20~40 m）2种。上隅角充填垛采用编织袋装填煤矸进行充填，主要用于控制高瓦斯工作面上隅角瓦斯超限或积聚。

2. 采空区封闭抽采技术

采取上隅角插管、采空区短立管和长立管3种方式对封闭采空区抽采瓦斯，减少采空区瓦斯向采煤工作面涌入，避免采煤工作面及上隅角瓦斯浓度超限，消除工作面开采期间的安全隐患，杜绝瓦斯灾害事故发生。

7.3 煤层气抽采与煤层开采协调作用规律

7.3.1 煤层采动对煤层气抽采促进作用和损害影响

一方面，我国煤储层的渗透率普遍较低。在原位煤层气直接抽采时，往往需要采用压裂等增透技术，以提高煤层气抽采产量。在煤与煤层气共采中，当煤层开采后，由于岩层移动导致岩层应力场与裂缝场的改变，即使是渗透率很低的煤层，其渗透率也将增大数十倍至数百倍，为煤层气卸压运移和开采创造了条件。另一方面，生产区涉及采动影响剧烈的岩层运动区域，涉及采动影响后基本稳定的采空区区域。岩层移动会破坏地面垂直钻井、井下高抽巷道，所以既要考虑垮落裂缝带对煤层气抽采的增透作用，也要考虑岩层移动、离层作用对地面井井身结构的破坏问题。因此，有必要深入分析煤层采动影响规律与煤层气抽采关系，以指导煤和煤层气的协调开发。

7.3.2 煤层气抽采与煤炭开采时空协调关系

两淮矿区煤与煤层气一体化开发模式的典型特点是基于保护层卸压抽采卸压层煤层气，抽采方式在"采前""采中""采后"等3个阶段和"规划区""准备区""生产区""采空区"等4个分区采用井上下立体抽采的方式开发煤层气。

在空间上，利用本煤层开采后围岩产生采动响应所形成上覆岩层的垮落带、裂缝带和整体移动带以及下伏岩层的下"三带"，采用地面采动区钻井和高位巷道（钻孔）抽采煤层气。同时，利用煤层群中保护层煤炭开采引起邻近层（被保护层）卸压并产生"卸压增透"和"卸压增流"效应，采用地面采动区钻井和高位巷道（钻孔）抽采卸压煤层气。设计保护层和被保护层工作面时，应上、下对应布置；在被保护层工作面未受到保护的区域，应首先通过保护层采取煤层气预抽等措施消除突出危险，保证《煤矿瓦斯抽采基本指标》（AQ 1026—2006）规定的采煤工作面煤层气抽采率要求，即必须将煤层气含量降到8 m³/t以下，或将煤层气压力降到0.74 MPa以下。

在时间上，根据岩层移动时间规律，确定本煤层地面采动区钻井和高位巷道（钻孔）工期应在采动影响活跃期前，减小围岩采动剧烈时掘进和围护难度。施工完成后，进行煤层气抽采。被保护层工作面掘进、煤炭开采与煤层气抽采时间一般为2~3 a。正在开采的保护层工作面，在倾斜方向上应超前被保护层工作面1~2个区段，且应保证足够的超前时间。

7.4 基于采动影响理论煤层气抽采技术指南

7.4.1 采动区地面钻井抽采

采动区地面井是指工作面开采前在地表施工的、以抽采工作面开采期间的采动卸压煤岩层涌出瓦斯及后期的采空区内集聚瓦斯的地面井。它是煤层气抽采最为有效方法之一。

在我国晋城、淮北和淮南等矿区都有成功应用的案例，但也存在着地面钻井因岩层移动造成井壁断裂和错位闭合严重的问题。淮南矿区在谢桥、张集、顾桥、丁集等矿几乎所有地面抽采钻井均不成功。通过多次井中摄像发现，在工作面推过钻井至 150 m 范围内钻井不再出气，主要原因是井管多处断裂，筛管部位堵塞，水位上升，导致井毁气断，同时由于井壁管破裂，第四系或基岩水涌入抽采井，对矿井构成了极大的水害威胁。

1. 适用条件
（1）开采煤层的上覆岩层不含强富水性及以上等级含水层。
（2）开采煤层或采动卸压煤岩层中有大量瓦斯源。
（3）地面场地具备地面井的施工及抽采条件。

2. 设计原则
采动区地面井井位布置需要兼顾井身稳定和抽采效率两个方面。

在平面位置设计时，可借鉴岩层移动规律，避免把钻井井口布置在拉压变形严重区，而选择在水平变形为零或者轻小变形的区域（拐点附近和盆地中间位置），即在工作面四周拐点上布置多个钻井，如图 7-3 的钻井 1-6，再辅以在工作面中心部分钻井，如图中钻井 7-8。这样可以减少因岩层移动导致的钻井破坏。在淮南和淮北矿区地面钻井工程实践中，井位布置于距离回风巷 1/3 工作面长度处，井间距 200~400 m；再加上加强的钻孔井壁结构。

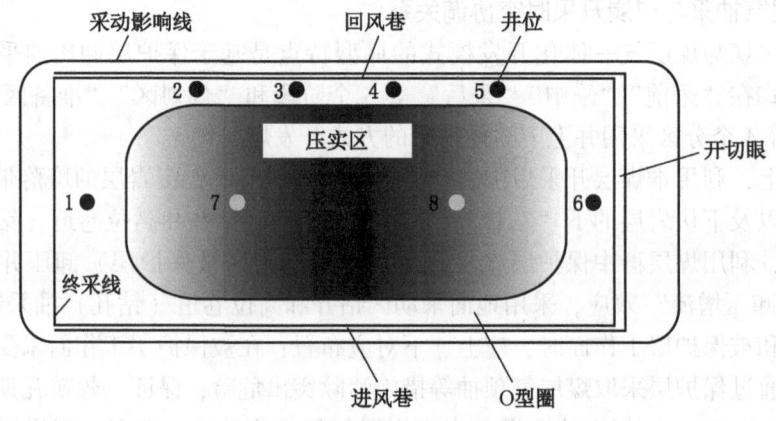

图 7-3 地面钻井平面位置布置设计

在立面终井位置设计时（图 7-4），根据覆岩内部破坏特征和垮落带高度，把钻井终井位置设计在垮落带内，可以捕捉裂缝发育区和煤层气富集区的煤层气。钻井终孔层位宜选择在开采煤层下 5~10 m，钻井进入了工作面四周的导气"O"形圈裂缝通道，使其具有足够的通道，可以畅通抽采工作面的煤层气，并防止井内积水。

在时间上，地面瓦斯抽采钻井应尽可能避开地表移动活跃期布设。

3. 技术要点
（1）合理选择井位，在平面上，地面井应布置在静态水平变形为零或小变形的位置上，宜优先部署在回风巷侧 0.15~0.3 倍工作面长度的区域。

7 采动影响理论在煤层气抽采工程中应用

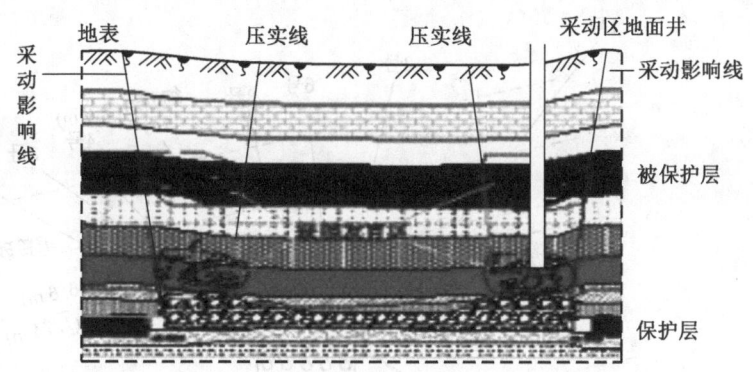

图 7-4 地面钻井立面位置布置设计

(2) 地面井应在工作面开采前施工，一般应在上覆岩层受采动影响前 1 个月施工完成。

(3) 保证地面井畅通不积水，表土层段要下套管，并严格固井，防止漏水，地面井应穿透开采层。

(4) 要采取"抗""让"结合的策略防止抽采管被破坏。固井段要采用高强度管材，筛管与井壁之间要留有间隙。

7.4.2 井下高抽巷（钻孔）抽采

井下高抽巷是在开采煤层上方覆岩内用以抽采下方煤层煤层气的巷道（图 7-5）。该巷道与采空区连通，通过预置管道将高抽巷中充满高浓度瓦斯抽出。高抽巷道断面一般为 7.0 m² 左右，在高抽巷道的适当位置砌三道密闭墙，并安装抽放管、放水管和观测孔。

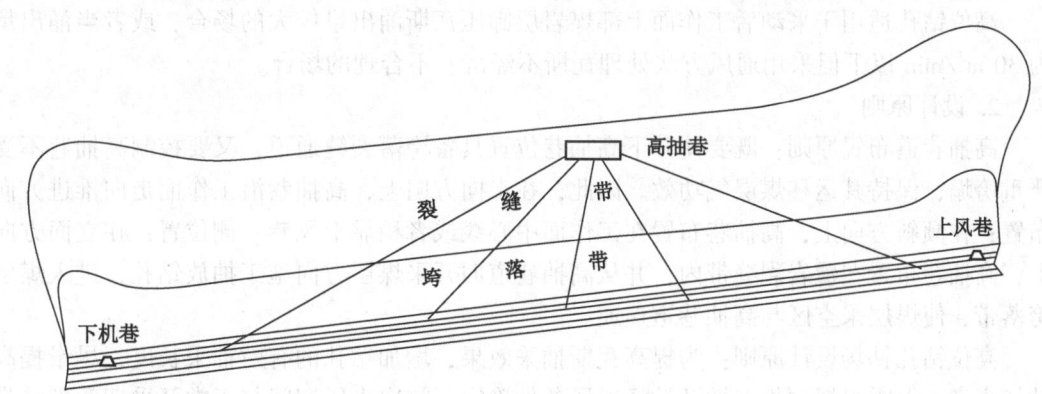

图 7-5 井下高抽巷抽采设计

高位钻孔瓦斯抽采技术是在煤层群开采时在开采煤层上方一定高度的岩层中布置钻孔，以抽采采动裂缝带内卸压瓦斯的技术。高位钻场布置如图 7-6 所示。

1. 适用条件

高抽巷道适用于高瓦斯矿井或者煤与瓦斯突出矿井。在开采煤层工作面风排瓦斯解决

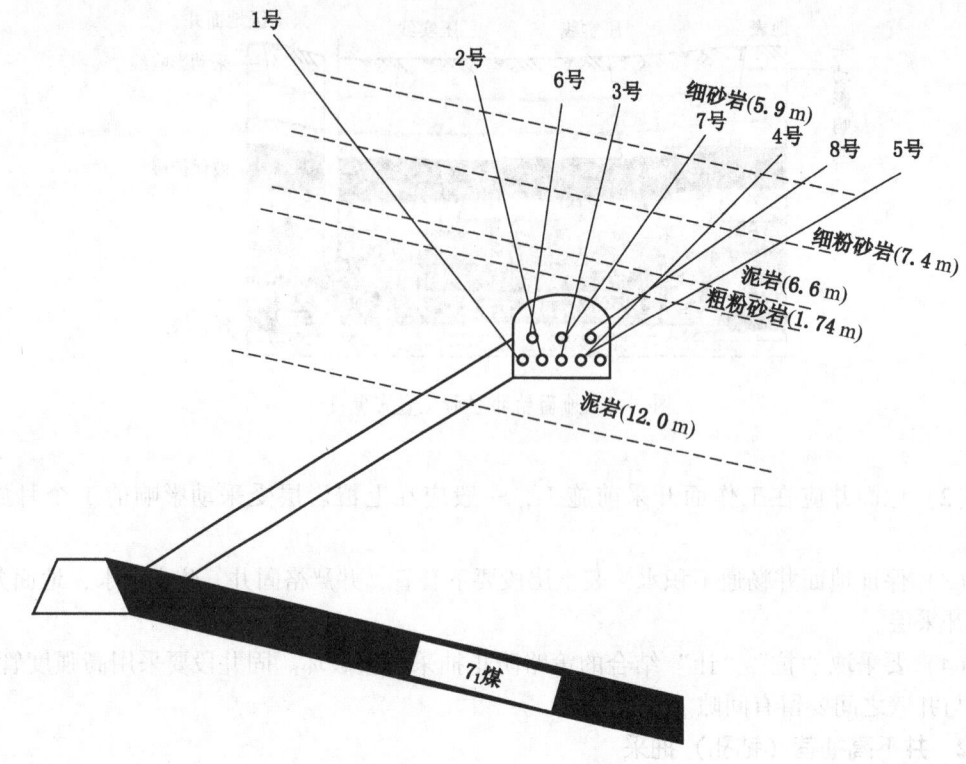

图 7-6 高位钻场布置

不了的情况下,需施工高抽巷。

高位钻孔适用于采动后工作面上部煤岩层卸压瓦斯涌出量较大的场合,或者当涌出量为 30 m³/min 以下但采用通风方法处理瓦斯不经济、不合理的场合。

2. 设计原则

高抽巷道布置原则:既要使井下高抽巷位置具备垮落裂缝通道,又要控制高抽巷不受严重垮塌,保持其运移煤层气功效。因此,在走向方向上,高抽巷沿工作面走向推进方向布置;在倾斜方向上,高抽巷布置在工作面中心线或者稍靠上风巷一侧位置;在立面方向上,高抽巷布置在覆岩裂缝带内,并从高抽巷道向开采煤层方向施工抽放钻孔,进入煤层垮落带,使煤层采空区与高抽巷道连通。

高位钻孔钻场设计原则:为提高瓦斯抽采效果,增加钻孔的有效抽采长度,尽量提高钻场高度,但需根据顶板岩性及钻场通风条件确定;初次来压期间与正常开采期间裂缝带的高度不同,钻孔有效抽采段层位应处于裂缝带中下部。

3. 技术要点

(1) 高抽巷位置和高位钻孔的终孔位置均应位于裂缝带内。它们分别以位于裂缝带的中上部和中下部抽采效果最好。

(2) 高位钻孔中合理钻场间距应当是相邻两钻场的钻孔在空间上的重叠,前一钻场钻孔的高浓度终点应是后一钻场钻孔的高浓度起点。

(3) 高位钻孔的钻场应布置在褶曲变坡位置，以增大钻孔抽采有效长度。

(4) 高位钻孔抽采瓦斯流量较大，故必须有足够的孔径或孔数，降低钻孔阻力，保证孔底有一定的负压以克服采场通风负压使卸压瓦斯向钻孔流动。

7.4.3 井下保护层开采

保护层卸压煤层气开采技术是指煤层群条件下选择首采层和邻近层作为保护层开采，对被保护层进行卸压，从而实现煤层气高效抽采的技术。

无论是上保护层还是下保护层，井下保护层选择设计原则是，被保护层应位于保护层开采后的采动影响深度和卸压角范围内。通过保护层开采，使被保护层和围岩移动变形，增加被保护煤层透气性，增大有效抽采距离，提升卸压瓦斯抽采率。

1. 适用条件

(1) 煤层群赋存条件，有合适的层间距。

(2) 被保护层煤层瓦斯含量高或有煤与瓦斯突出危险。

(3) 巷道布置和生产接替满足保护层开采要求。

2. 设计原则

保护层开采期间一般均采用地面采动区井、井下穿层钻孔、高位钻孔抽采被保护层卸压瓦斯，同时抽采本保护层瓦斯。保护层卸压井上下立体抽采示意图如图 7-7 所示。

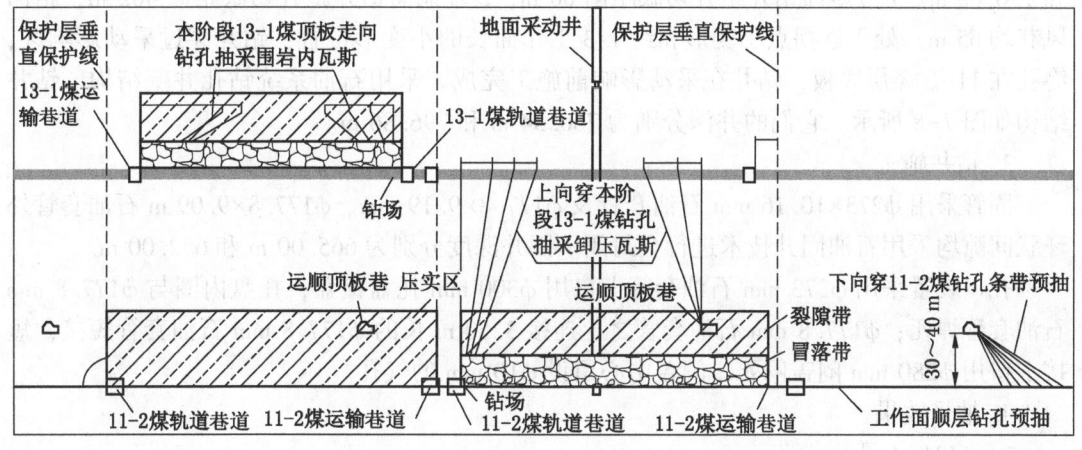

图 7-7 保护层卸压井上下立体抽采示意图

3. 技术要点

(1) 提前优化矿井开采部署，合理安排矿井开拓、掘进和开采接替计划，合理选择保护层。

(2) 统筹瓦斯抽采规划与煤炭生产规划，做到保护层正常接替，做到"抽""掘""采"平衡。

(3) 开采保护层时同步抽采被保护层煤层气。

(4) 测试考查被保护层的有效卸压范围。

(5) 保护层必须连续开采，不得随意留设煤岩柱。

7.5 煤层气抽采工程应用

7.5.1 顾桥矿地面采动井抽采工程应用及其效果

1. 工作面情况

淮南矿区顾桥矿1121（1）工作面开采11_{-2}煤层。该煤层采深约800 m，工作面长210 m，推进长度约2000 m，煤厚平均2.51 m，一般含1~2层夹矸，平均夹矸厚度在0.5 m左右。从开切眼由北向南，新地层厚度由厚变薄，煤层由浅变深。11_{-2}煤瓦斯含量为1.25~6.9 m³/t，瓦斯压力0.3~1.5 MPa。

该工作面上方为13-1煤层。工作面中央区13-1煤瓦斯含量为1.32~5.68 m³/t，瓦斯压力0.18~0.49 MPa；11-2煤瓦斯含量为1.13~4.61 m³/t，瓦斯压力0.15~0.62 MPa。工作面南区13_{-1}煤瓦斯含量为2.22~10.36 m³/t，瓦斯压力0.12~1.8 MPa；11_{-2}煤瓦斯含量为1.25~6.9 m³/t，瓦斯压力0.3~1.5 MPa。

为综合治理1121（1）工作面的瓦斯，建立该面局部地面瓦斯抽采系统，在开采范围内采用地面钻孔抽采工作面11_{-2}煤采空区及上覆13_{-1}煤层卸压瓦斯。

2. 钻井布置

顾桥矿1121（1）工作面布置施工了1121-1号和1121-2号井，井深分别为760.34 m和796.86 m。1号地面钻井距开切眼距离80 m，2号地面钻井距开切眼距离402 m，距回风巷均65 m，处于近拐点小变形和约1/3工作面长的小变形位置；钻井穿过采动影响区，终孔在11-2煤层底板；钻井在采动影响前施工完成。采用石油系统钻孔井壁结构。钻井结构如图7-8所示。它们的井深分别为760.34 m和796.86 m。

3. 钻井施工

固管采用ϕ273×10.16 mm石油套管及ϕ177.8×9.19 mm、ϕ177.8×9.09 m石油套管外环状间隙均采用石油固井技术进行全封闭。固井深度分别为665.00 m和652.00 m。

孔口装置采用ϕ273 mm石油套管上口用ϕ300 mm托盘覆盖，托盘内圈与ϕ177.8 mm石油套管焊死；ϕ177.8 mm石油套管之上连接3.50 m长的ϕ177.8 mm石油套管短接，短接上口用ϕ280 mm闷盖闷死，闷盖中心留设ϕ10 mm的气孔。

4. 抽采效果

1）1121-1号井

工作面推过1号地面钻井27.3 m开始稳定出气，抽采浓度17.4%~58.6%，混合量10.37~23.64 m³/min，纯量为2.28~12.62 m³/min。1号地面井在65 d内共抽采瓦斯531368 m³，正常日抽采量9187m³。

在工作面距1号为14.2 m时出气量为2.38 m³/min，随着工作面向钻井靠近抽采量逐步下降至0.7 m³/min，工作面推过钻井19 m后抽采量上升至1.45 m³/min，工作面开采期间抽采量为2.28~12.62 m³/min，平均为6.5 m³/min，工作面推过钻井317m后抽采量逐步下降至8.46 m³/min，工作面推过413 m后抽采量降为3.27 m³/min。

工作面距1号钻井14.2 m时钻井瓦斯浓度为60%，随着工作面向钻井位置靠近，抽采量逐步下降至4.0%；当工作面推过钻井27.3 m后抽采浓度又逐渐上升至17.4%，工作面开采期间抽采浓度为17.4%~58.6%，平均为40%；当工作面推过钻井378.7 m

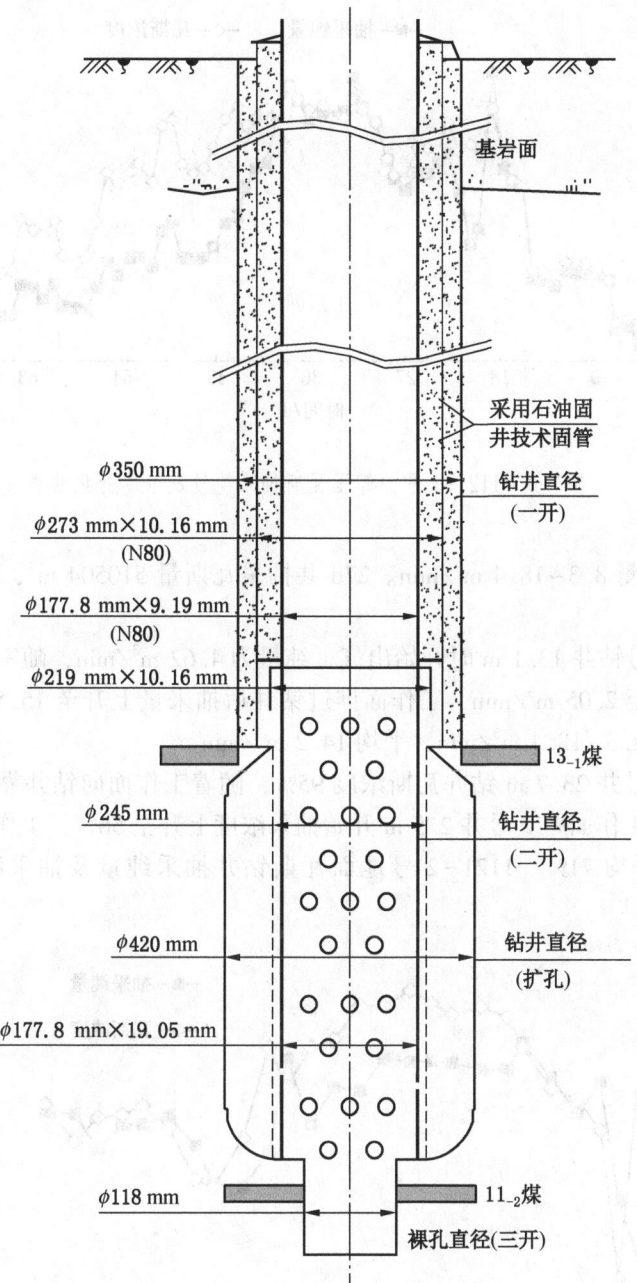

图 7-8 顾桥矿 1121（1）工作面地面钻井结构

后，抽采浓度由 30% 逐步下降至 19%。1 号地面井抽采纯量及抽采浓度变化曲线如图 7-9 所示。

2) 1121-2 号井

工作面距 2 号地面钻井 2.5 m 开始稳定出气，抽采浓度 41%~93%，混合量 18.3~

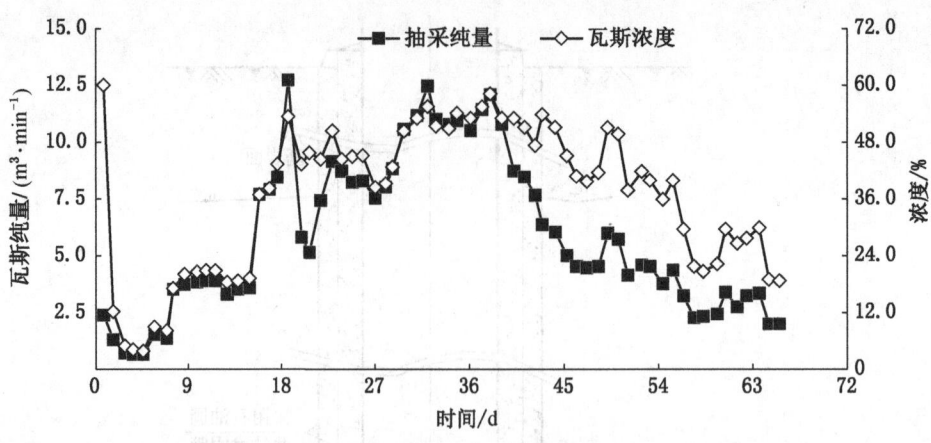

图 7-9 1121-1 号井卸压瓦斯抽采纯量及浓度变化曲线

23.9 m³/min，纯量 8.3~18.4 m³/min。27d 共抽采瓦斯量 510504 m³，正常抽采日抽瓦斯量为 20455 m³。

工作面距 2 号钻井 13.1 m 时开始出气，纯量为 4.62 m³/min，随着工作面距钻井靠近抽采量逐步下降至 2.05 m³/min，工作面推过钻井后抽采量上升至 15.56 m³/min，工作面开采期间抽采量 8.3~18.4 m³/min，平均 14.2 m³/min。

工作面距 2 号井 23.7 m 钻井瓦斯浓度 95%，随着工作面向钻井靠近，抽采浓度逐步下降至 16.6%，工作面距 2 号井 2.5 m 开始抽采浓度上升至 56%，工作面开采期间抽采浓度 41%~93%，平均 71%。1121-2 号地面瓦斯钻井抽采纯量及抽采浓度变化曲线如图 7-10 所示。

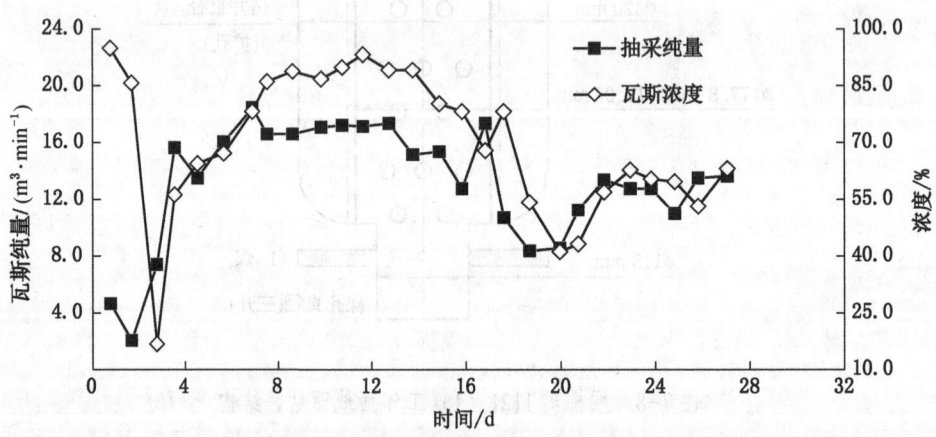

图 7-10 1121-2 号地面瓦斯钻井抽采纯量及抽采浓度变化曲线

3）总体效果

1121-1 号正常抽采纯量 2.3~12.6 m³/min，平均 6.5 m³/min，1121-2 号正常抽采纯

量 8.3~18.4 m³/min，平均 14.2 m³/min，两井同时抽采纯量 10.6~23.4 m³/min，平均 18.4 m³/min。

1121（1）工作面配风量 2685 m³/min，回风瓦斯浓度平均 0.3%。瓦斯涌出量 34 m³/min，抽采量 26 m³/min，工作面抽采率 77%，其中地面钻井平均抽采量 18 m³/min，占工作面抽采总量 69%。

1 号地面钻井和 2 号地面钻井在工作面推过钻井前后全程正常抽采。1121（1）工作面平均日产 9500 t 原煤，实现安全生产。同时由于地面钻井有效抽采了 13-1 煤层卸压瓦斯，上方的 13-1 煤层工作面未因瓦斯影响生产。

7.5.2 朱仙庄矿高位钻孔抽采工程应用及其效果

1. 工作面基本情况

淮北朱仙庄矿Ⅱ830 工作面开采 8 煤，平均厚 8.6 m。工作面标高 -355.5~-420.8 m，走向长 597 m，倾斜长 108 m。该煤层松软，普氏硬度平均 f 为 0.3。煤层倾角 28°~35°。估测煤层初始瓦斯含量为 8.87 m³/t，原始瓦斯压力为 1.92 MPa。

2. 钻场钻孔设计

在工作面风巷距切眼 65 m 左右施工 1 号高位钻场，并每隔 80 m 左右施工一个高位钻场。每个钻场布置 14 个钻孔，孔径 113 mm，钻孔倾向间距 10 m（覆盖工作面上部 55 m 区域），终孔距煤层顶板 15~25 m，钻孔压茬不小于 40 m。

3. 抽采效果

通过抽采情况分析，高位钻场平均瓦斯抽采浓度保持在 15%~40%，能够有效解决工作面瓦斯涌出问题。工作面绝对瓦斯涌出量 5.5 m³/min，高位钻场瓦斯抽采量平均达 3.5 m³/min，工作面回风流瓦斯浓度平均 0.12%。

7.5.3 祁南矿上保护层开采工程应用及其效果

1. 基本情况

祁南矿 6 煤为非突出煤层，下方的 7 煤为突出煤层。两层煤平均层间距 34 m。7 煤瓦斯压力 1.81 MPa，含量 9.4/t，埋藏深度平均 550 m，如图 7-11 所示。

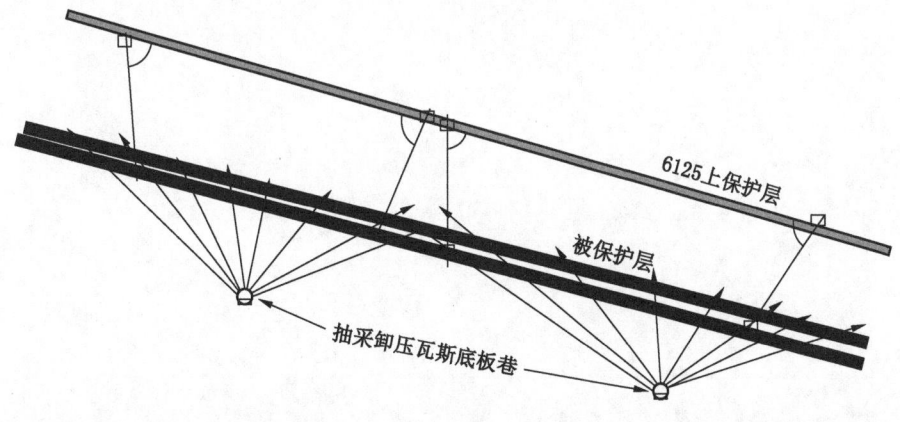

图 7-11 基于采动影响的井下上保护层开采工程

根据底板采动破坏范围和采动影响规律分析，采动破坏带深度 6~35 m 和两淮矿区实测卸压角一般 65°~75°，本矿的 6 煤开采能对 7 煤起到采动影响卸压作用。因此，在被保护层底板下法向距离 20 m 布置抽采卸压瓦斯底板巷，并上向施工穿层钻孔。在保护层开采时，及时抽采被保护层卸压瓦斯。上保护层卸压角范围内穿层钻孔底间距 20 m20 m，范围外钻孔间距适当缩小，穿层钻孔直径为 113 mm。

2. 保护效果

$6_{-1}25$ 工作面底板巷和穿层钻孔抽采被保护层瓦斯累计 192.8 万 m^3，本层采空区埋管抽采瓦斯 20.27 万 m^3，风排瓦斯为 64.71 万 m^3。底板穿层抽采瓦斯占总抽采量的 90.8%，工作面抽采率为 76.7%。实施上保护层开采系列技术措施后，被保护层 7_225 工作面开采期间，采用老塘埋管和高位钻孔抽采，平均抽采量分别 0.6 m^3/min 和 4.6 m^3/min；实测煤层钻屑量 Δh_2 最大值 80 Pa；工作面配风量 1500 m^3/min，回风瓦斯浓度保持在 0.3% 以下，实现了安全高效开采。

8 矿区环境治理和资源利用技术及其工程实践

8.1 采煤沉陷区综合治理利用

8.1.1 我国采煤沉陷区存量采动损害特征

我国采煤沉陷区存量巨大。据2017年研究，我国采煤沉陷区主要分布在23个省、151个县（市区），面积超过20000 km²，影响人口约2000万，影响城乡建设用地约4500 km²。采煤沉陷面积以每年超700 km²的速度递增，而综合治理率仅为30%左右。

根据调研累计采煤沉陷，同时引入反映采煤沉陷区积水情况的区域降水量和潜水位因素、采煤沉陷区居民人口密度、采煤沉陷区土地利用类型以及相对市区距离等因素，以县（市区）为采煤沉陷区研究单元，进行因素赋值、分类加权和综合评分，得出采煤沉陷区治理重要性程度，形成全国重点采煤沉陷区排名。表8-1是全国前40名重点采煤沉陷县（市区）。

表8-1 全国前40名重点采煤沉陷县（市区）

排名	县（市区）	排名	县（市区）
1	淮南凤台	17	阳泉矿区
2	淮北濉溪	18	张家口蔚县
3	淮南潘集	19	重庆巫山
4	宿州埇桥	20	平顶山卫东
5	唐山古冶	21	平顶山新华
6	商丘永城	22	郑州新密
7	济宁任城	23	曲靖富源
8	济宁微山	24	阜阳颍东
9	济宁兖州	25	淮北杜集
10	济宁邹城	26	淮北烈山
11	枣庄滕州	27	淮南八公山
12	阜阳颍上	28	淮南谢家集
13	徐州沛县	29	邯郸磁县
14	泰安新泰	30	邯郸峰峰
15	大同南郊	31	邯郸武安
16	吕梁柳林	32	唐山丰南

表8-1(续)

排名	县（市区）	排名	县（市区）
33	唐山丰润	37	济宁高新
34	唐山路南	38	济宁嘉祥
35	邢台内丘	39	济宁汶上
36	邢台沙河	40	泰安肥城

煤矿采动损害的本质是开采后岩层与地表移动产生的采动影响。而采动损害程度与采矿地质条件、地表土地类型、生态环境等因素相关。结合煤炭开采的区域地质特征和已有采煤沉陷区的采动损害特征，大致分为以下4种采煤沉陷区特征类型。

1. 东北平原资源枯竭矿区采煤沉陷区

东北（黑吉辽）矿区多位于平原地区，土地以耕地为主，矿区位置离城区较近。由于开发时间早、强度大，目前多数矿区处于衰老阶段，关闭矿井数量大。采动地表沉陷以下沉盆地和地裂缝为主，耕地破坏严重，村庄房屋建筑损坏严重，地面矸石山堆积，地下水位下降，对生态环境破坏严重。采煤沉陷区稳沉的比例大，沉陷区存量大、增量较少，沉陷区治理以土地农林复垦和城区功能开发为主，以保证矿区持续发展和生存的需要。

2. 西部生态脆弱采煤沉陷区

西部（晋陕蒙宁新）多为干旱半干旱黄土沟壑区和风积沙地区，以沙地、草地为主，水资源短缺，生态环境脆弱。同时西部煤炭资源赋存条件好，煤层厚度大、范围广，埋深浅、基岩薄。但浅部资源的高强度开采，导致岩层移动剧烈，地表易形成台阶裂缝和塌陷坑。地下水破坏和地表水土流失严重，矸石大量堆积，对地表生态环境破坏剧烈。随着煤炭开发进一步向西部转移，西部采煤沉陷区增量较大，应在煤炭开采的过程中加大生态环境保护力度，尤其是保护水资源，实现经济、环境和社会效益相统一。

3. 中东部平原高潜水位采煤沉陷区

中东部（河北、河南、山东、安徽、江苏）矿区多位于平原地区，土地以耕地为主，地表潜水位较高，矿区位置离城区较近。中东部多数矿区也处于衰老阶段，关闭矿井数量增多。矿区开采深度不断增大，深部矿井数量增多，矿井冲击地压、煤与瓦斯突出等动力灾害风险增大。煤层采深采厚比大，采动地表沉陷以下沉盆地和地裂缝为主，村庄房屋建筑损坏严重。受深部和多煤层重复采动影响，地表移动变形稳定时间较长，由于潜水位高，沉陷区内积水范围大，造成耕地、房屋淹没，农作物大幅度减产，对生态环境破坏严重。当前，中东部煤炭开采量逐步减少，采煤沉陷区存量较大、增量较小，沉陷区治理以土地和建筑复垦、湿地开发和生态修复为主，以保证矿区持续发展的需要。

4. 西南山区、丘陵岩溶采煤沉陷区

西南（云南、贵州、四川）矿区多位于山地、丘陵地区，土地以林地为主。煤矿赋存条件复杂，产量较低。煤与瓦斯突出等动力灾害显现剧烈，山区地表易发生滑坡、泥石流等灾害，部分矿区覆岩岩溶发育，采动地表易发生塌陷坑、地裂缝，对生态环境破坏严重。当前，西南煤炭开采量不断减少，采煤沉陷区存量、增量较小，沉陷区治理以采动沉陷控制和生态修复为主，保证矿区安全环保开采。

8.1.2 我国新阶段采煤沉陷区增量分布

中东部资源日渐枯竭,煤炭开发加速向西部转移。新阶段原煤产量集中在华北和西北两地区(图8-1),两地区产量每年都在增加,其余地区产量却不断减小。2016—2021年原煤产量排名前10的省份(前10省份原煤产量总和占到总产量的88%以上,2021年最高可达94.1%)每年原煤产量变化柱状图如图8-2所示。排名前4的山西、内蒙古、陕西和新疆原煤产量几乎每年都在增加,这4个省份年原煤产量总和占到年总量的68.1%~79.9%,占比逐年增加。其余6省份除了宁夏略有增长,原煤产量都在不断减少。预期"十四五"期间,我国新阶段采煤沉陷区增量将主要分布在华北和西北地区,华北地区增量以山西和内蒙古为主,西北地区增量以陕西、新疆和宁夏为主。

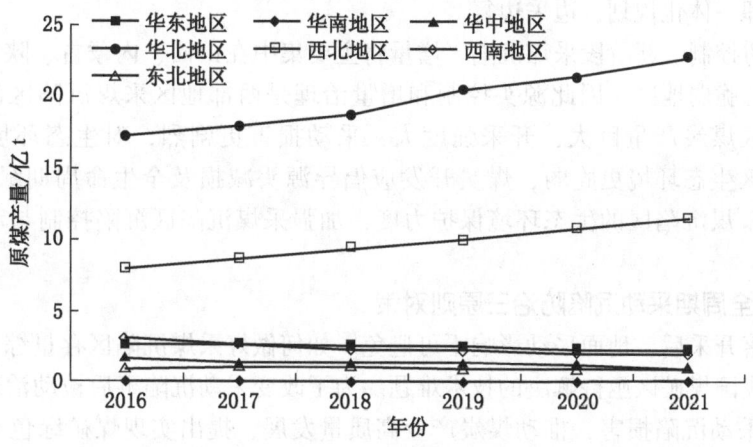

图8-1 2016—2021年原煤产量分地区变化曲线

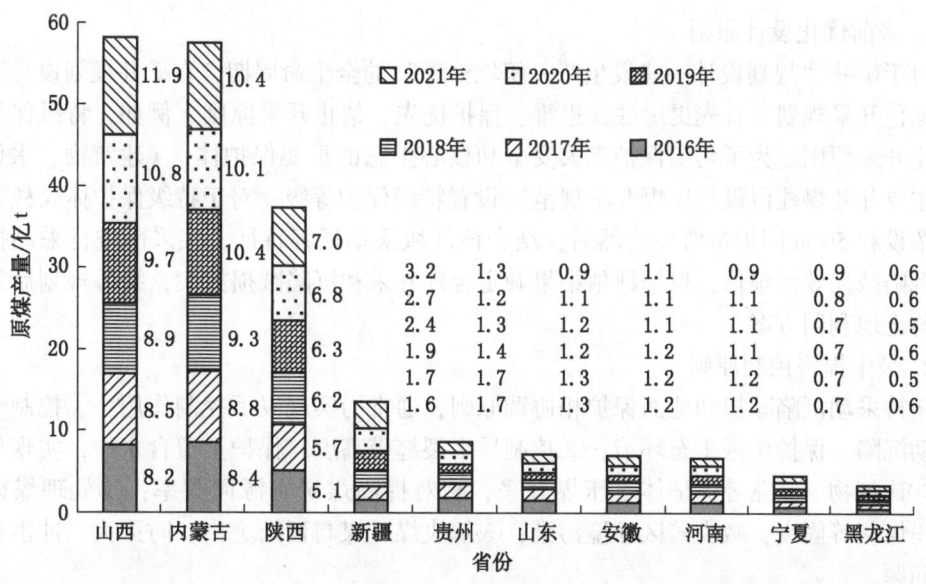

图8-2 2016—2021年原煤产量排名前10的省份产量变化图

8.1.3 新阶段采煤沉陷区防治重点

当前，我国采煤沉陷区存量巨大，原煤产量高，采煤塌陷面积增长趋势大。在新阶段生态文明建设和"双碳"目标要求下，应改变先开采后治理的思维，将存量治理和增量控制相结合，科学治理存量，基于绿色开采理念进行增量控制。

存量科学治理。它是东北与中东部地区治理的重点，应根据不同区域的采煤沉陷区特征，研发适宜的治理模式。东北与中东部地区经过多年高强度开采，资源逐步枯竭，已形成大量采煤沉陷区，其面积约占全国存量的70%。两地区采煤沉陷区存量治理应加强采煤沉陷区土地利用（土地复垦、城市空间开发与建筑利用）、生态修复和积水区景观再造关键技术研究；由于两地区采煤沉陷区增量逐步降低，对于增量治理应提前做好采动沉陷控制与生态治理一体化规划，边采边复。

增量预防控制。新阶段采煤沉陷区增量将主要集中在山西、内蒙古、陕西、新疆和宁夏等西部生态脆弱地区，因此源头控制和增量治理是西部地区采煤沉陷区治理的重要举措。西部矿区煤炭产量巨大，开采强度大，采动损害更剧烈，对生态环境的破坏力更强。由于矿区生态环境更脆弱，煤炭开发应倡导源头减损及全生命周期绿色开采理念，加大对西部采煤沉陷区的生态环境保护力度，加强采煤沉陷区沉陷控制与动态预治理技术研究。

8.1.4 基于全周期采动沉陷防治三原则对策

煤矿垮落开采后，地面采动影响不可避免。如何做好采煤沉陷区存量综合治理利用和增量控制是我国煤矿区亟待解决的技术难题。为了改变采动沉陷事后被动治理局面，进一步减少矿区采动沉陷损害，推动煤炭产业高质量发展，提出实现煤矿绿色开采的采动沉陷损害防治采前优化设计、采中损害控制和采后科学治理三原则对策，强调开采沉陷控制关口前移，从源头控制抓起，最大程度减少采动沉陷带来的安全隐患和对生态环境的破坏。

1. 采前优化设计原则

对于矿井"规划设计—建设生产—闭坑治理"的全生命周期，在矿井规划设计阶段就进行绿色开采规划。首先提出底线思维、保护优先、禁止开采原则。例如，特级保护体煤柱禁止开采原则。为了切实保护重大安全和核心生态的重要保护体，《建筑物、水体、铁路及主要井巷煤柱留设与压煤开采规范》设置特级保护等级，对于特级保护体煤柱采用边界角留设和50 m围护带留设。然后，结合该区域采动损害特征，在采前进行采动损害程度和沉陷减损效果预估，根据评估结果确定合理开采和沉陷减损方案，统筹规划后期环境治理与土地利用方案。

2. 采中损害控制原则

坚持采动沉陷减损和地面保护相协调原则，通常为实现以下控制作用：①控制煤矿地表采动沉陷，保护矿区生态环境；②控制导水裂缝带高度，保护上覆含水层，实现保水开采；③建筑物、铁路等保护体下压煤开采，相对提高煤炭资源回收率；④处理煤矿区矸石、粉煤灰等固废，减少矿区环境污染；⑤解决煤矿煤与瓦斯突出、防灭火、冲击地压等安全问题。

煤矿绿色开采，开采过程中岩层控制是关键。在一般保护体和生态脆弱区域，应大力推行矿区减沉技术保护性开采，实现开采损害源头控制，减少受护体损害和土地资源破坏。常用的减沉方法有充填开采、采空区或离层带注浆开采、条带开采和协调开采等。

3. 采后科学治理原则

采煤沉陷区是一种损伤，但更是一种资源，是可治理和利用的。采煤沉陷区综合治理利用，可采用边采边修复，统筹减沉技术、地面沉陷控制技术与生态修复技术相辅相成，实现煤炭资源开采、环境保护和土地利用效益最大化。

基于城镇空间开发规划，根据采煤沉陷区积水状况和与城区相对位置进行规划，因地制宜进行综合治理利用（图8-3）。根据采煤沉陷区积水情况与采煤沉陷区位置可规划分为远郊干旱地区、远郊部分积水地区、邻近城市干旱地区和邻近城市部分积水区。因地制宜，发展农、渔、建、生态和光电能源等新兴产业。

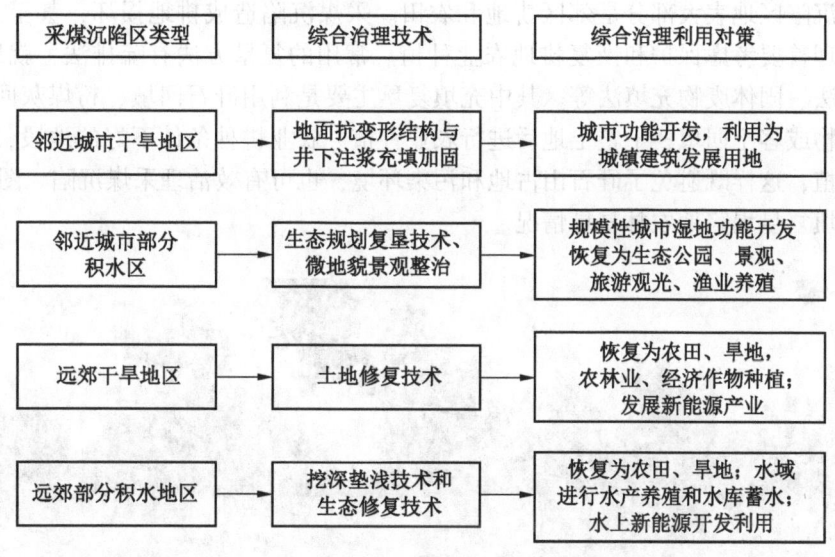

图8-3 采煤沉陷区分类、治理技术及利用对策

（1）临近城市干旱地区。进行采煤沉陷区城市功能开发，采用精准勘察、稳定性评估、地下注浆充填加固处理、抗变形建设技术等，解决矿业城市建设用地瓶颈制约问题。如山东任城区实现国内首个条带式开采沉陷区地下地上一体化治理再利用，开发建筑面积4670000 m^2，可产生经济效益约300亿元。

（2）临近城市部分积水区。进行规模性城市湿地功能开发，通过生态复垦规划、微地貌景观整治等技术，恢复为生态公园、旅游观光点，带动采煤沉陷区周边土地增值开发利用。如徐州贾汪区潘安湖湿地公园、开滦城市中央生态公园。

（3）远郊干旱地区。通过土地整理技术，因地制宜恢复为农田、旱地，进行农业、林地、经济作物种植，建设新能源风力发电、光伏发电、农光互补等。2021年11月30日，国家发展改革委等5部门出台《"十四五"支持老工业城市和资源型城市产业转型升级示范区高质量发展实施方案》，推进光伏发电多元布局，支持采煤沉陷区、露天矿排土场、关停矿区建设风电光伏发电基地。

(4) 远郊部分积水区。通过挖深垫浅技术和生态修复技术，恢复为农田、旱地和水域，进行水产养殖、水库蓄水，发展新能源水上光伏发电，形成特色设施农业、林业、养殖业、旅游业等规模化产业，建设"山水林田湖草生命共同体"，带动当地经济的发展与产业转型。

8.1.5 采煤沉陷区综合治理模式

采煤沉陷区综合治理应采取因地制宜原则，宜农则农、宜渔则渔、宜建则建。一般地，根据其区域位置和积水与否进行规划：在远郊旱地区，以挖深垫浅的农业复垦为主，积水区以水产养殖为主；在城镇旱地区，以开发城镇建设用地为主，积水区以生态景观恢复建设为主，并积极发展光电能源与综合利用等新兴产业。

1. 农林复垦模式

采煤沉陷区地表大部分是郊区耕地和农田。采煤沉陷造成耕地损坏，甚至无法耕种，其综合治理首要考虑保护和恢复耕地农业种植。常用的复垦方法有疏排法、就地取土法、挖深垫浅法、固体废物充填法等。其中充填复垦主要是利用矸石回填、粉煤灰回填及其他固体废弃物或客土回填，平整土地后进行农业种植。农业耕种条件不好的地段，也可以发展林业种植，这样既避免了矸石山占地和污染环境，也可有效治理采煤沉陷。图8-4为兖州矸石充填复垦塌陷地农林复垦情况。

图8-4 兖州矸石充填复垦塌陷地农林复垦

2. 水产养殖和水库蓄水模式

对于采煤沉陷积水区，多为水源充足、水质良好的封闭水域，可发展养鱼、养鸭、鱼鸭混养或者水产加工等产业，合理配置，综合开发。既改善了矿区生态环境，也安置了农村富余劳动力，还增加了农民收入，经济效益显著。如河南永城县年沉陷土地 4000000 m²，永城市水利局因地制宜，在面积大、积水深的塌陷区，大力发展水产养殖，目前已修整鱼池 3330000 m², 其中高产养殖利用水面 2460000 m², 商品鱼产量 5000 t。图 8-5 为河南永城渔业养殖项目情况。

同时，对于采煤沉陷区地表积水严重的区域，如淮南、淮北、徐州等矿区，可建设地表塌陷区水库进行蓄水调节。淮南计划将采煤沉陷区及沿淮洼地作为引江济淮末端调蓄水库，提升区域防洪、供水能力。

图 8-5 河南永城渔业养殖项目

3. 城镇建设模式

随着经济发展的需要，推进新型城镇化建设是我国"十三五"的一项发展目标，但理想的工程建设用地日趋紧张，而采煤矿区也面临着的经济转型发展的需要、农村搬迁选址建设的难题，因此将采煤沉陷区开发为建设用地是缓解城镇化建设加快、煤矿转型建设发展的有效途径。图 8-6 为 2002 年鸡西城子河矿城镇建设。

图 8-6 鸡西城子河矿城镇建设

在不断的实践和应用中，一些采空区探测技术、地基稳定性评价技术、建筑物抗变形等沉陷区建筑复垦技术不断完善与发展。如安徽淮北矿业集团办公中心与职工高层楼宇建设（图 6-23）、河南焦作市采煤沉陷区工业园区建设，所有建筑都在安全使用中。

4. 生态建设模式

随着社会的进步、科技发展的不断提高，人们越来越重视可持续发展和生态环境保护，景观生态再造技术也逐渐应用到采煤沉陷区治理中，常见的有观光农业利用、工业旅游和生态旅游开发、其他休闲旅游开发利用模式。这一复垦模式改变了过去只重视农林复垦利用，创新了综合再生利用复垦模式。安徽凤台县对采煤沉陷区进行综合治理，形成了乔、灌、草，农、林、牧、渔结合的立体生态系统，把沉陷区的治理与生态修复结合起来，实现了沉陷区的经济、生态的可持续发展。淮北南湖采煤塌陷区湿地公园（图8-7），1995年建设，风景区占地面积20.5 km²，其中水面3.33 km²。有水生鱼类18种，候鸟20余种。水质常年保持二类标准以上，各种植物100余科，仅湿地植物就达36余科74余种。2005年被国家建设部评为9处国家城市湿地公园之一。

图8-7 淮北南湖湿地公园生态建设

5. 新能源产业模式

国家能源局鼓励新能源产业建设。各地相继推行采煤沉陷区风力发电、光伏发电以及农光互补、渔光互补等多种新能源综合产业模式。在采煤沉陷区不积水、风能和阳光充足地区，可发展为风力发电和光伏发电基地。如在山东新泰，利用采煤沉陷区土地7.992×10^7 m²建设了首个农光互补模式的200 MW光伏发电示范基地；在山西大同，利用采煤沉陷区建设了国家先进技术光伏发电示范工程，2016年已启动发电运营，图8-8为山西大同采煤沉陷区国家先进技术光伏示范基地项目。在采煤沉陷区积水地区，可采用固定式或者漂移式光伏发电装置发展新能源产业。在安徽淮南，采用农光互补模式，建设了300 MW水面漂浮式光伏电站；在山东枣庄，采用渔光互补模式，建设了400 MW光伏电站。

8.1.6 采煤沉陷区治理关键技术发展方向

采煤沉陷区治理可分为存量科学治理和增量预防控制。对于存量治理，按8.1.1节中4种采煤沉陷区类型，对应提出东北、西部、中东部和西南采煤沉陷区治理关键技术。同时，根据采煤沉陷区建筑复垦的区域性和重要性，又提出采煤沉陷区建筑复垦治理关键技术。而对于增量预防控制，增量以西部矿区为主，基于全周期绿色开采理念，从"采前优

图 8-8　山西大同采煤沉陷区国家先进技术光伏示范基地

化设计—采中开采沉陷防控与灾害监测预警—采后闭坑治理利用"全周期各个阶段统筹规划，将采煤沉陷区治理关口提前，加强源头减损与过程控制，重点提出采煤沉陷区增量控制关键技术，着重体现开采损害与灾害防控关键技术和采动区监测与预测关键技术。6个方面治理关键技术研究重点如下：

1. 东北采煤沉陷区治理关键技术

寒冷采煤塌陷地土壤重构和快速培肥技术；稳沉塌陷地农林复垦技术；资源枯竭城市塌陷地生态修复模式与示范。

2. 西部采煤沉陷区治理关键技术

脆弱区生态环境退化机制研究；水环境采动破坏控制与保水开采技术；生态脆弱塌陷区复垦土壤、植被重构与改良技术；矿山生态修复景观再塑与规划设计技术；矸石山生态重建技术。

3. 中东部采煤沉陷区治理关键技术

采煤塌陷积水区水污染控制与治理技术；采煤塌陷积水区生态修复技术与生态湿地构建示范；采煤塌陷积水区水土资源同步利用技术；采煤塌陷非积水区土地整治与城市功能开发技术。

4. 西南采煤沉陷区治理关键技术

岩溶区采动塌陷控制技术研究；山区采动地表滑坡、泥石流灾害监测、预警、防控技术研究；采动灾害防控与生态修复一体化技术。

5. 采煤沉陷区建筑复垦治理关键技术

采空区覆岩结构与空区精准探测技术；采动地基稳定性评价技术；采煤沉陷区建（构）筑物抗变技术；城市空间规划与沉陷区综合治理协调技术。

6. 采煤沉陷区增量控制关键技术

在开采损害与灾害防控方面：充填、条带及其组合优化减沉安全开采技术；采煤塌陷地质灾害防治技术；采空区覆岩离层注浆减沉技术；矸石、粉煤灰等大宗固废充填处置利用技术。

在采动区监测与预测方面：采动覆岩移动破坏监测与预测技术；沉陷区和关闭矿井地

表残余变形机制与预测技术；地表塌陷与生态环境"空-天-地"一体化监测；矿区地表移动变形综合监测及大数据处理技术。

8.2 废弃矿井灾害治理与资源利用

8.2.1 废弃矿井数量情况

1. 背景情况

废弃矿井可分为两类。一类是因资源自然枯竭关闭的矿井，一般地，经过几十年开采（特别是黄金十年的高强度开采），许多煤矿储量急剧下降，形成资源衰竭型煤矿，进入关闭矿井行列。另一类是近年因过剩产能退出而关闭的矿井。

"多煤、少油、缺气"是我国能源结构的一大特点。煤炭在我国一次能源生产占比一直在60%以上。我国煤炭产量大，煤矿数量也很多。2014年11月，国务院发布《能源发展战略行动计划（2014—2020年）》，确立了"节约优先、立足国内、绿色低碳、创新驱动"的发展战略。我国能源结构进入优化调整期，化石能源比重不断下降，清洁能源比重不断上升，能源结构调整使得废弃矿井增多。

2015年12月，中央经济工作会议提出了推动供应侧结构性改革的"去产能、去库存、去杠杆、降成本、补短板"五项重点任务，煤炭的去产能将是供应侧结构性改革的重要内容。根据《关于煤炭行业化解过剩产能实现脱困发展的意见》（国发〔2016〕7号），我国用3~5年时间，退出产能5亿t左右、减量重组5亿t左右，化解过剩产能将产生大量废弃矿井。

2. 废弃矿井数量

图8-9是根据历年生产矿井数量和近年新建矿井数量（国家能源局核准矿井）得出的我国关闭矿井数量变化曲线。2000—2016年，我国关闭矿井至少19106处，且数量在不断增加。我国废弃矿井巨大。

依据袁亮等著《我国煤矿安全及废弃矿井资源开发利用战略研究概论》和中煤天津院等《煤矿关闭退出规划及长效机制研究》（2021年7月）数据，1998—2000年新增废弃矿井47000座；2001—2010年新增废弃矿井15000座；2011—2015年新增废弃矿井7100座；2016—2020年增加废弃矿井5500处左右。

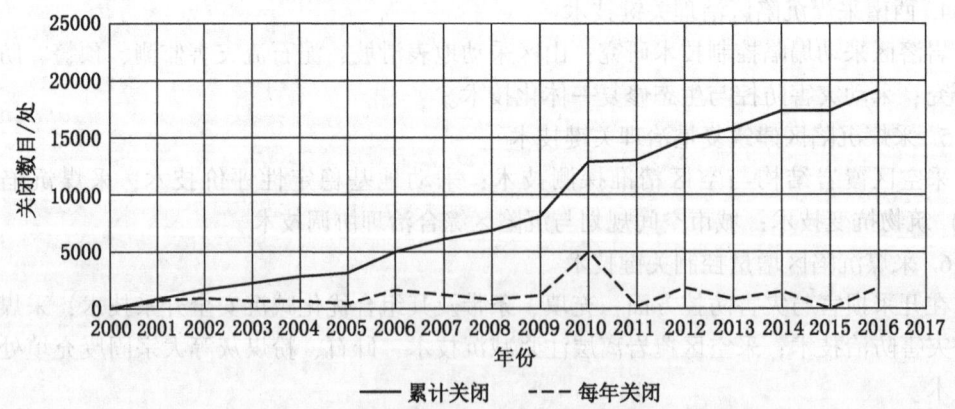

图8-9 2000—2016年我国关闭矿井数量变化趋势

8.2.2 废弃矿井潜在地质灾害

1. 地表塌陷分析

煤层开采后，上覆岩层形成"三带"，即：开采煤层以上一定范围的岩层发生垮落，形成垮落带；垮落带以上一定范围的岩层产生沿层面和垂直层面的裂缝和断裂，形成裂缝带；裂缝带以上直至地表的岩层发生下沉和弯曲，呈现整体移动，形成弯曲下沉带。煤矿关闭后，工作面停止开采，地表并没有立即停止移动，仍会产生缓慢沉降。尤其是因各种原因，井下留设房柱、条带煤柱、区段煤柱、防水煤柱、村庄煤柱等的场合，矿井闭坑后，煤柱在地下水作用下逐渐水解脱落，使得煤柱强度降低，逐渐导致垮塌，进而引发邻近煤柱破坏，产生"多米诺骨牌效应"，在地面可能出现突然坍塌，损坏地表建筑物和构筑物，引发边坡失稳和泥石流等灾害。

2. 矿井水隐患分析

经过几十年的采矿活动，开采深度和开采面积均达到充分开采，许多含水层组被串联导通，水动力场发生变化，在人为排水条件下矿井成为区域地下水的排泄中心。一旦矿井关闭，抽排水即停止，采空区、巷道等开采空间会渐渐充盈，水位大幅抬升，造成邻矿涌水量增大，深部煤矿矿界煤柱地下水压增加，对邻矿的安全生产构成威胁。2000年，江苏徐州矿区、湖南资兴矿区，因废弃煤矿停止排水，大量矿井地下水涌入了正在生产的邻矿。2016年，由于江西丰城矿区坪湖矿（最深开采标高-635 m）和建新矿（最深开采标高-710 m）相继关闭，停止排水，两矿地下水位直线上升，地下水压力作用在相邻深部开采的曲江矿50 m隔离煤柱上，对该矿安全生产造成了严重威胁。

废弃矿井地下水通过采动裂隙通道漫溢上升直至地表，也会污染浅层地下水和地表水。例如，某关闭矿矿井水中的矿化度达3996 mg/L、硫化物达2300 mg/L，污染物严重超标。矿井关闭后，不再进行矿井水的抽排和处理，使得废弃矿井地下水污染周边岩溶地下水，影响供水井水源。

3. 矿井矸石山及有毒气体危害分析

矸石作为煤炭的伴生产物，随着煤矿开采产出，其产量约占煤炭产量的15%。矸石山一般高达数十米，直接表现为对景观破坏；但矸石山边坡不再维护后，存在边坡失稳和潜在泥石流风险，威胁周围农田和村庄。自燃的矸石山即直接形成大气污染，产生的有毒物质经雨水冲刷流入附近河流、渗入地表，间接引起土地和地下水污染。

矿井中，往往还存在以瓦斯为主的易燃易爆气体，这些气体可致使人员中毒，积聚到一定程度具有爆炸风险。废弃矿井瓦斯主要通过矿井井筒、裂隙和地表塌陷通道等对外缓慢逸散或突然涌出。如：淮南谢一矿，老矿井1949年投产，开采-660 m水平以浅资源，新矿井2008年投产，开采-660~-1200 m资源。2016年井口加盖关闭后，随着水位上升，地下瓦斯在地下水的挤压下仍然不断涌出，影响矿区周围的大气环境，一旦瞬间大量涌出，还会引发安全事故。

8.2.3 废弃矿井潜在地质灾害防控

1. 矿井地表塌陷防控技术

根据覆岩破坏空间分布与地表移动时间规律，废弃矿井地下空间是地表塌陷的原因。随时间延长，上覆岩层不断压实，地表产生缓慢沉陷，存在一定的危害性；但处于相对稳定状态的煤柱一旦失效，就会诱发再次塌陷。特别是在浅部采用刀柱法、房柱式和条带法开采的采区，这些煤柱失稳是地表突然塌陷的重要因素。

因此，对于地面存在建筑物和构筑物的废弃矿井采空区，除采用注浆或废弃物充填加固措施，控制残余变形，避免煤柱失稳导致的地表突然塌陷外，还应采取措施防止边坡失稳和泥石流等灾害，采取避免建筑物和构筑物损坏的加固方案，同时设立观测站，监测地表和建筑物的移动变形，确保安全。

废弃矿井地表塌陷防控关键对策：①对浅部开采、构造复杂和不规则留煤柱区域进行针对性调查；②对采煤沉陷区进行稳定性评价、合理规划和分类利用；③对于兴建建筑物和构筑物的区域，可采取注浆和充填、边坡增稳和防泥石流措施，也可采用建筑物和构筑物抗变形结构加固措施。

2. 矿井水隐患防控技术

在矿井关闭前，应根据矿井采空区与地下水导通情况，有的放矢地进行治理，封堵各种导水通道（如回填各类井筒空间、堵塞不同岩层间导水通道等），防止矿井水隐患和废水蔓延。矿井关闭后，探查废弃矿井积水高度和积水区域，既要保障邻区井下安全生产，又要保障废弃矿井地面安全生产和生活用水需求。

废弃矿井水隐患防控关键对策：对于生产矿井周边的废弃矿井，应进行矿井水隐患源针对性调查（探查积水高度和积水区域变化等）；对于废弃矿井周边的生产矿井，应分析矿界煤柱强度，保障煤柱防水隔离功能，封堵围岩裂隙通道，控制越矿涌水量；对于生产矿井，还需要做好制定防控技术预案（设计防水封堵闸门，准备疏排通道与矿井水储备库容等）；对于矿区生活水源，应封堵与废弃矿井联通的导水裂隙通道，隔离各含水层之间的水力联系，保证地下水的供给安全。

3. 矿井矸石山及有毒气体危害防控技术

矸石山治理的最好方法是将其充填至煤矿井下，达到控制地表下沉和解放土地占用的双重目的。地面堆积的矸石山应进行放坡处理，减小堆积坡度至30°以下，分层碾压矸石，减小内部的孔隙率。在矸石山表层覆盖黄土后再次进行碾压，创造植物的生存环境，采用喷播技术实现矸石山绿化。在矸石山坡脚修建挡墙，防止矸石山面积进一步扩大。对于有发火危险、存在污染物的矸石山，应进行注浆防灭火、防渗防污染，采用微生物与植物联合改良以及矿区生态环境修复与重建等技术。有毒气体危害防控的基本方法是对通道特别是井筒进行完全封堵或简易封堵。如淮南谢一矿2016年停止生产后，对直通地面的浅部井8个井筒和深部井5个井筒进行封盖式简易封闭，隔离瓦斯气体暂时涌出。

矿井矸石山及有毒气体危害防控关键对策有2种。①对于废弃矿井矸石山，首先是消除污染，其次是景观生态复垦。②对于废弃矿井瓦斯，从长远来看，最好采用将井筒和通道回填压实的长效根治隔离措施。因为封盖式隔离，不是有毒气体危害防控的根本方法。对于瓦斯大的废弃矿井，随着矿井地下水的上升，有毒气体会不断顶升，气体不断压缩，存在井筒封盖处或者其他潜在通道突然涌出瓦斯危险。

8.2.4 废弃矿井资源利用

废弃矿井资源主要包括地下煤炭残煤和瓦斯气体，地下水和地下空间，地面厂房、土地和矸石等。针对这些资源，基本可概括能源化、资源化和功能化的"三化"利用途径，即：地下煤炭残煤和瓦斯气体的能源化利用，地下水和地下空间的资源化利用，地面厂房和土地的功能化利用。

1. 地下煤炭残煤和瓦斯气体的能源化利用

1）地下煤炭残煤能源化利用

全国综合煤炭资源矿井回收率不到50%（仅为30%）。据国土资源部门初步估算，我国废弃煤矿赋存剩余煤炭资源量高达420亿t，天然气近$5.0×10^{11}$ m^3。我国关闭矿井剩余煤炭地下气化完成了一些工业性试验，但未能实现规模化、连续稳定产业化生产。技术上主要需解决可控性燃烧气化和燃烧后余渣的环保问题，政策上需明确关闭矿井煤层气资源权问题。

2）地下瓦斯气体能源化利用

废弃矿井瓦斯主要来源于未采煤层和保护煤柱。英国和德国在废弃煤矿瓦斯开发利用方面积累了丰富的经验，成功开发了多个商业化项目。我国与国外发达国家进行多次合作，在政策制定、技术研究和资源评估预测方面积累了相关资料，为后续开发利用打下基础。我国"十二五"期间进行了废弃矿井采空区地面煤层气抽采技术研究及示范研究，取得明显成效。废弃矿井采动裂隙发育，采动空间附近煤体内吸附状态瓦斯多转为地下空间的游离气体，多数瓦斯被风流带走或缓慢逸散，其浓度较低。针对废弃矿井瓦斯资源，截至2016年底，山西晋煤矿区已建设了27口采空区煤层气井，单井日均产量1155 m^3，累计抽采利用废弃矿井瓦斯约$1.7×10^7$ m^3。常规垂直井存在施工时经过采空区地层钻进困难，抽采时单井产量低、瓦斯浓度低等问题，而采用地面复合L型水平井抽采技术，配合煤层增透技术，抽放效果显著。

2. 地下水和地下空间的资源化利用

1）地下水的资源化利用

在地下水资源利用方面，我国煤矿赋存有丰富矿井水，生产时期一般直接外排。矿井关闭后，一般不人为排放，从而会引发一些安全隐患。某些条件适合的废弃矿井地下水，应进行综合利用。

煤矿地下水库贮存。利用煤炭开采形成的采空区岩体空隙储孔，将安全煤柱用人工坝体连接形成水库坝体，同时建设矿井水入库设施和取水设施，参见图8-10。煤矿地下水库技术在神东矿区推广应用，建成煤矿地下水库35座，达到$2.5×10^7$ m^3储水量，供应了矿区95%以上的用水，并为周边产业供水，有助于西部矿区煤炭开采水资源保护利用。同时，充分利用西部地区丰富的太阳能、风能资源以及富裕电力，借助地下水库采空区落差大，进行抽水蓄能以及循环利用改造，发展抽水蓄能电站工程。

饮用水和工业用水利用。对于含一般悬浮物的矿井水，需采用混凝沉淀技术实现极细粉尘颗粒的去除，经消毒处理后，其水质一般能够达到生产使用和生活饮用水标准。对于富含矿物质的洁净矿井水，可经简单清污分流处理后，加工为矿泉水。如徐州新河矿矿井水含有丰富的锶元素，经权威部门认证为富锶矿泉水，由此建立了富锶矿泉水产业，并取得了良好的经济效益。对于酸性矿井水，一般采用碱性中和剂进行处理，中和后的水一般可以直接排放或作为工业用水进行使用。

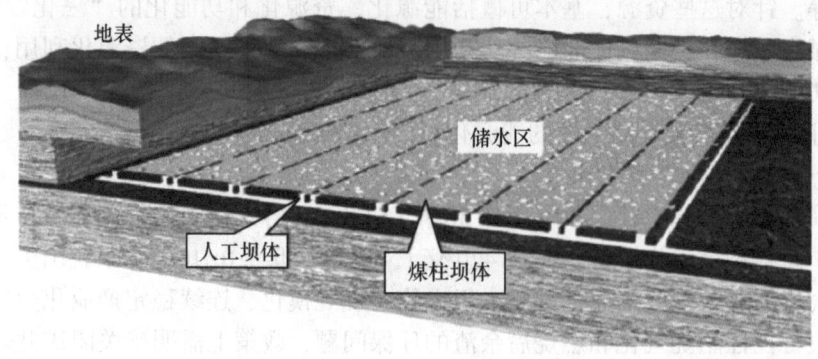

图 8-10 煤矿地下水库储水示意图

2) 地下空间的资源化利用

结构稳定的废弃矿井地下空间，具备特殊的温度和湿度条件，适宜用作储存空间。早在 20 世纪 70 年代，一些发达国家就已开始利用废旧矿井作为石油和石油产品的储存库、掩埋和处理核废料以及贮藏医疗用品的地下冷库。在地下空间资源再利用方面，主要有处理废弃物、储藏固体物质、存储液体物质和改造成旅游景点等方式，见表 8-2。

表 8-2 废弃矿井地下空间资源利用途径、适用条件和保障措施

利用途径	适用条件和保障措施
处理废弃物	具备总量空间大、可井下充填和地面钻孔注浆场合。若废弃物为有害物质，需采取隔离处置措施
储藏固体物	具备单元空间大、围岩稳定、存取安全顺畅场合。需加强围岩支护和运输设备
存储液体物	具备单元密封好、吸附性差、存取损耗少且速度快场合。地下水库和油库等需要防止围岩渗漏，考虑隔液防渗技术
旅游疗养点	具备一定工业历史价值、周边完善的配套设施、旅游交通优势。需资金、市场容量等要求

处理废弃物。地下空间具有工作面与开拓巷道、硐室、井底车场、斜井、竖井等残余空间，可从地面向井下打钻孔方式，采用风力运输或水力运输，将废弃物充入采空区。地下空间可以处置建筑垃圾、电厂粉煤灰或小粒径煤矸石、居民生活厨余垃圾等废弃物质。

储藏固体物质。炸药、雷管、易燃易爆化学药品、危险气体等材料具有较高的防火、防爆和防盗要求，地面存储时一般要远离城市，占用大量土地且需要修建隔爆和防泄漏设施。利用改造后的地下空间，储藏此类固体材料，安全性更高。

存储液体物质。废弃矿井具有丰富的巷道群和采空区，其存储空间已经存在，只要进

行相应防渗改造,形成人工与煤柱的复合坝体,即可建设地下水库。1977年,河北省南宫县建设了第一座地下水库,蓄水量达 $4.8 \times 10^8 \text{ m}^3$。2010年,神华大柳塔矿建成了首个煤矿分布式地下水库,实现废弃地下空间的有效利用,还可以用于抽水蓄能电站改造。废弃矿井的地下空间,是石油尤其军用油料储存的理想场所,作为战略资源储备,服务于国家能源安全,具备隐蔽性的特征。

改造成旅游景点。废弃矿井改造成旅游景点在国内外均有工程实例。罗马尼亚图尔达盐矿是全世界首个将废弃矿井改建成旅游景点的矿井。1992年改造完成,地面包括圆形露天剧场、运动场、迷你高尔夫球场,以及保龄球道与小型摩天轮等设施。盐矿内长年温度 11~12 ℃,湿度80%,几乎没有过敏源及细菌,非常适合过敏性呼吸道疾病病人疗养。

总体来说,煤矿采矿条件及地下系统复杂,地下空间保护措施差,地下空间利用方面不充分,主要作为矿山遗迹进行开发利用,或者处理废弃物。我国已建或在建国家矿山公园有70多个,较为典型的有山西大同晋华宫矿和河北唐山开滦煤矿国家矿山公园。山西大同晋华宫矿1956年投产,与世界文化遗产云冈石窟隔河相望,交通十分便利,具备旅游开发潜力和矿业遗产价值。晋华宫矿开发了国家矿山公园旅游项目,设立井下探秘特色景点(图8-11),集知识性、趣味性、探险性为一体,游客可乘缆车到达地下300 m深处,参观原始采煤、炮采、普采、高档普采、综采和综合掘进等6个景点。

图8-11 晋华宫矿井下空间探秘景点

3. 地面厂房和土地的功能化利用途径
1) 地面厂房资源利用

煤矿废弃后在工业广场遗留的建筑物,如工业厂房、办公楼、职工食堂等,其结构和功能基本未受影响且具有较高的再利用价值。

在国外,德国鲁尔区具有水路、陆路交通优势。过去有煤炭、钢铁、重型机械制造三大产业支撑,在煤矿关闭后,进行了转型利用。如埃森市12号矿,1986年关闭后改造成为一个历史性的工业纪念建筑群:把矿井原锅炉房改造为红点设计博物馆(图8-12);把矿井洗煤厂改造为艺术展品的展览馆;把机修车间厂房改造为办公场所,吸引了不少创意设计公司再次入住；把矿井冷却塔改造为建筑雕塑。12号矿井建筑保护与再利用模式也得到了国际社会的广泛认同，被联合国教育、科学及文化组织认定为世界遗产。鲁尔区规划了"工业遗产之路"，连接了15座工业城市、25个重要的工业景点，蔚为壮观。

图8-12　德国鲁尔废弃矿建筑博物馆

在国内，根据研究和实践，废弃煤矿建筑物改造利用主要有4种模式：刚性模式（维持原空间形态不变）、内部重构模式、外向拓展模式和组合模式。例如开滦集团唐山矿通过"刚性模式+内部重构"的模式，将废弃厂房改造为"中国音乐城"，参见图8-13。

图8-13　开滦唐山矿废弃矿"中国音乐城"

2）地面土地资源利用

废弃矿井地面土地，更多的是作为农、林、牧、渔用地。这些用途，可根据实际塌陷情况，依据挖深垫浅原则进行土地复垦及生态修复，恢复地表植被，避免水土流失。

8 矿区环境治理和资源利用技术及其工程实践

目前常用的土地治理利用模式有农林复垦、建筑复垦、积水区水产养殖、生态湿地、景观生态复垦、光伏发电、水库等等。

8.3 采煤沉陷区和废弃矿井生态治理工程

8.3.1 唐山开滦采煤塌陷区综合治理工程情况

唐山开滦唐山矿于1881年投入生产，140年开采历史，采出煤炭近$2×10^8$ t，造成大片采煤沉陷区。通过综合运用沉陷区建设用地综合治理成套技术、沉陷区农业复垦技术、沉陷城市湿地水资源保护技术、沉陷城市湿地植物配置与景观构建技术、沉陷湿地生态服务功能开发技术等，对唐山矿采煤沉陷区进行生态综合治理，构建了水、林、田、湖、草、建筑一体的生态系统，形成了28 km²草木葱茏、人水亲和的采煤沉陷湿地城市生态功能区，建成了国家AAAA级城市中央生态公园；修复城市建筑功能开发土地8 km²，新建住宅楼$1.6×10^7$ m²，多为高层建筑，独立组团总建筑面积$1×10^6$ m²。在示范区成功举办了2016年世界园艺博览会，成为全国采煤沉陷区综合治理的成功典范和样板工程，如图8-14所示。

图8-14 唐山开滦采煤塌陷区综合治理工程

8.3.2 青海木里矿区废弃矿井综合治理工程情况

青海木里煤田位于黄河重要支流大通河源头，属祁连山水源涵养地和生态安全屏障区域。木里矿区江仓一号井为露天开采和井工开采结合矿井，因引发生态环境问题，被政策性关闭。

针对木里矿区江仓一号井采矿和渣山特点与区域表土稀缺情况，构建了"渣山削坡整形+采坑回填缓坡+岩壁整治+微地形地貌重塑+土壤重构与植被复绿"综合治理模式；采用渣山风化细颗粒物、采矿剥离表土和揭露原表土进行土壤重构改良，采用乡土植物和适生植物进行复绿；通过水分胁迫调节、无纺布覆盖调控等方式，增强复绿植物高寒环境稳定生长与自我扩繁能力。项目把木里矿区江仓一号井采坑和渣山打造了近自然高原高寒矿区生态景观，取得了良好的生态和社会效益。项目在2020年8月启动，2021年9月复绿工程通过阶段验收。木里矿区废弃矿井综合治理工程构建人工修复与自然恢复相结合的高原高寒矿区生态修复新模式和技术体系，为同类型矿区生态环境综合整治提供借鉴（图8-15）。

(a) 缓坡复绿效果

(b) 平地复绿效果

(c) 整体复绿效果

图 8-15 青海木里煤田江仓一号井生态综合治理工程应用效果

8.4 采煤沉陷区和废弃矿井治理利用建议

8.4.1 采煤沉陷区综合治理利用方面

1. 大力推行矿区减沉开采技术

在"三下"压煤和生态脆弱区域，大力推行矿区减沉开采技术。通过矿区减沉开采技术，控制煤炭开采地表沉陷，减少土地资源破坏与"三下"受护体损害。常用的矿区减沉开采技术有条带开采、充填开采、采空区或离层带注浆开采、协调开采等。通过减少矸石地面排放来减少矸石占地，避免矸石山带来的环境污染，减少地表沉降，同时也可增加井筒的提升能力。

2. 探索采煤沉陷区的综合治理新技术和新模式

要加强采煤沉陷区的精细化治理，针对不同采煤沉陷区所在区域，采取相应的生态保护和修复技术，寻求提高经济效益、生态效益和社会效益的新模式。如西部干旱半干旱脆弱区动态采煤塌陷区生态建设技术，水环境采动破坏与含（隔）水层再造技术；东北稳沉、寒冷采煤沉陷区生态修复优化技术；华东平原采煤沉陷积水区水土资源同步利用技术；采煤沉陷区建筑物等基础设施损害修复与重建技术等。在综合治理上不断优化，不断创新，不断进步。

3. 建议加大采煤沉陷区综合治理政策和资金支持力度

建议提高资源型地区转型发展中央预算内投资专项资金支持比例；支持设立省级采煤沉陷区治理专项资金，加大采煤沉陷区综合治理资金投入力度。鉴于充填开采可以提高资源利用率，减少地表沉陷，延续矿井服务年限，但开采成本高，影响煤炭企业开采效率，建议加大对采用充填开采的煤炭企业资源税减免和增值税优惠的执行落实力度。

8.4.2 废弃矿井灾害治理和资源利用方面

1. 加强废弃矿井资源"精准探测—风险评估—高效利用"体系研究

建立废弃矿井资源"精准探测—风险评估—高效利用"开发体系，对有价值的资源进行全面再利用。深入研究废弃矿井水、煤炭和瓦斯、地下空间、地面土地和煤矸石等资源的综合利用技术，探索我国矿区绿色开采和可持续发展新途径，构建地质灾害防控和资源利用方面示范工程。

2. 加强废弃矿井安全及生态监测与监督管理

行业管理部门和煤炭生产企业需加强废弃矿井的矿井水污染、煤层气爆炸、地面突然塌陷等灾害事故隐患以及矿区生态环境的监测监管，科学评估隐患，做好预警方案。对于已闭坑废弃矿井，应通过调查，建立废弃矿井的位置、范围、开采方法、隐患类型等信息数据库，为矿区生产、生活和环境安全提供基础数据。对于将要关闭的矿井，应提前制定和落实闭坑规划，防止地质灾害发生。对于生产矿井，需做好有针对性的安全防控技术预案，特别要防控矿井水安全隐患。

参 考 文 献

[1] 煤炭科学研究院北京开采研究所. 煤矿地表移动与覆岩破坏规律及其应用 [M]. 北京：煤炭工业出版社，1981.
[2] 何国清，杨伦，凌赓娣，等. 矿山开采沉陷学 [M]. 北京：中国矿业大学出版社，1991.
[3] 胡炳南，张华兴，申宝宏，等. 建筑物、水体、铁路及主要井巷煤柱留设与压煤开采指南 [M]. 北京：煤炭工业出版社，2017.
[4] 周国铨，崔继宪，刘广容，等. 建筑物下采煤 [M]. 北京：煤炭工业出版社，1983.
[5] 郭维嘉，刘伟韬，张文泉. 矿井特殊开采 [M]. 北京：煤炭工业出版社，2008.
[6] 戴华阳，王金庄. 急倾斜煤层开采沉陷 [M]. 中国科学技术出版社，2005.
[7] 郭文兵. 煤矿开采损害与保护 [M]. 北京：煤炭工业出版社，2013.
[8] 卜昌森. 山东矿区地表沉陷移动参数与移动特性规律 [M]. 徐州：中国矿业大学出版社，2015.
[9] 邹友峰，邓喀中，马伟民. 矿山开采沉陷工程 [M]. 徐州：中国矿业大学出版社，2003.
[10] 张华兴，郭惟嘉. "三下"采煤新技术 [M]. 徐州：中国矿业大学出版社，2008.
[11] 钱鸣高，缪协兴，许家林，等. 岩层控制的关键层理论 [M]. 徐州：中国矿业大学出版社，2003.
[12] 宋振琪，蒋金泉. 煤矿岩层控制的研究重点与方向 [J]. 岩石力学与工程学报，1996，15（2）：128-134.
[13] 彭苏萍，王金安. 承压水体上安全采煤 [M]. 北京：煤炭工业出版社，2001.
[14] 蔡美峰，何满潮，刘东燕. 岩石力学与工程 [M]. 北京：科学出版社，2002.
[15] 郭广礼，王悦汉，马占国. 煤矿开采沉陷有效控制的新途径 [J]. 中国矿业大学学报，2004：150-153.
[16] 黄乐亭，崔继宪. 采动区建筑物加固构件附加应力的量测结果与分析 [J]. 矿山测量，1988（9）：32-36.
[17] 天地科技股份有限公司开采所，东庞煤矿邢东矿井. 邢东矿井村庄建筑物下开采技术试验研究 [R]. 北京：天地科技股份有限公司，2005.
[18] 煤炭科学研究总院北京开采研究所，淄博矿业集团有限责任公司岱庄煤矿. 厚冲积层条件下长壁开采与宽条带开采地表移动规律研究 [R]. 北京：煤炭科学研究总院北京开采研究所，2004.
[19] 江西省丰城矿务局，天地科技股份有限公司. 丰城矿区坪湖煤矿巨厚岩溶和建筑群压煤两次条带全柱优化开采试验研究 [R]. 北京：天地科技股份有限公司，2011.
[20] 天地科技股份有限公司，中国矿业大学. 采煤沉陷区建设用地稳定性评价及综合治理成套技术 [R]. 北京：天地科技股份有限公司，2013.
[21] 煤炭科学研究总院，等. 煤层群条件下煤与煤层气一体化开发设计技术研究 [R]. 北京：煤炭科学研究总院，2021.
[22] 煤炭科学研究总院，天地科技股份有限公司. 煤矿绿色充填开采技术研究 [R]. 北京：煤炭科学研究总院，2008.
[23] 中国矿业大学（北京），安徽理工大学，煤炭科学研究总院，等. 关闭矿井各类资源综合利用 [R]. 北京：中国矿业大学（北京），2019.

图书在版编目（CIP）数据

岩层移动理论研究与工程实践应用 / 胡炳南编著. --北京：应急管理出版社，2022
ISBN 978-7-5020-9196-5

Ⅰ.①岩⋯ Ⅱ.①胡⋯ Ⅲ.①矿山—岩层移动—研究 Ⅳ.①TD325

中国版本图书馆CIP数据核字（2021）第254004号

岩层移动理论研究与工程实践应用

编　　著	胡炳南
责任编辑	武鸿儒
责任校对	赵　盼
封面设计	于春颖

出版发行	应急管理出版社（北京市朝阳区芍药居35号　100029）
电　　话	010-84657898（总编室）　010-84657880（读者服务部）
网　　址	www.cciph.com.cn
印　　刷	廊坊市印艺阁数字科技有限公司
经　　销	全国新华书店
开　　本	787mm×1092mm $^{1}/_{16}$　印张　13　字数　304千字
版　　次	2022年12月第1版　2022年12月第1次印刷
社内编号	20200344　　　　　　　定价　48.00元

版权所有　违者必究

本书如有缺页、倒页、脱页等质量问题，本社负责调换，电话：010-84657880